ERNST PETER FISCHER

DIE VERZAUBERUNG DER WELT

EINE ANDERE GESCHICHTE DER NATURWISSENSCHAFTEN

Pantheon

MIX
Papier aus verantwortungsvollen Quellen
FSC® C083411

Verlagsgruppe Random House FSC® N001967

Zweite Auflage
Pantheon-Ausgabe September 2015

Umschlaggestaltung: Jorge Schmidt, München, unter Verwendung einer Vorlage von Rothfos + Gabler, Hamburg
Lektorat: Ursula Kiausch, Mannheim
Satz: Ditta Ahmadi, Berlin
Reproduktionen: Mega-Satz-Service, Berlin
Druck und Bindung: CPI books GmbH, Leck
Printed in Germany
ISBN 978-3-570-55292-6

www.pantheon-verlag.de

Für Thomas Rathnow,
den Freund, der ermutigt

Inhalt

VORWORT

Das verlorene Gefühl

Man wird nicht sagen dürfen, daß die Physik die Geheimnisse der Natur wegerkläre, sondern daß sie sie auf tieferliegende Geheimnisse zurückführe.

CARL FRIEDRICH VON WEIZSÄCKER

Das Schönste, was ein Mensch erleben kann, ist, so Albert Einstein, das Geheimnisvolle. Einstein nennt es »das Grundgefühl, das an der Wiege von wahrer Wissenschaft und Kunst steht«. Und dieses Gefühl geht den Menschen in diesen Tagen auf vielfache Weise verloren oder wird ihnen genommen – etwa wenn manche Sozialphilosophen verkünden, die aufklärenden Naturwissenschaften sorgten für eine »Entzauberung der Welt«. Zahlreiche journalistische Vermittler unterwerfen sich diesem Diktum, wenn sie mit kühnen Überschriften wie »Schwänzeltanz entzaubert« ihren Lesern ein Wissen über das Leben und Weben von Bienen vorgaukeln – ein Wissen, das sie nicht haben können, weil das angesprochene Phänomen keineswegs vollständig erklärt ist. Häufig wetteifern mediale Kommunikatoren darin, dem Publikum vorzuführen, was die Naturwissenschaften scheinbar alles erklären können, ohne dass eine Frage offen bliebe: Krebs entsteht durch entartetes Zellwachstum. Farben versteht man durch unterschiedliche Wellenlängen. Wasser bekommt seine Oberflächenspannung durch die Gestalt seiner Moleküle. Licht wird von Atomen ausgesandt. Energie wird durch Kernspaltung oder Fusion frei. Und so weiter und so fort.

Bereits vor einiger Zeit hat der Literaturwissenschaftler Erich Heller darüber geklagt, dass die bunten Bildchen, die im Fernsehen als wissenschaftliche Erklärung etwa von Viren und ihren Wirkungen angeboten werden, kaum für ein Verstehen sorgen und mehr dafür, dass sich die Zuschauer »im Nu in einer Walt-Disney-Welt von farbigen Absurditäten« wiederfinden. Das zappelnd bunte Geflimmer hektischer Bildschnitte raubt ihnen jedes Gefühl für das Geheimnisvolle, das die Natur demjenigen bietet, der sie aus der Nähe sieht und sie wahrnimmt.

Menschen sind primär nicht rational urteilende, sondern sinnlich wahrnehmende – also ästhetisch empfindsame – Wesen, die sich ganz selbstverständlich darum bemühen, das Schöne in der Welt zu entdecken. Sie erfahren dabei unter anderem Freude an dem, was Licht so alles vermag. Licht funkelt, strahlt, leuchtet, scheint, wärmt, erhellt, glitzert, blitzt auf, wird gespiegelt, polarisiert und inzwischen in höchst raffinierten Leuchtdioden produziert oder auf besondere Weise in Form von Laserstrahlen frei- und eingesetzt. Licht bietet auf seine Weise viele sinnlich zugängliche Geheimnisse, die Lust auf mehr Phänomene machen – sofern sie einem nicht ausgetrieben wird, etwa in der Schule. Denn dort werden diese Phänomene in der Regel unter den schwarzen Strichen versteckt, mit denen Schulbücher Strahlengänge etwa bei Fernrohren, Mikroskopen oder Prismen nachzeichnen und vorführen. Diese glatten Linien der Pädagogen erfassen unter anderem das Reflexionsgesetz, bei dem Licht auf einen Spiegel trifft, der merkwürdigerweise ebenfalls bevorzugt als schwarze Linie erscheint, sodass ein schwarzer Strich auf einen anderen trifft – was mit dem, was Kinder sehen, endgültig nichts mehr zu tun hat. Mit den schwarzen Linien ist alles klar, man hat alles erklärt und in eine Formel gebracht, die in Prüfungen als Wissen abgefragt wird.

Und niemand bemerkt, dass dabei das vergnügliche Verstehen ausgeschaltet und dem Licht mithin jeglicher Zauber genommen wird. Mit den schwarzen Strichen der Pädagogik verschwindet die ästhetische Neugierde der Schüler auf den schönen Schein des Lichts, und der kalte und schneidende Verstand der Forscher verlangt sein Opfer, wie es oberflächlich aussieht. Doch was den Physikern und anderen Wissenschaftlern gelingt und sie beschäftigt, wenn sie sich dem Licht zuwenden, hat mit solch einer – vorgeblich didaktischen – Darstellung nicht das Geringste zu tun. Wer sich auf ihre Einsichten einlässt, merkt, wie weit die groteske Idee einer Entzauberung der Welt durch die Naturwissenschaften neben der Wahrheit liegt. Die vorliegende »andere Geschichte der Naturwissenschaften« hat sich vorgenommen, diese Feststellung mit einigen Beispielen zu untermauern und zu verdeutlichen.

Wie zu zeigen sein wird, vermehrt eine naturwissenschaftliche Erklärung der Welt das Geheimnisvolle in ihr und führt damit zu ihrer Verzauberung und unserer Verzückung. Keineswegs handelt es sich bei den Naturwissenschaften um eine »anonyme, kollektive träge Bewegung«, die nur »mindere Wahrheiten« erfassen kann, wie es der vielbeachtete amerikanische Kulturphilosoph Francis George Steiner in seinem 2001 erschienenen Buch *Grammatik der Schöpfung* behauptet hat. Im Gegenteil: Für viele naturwissenschaftliche Entwicklungen sind kreative Prozesse konstitutiv. Sie bestehen nicht aus schlichten Entdeckungen (im Sinne von Aufdeckungen bereits vorhandener Gegebenheiten), sondern erweisen sich bei näherem Hinschauen als freie Hervorbringungen des menschlichen Geistes.

Physiker wie Carl Friedrich von Weizsäcker wussten seit Jahrzehnten zwischen tiefen und einfachen Wahrheiten auf ihrem Gebiet zu unterscheiden. Das Gegenteil einer einfachen Wahrheit – Elektronen tragen eine elektrische Ladung – ist falsch, während das Gegenteil einer tiefen Wahrheit – Elektronen bewegen sich als Teilchen – eine neue Wahrheit ist: Elektronen zeigen nämlich auch Eigenschaften von Wellen.

Dem Philosophen und Physiker von Weizsäcker stand seinerzeit etwa die geheimnisvolle Stabilität der Atome vor Augen, die von der Physik erst mit der Notwendigkeit von Quantensprüngen zwischen stationären Zuständen und dann mit den Formen begründet wurde, die Atome dabei annahmen. So brauchbar sich diese Deutung für den weiteren Verlauf der Physik auch erwies, so wird doch niemand behaupten, dass das ursprüngliche Geheimnis damit wegerklärt wurde. Vielmehr kann jeder sehen, der sehen will, dass das Mysterium der Atome dadurch vertieft wurde und insgesamt bis in die Gegenwart offen geblieben ist.

Wahrheiten der Wissenschaft

Es soll riskiert werden, zehn Wahrheiten zu formulieren, die der Arbeit von Naturforschern zu verdanken sind – wobei der Autor nicht darauf hingewiesen werden muss, dass es auf keinen Fall zu den ursprünglichen Zielen von Wissenschaft gehört, Wahrheiten zu verkünden, wie es etwa die Religionen tun. Wissenschaft wollte durch Wissen zum einen die Freude an der Wahrnehmung der Welt vergrößern und zum anderen das Leben von Menschen erleichtern. Auf der Suche nach dem dazugehörigen Wissen sind erfreulicherweise Einsichten aufgetaucht, die den Charakter von Wahrheiten beanspruchen können. Einige werden hier angeführt. Sie tauchen alle im weiteren Text auf und bleiben an dieser Stelle daher ohne Erläuterung.

1. Energie ist unzerstörbar.
2. Atome sind keine Dinge; ihr Aussehen bekommen sie von den Menschen, die dadurch im Innersten der Welt auf sich selbst treffen.
3. Das Weltall ist endlich und unbegrenzt.
4. Die Wirklichkeit ist ein Ganzes ohne Teile.
5. Die Welt steckt voller Möglichkeiten; sie ist nicht nur alles, was der Fall ist, sondern alles, was der Fall sein könnte.
6. Menschen sind Zuschauer und Mitspieler im Theater der Welt, in dem das Drama des Lebens gespielt wird.
7. Zu jeder Beschreibung der Wirklichkeit gibt es eine zweite, die der ersten gleichberechtigt ist, auch wenn sie ihr widerspricht.
8. Leben kann nur im Licht der Evolution verstanden werden und bringt sich selbst in einem kreativen Prozess hervor.
9. Die Beschreibung des Wirklichen benötigt eine unwirkliche (imaginäre) Dimension.
10. Alle Menschen sind für die Folgen der Wissenschaft zuständig, da sich aus ihnen ihre Geschichte ergibt; wer Wissenschaft nicht versteht, versteht sich selbst nicht.

Der freie Fall

Die Idee des vertieften Geheimnisses offenbart sich direkter und leichter, wenn man das einfache Beispiel des freien Falls betrachtet, über das bereits antike Philosophen wie Aristoteles nachgedacht haben. Warum fallen Gegenstände nach unten auf den Boden, so lautete und lautet die Frage, wobei die in Kindergärten bejohlte und von Erwachsenen schmunzelnd zur Kenntnis genommene Auskunft nicht zugelassen ist, dass Gegenstände deshalb nach unten fallen, weil die, die nach oben fallen, längst weg sind.

Aristoteles meinte das Problem der stets zur Erde fallenden Gegenstände durch ein Ziel klären zu können, und so nahm er an, dass allen Dingen ein Platz in der Welt zukommt; der den fallenden Gegenständen zugehörige Ort sei eben unten auf dem Erdboden. Es hat lange gedauert, bis diese nicht wirklich als wissenschaftlich durchgehende Erklärung in einem modernen Sinn durch eine bessere ersetzt wurde. Sie stammt von dem Briten Isaac Newton, der im späten 17. Jahrhundert konkret weniger einen Grund als eine Ursache für den Tatbestand suchte, dass Äpfel von Bäumen auf die Erde stürzen, wenn man ihre Äste schüttelt, während der Mond am Himmel bleibt, ruhig seine Bahn zieht und nicht von dort oben zu den oder gar auf die Menschen herabfällt.

Newton entwickelte allgemein eine Lehre von den Kräften, die zu Bewegungen führen, und die Kraft, die aus einem Apfel Fallobst macht, nannte er Gravitation oder Schwerkraft. Seitdem gilt die oben gestellte Frage als beantwortet. Bereits in der Schule kann man erfahren, dass Gegenstände, die zu Boden fallen, von der Erde und ihrer Gravitation angezogen werden, und damit gilt das Problem als geklärt und der freie Fall als entzaubert. Doch wer so denkt, denkt nur, dass er denkt, denn die Wissenschaft konnte in der Person von Newton etwas sehr viel Besseres anbieten. Ihr ist in diesem Beispiel nämlich optimal gelungen, was von Weizsäcker ihr als allgemeines Verdienst zuweist: Sie hat das Geheimnisvolle des Fallens auf das tiefer liegende Geheimnis der Schwerkraft zurückgeführt. Oder meint jemand etwa, die Gravitation sei kein Mysterium?

Wer dies denkt, wird gebeten, knapp und verständlich zu erklären, erstens: wie die Schwerkraft zustande kommt, zweitens: wodurch die Erde und ihre Masse diese Wirkung ausüben, und drittens: wie sie ihre Gegenstände in der Höhe erreicht, selbst wenn sie sich wie Flugzeuge am Himmel oder wie der Mond auf seiner Bahn bewegen. Wie kann aus einer trägen Masse eine treibende Kraft werden? Und wie überwindet sie Entfernungen in alle Dimensionen und Richtungen? Vermutlich müssen die weitaus meisten Menschen – einschließlich der überwiegenden Zahl von Moderatoren und anderen Wissenschaftsvermittlern – hier passen, und dies wird bei nahezu allen Erklärungen so sein, die sie abgeben, wenn man ihnen die nächste Frage stellt, die sich aus einer Erklärung ergibt. Die nächste Frage stellt sich immer. Es gibt kein Ende des Wunderns. Darum geht es in diesem Buch. Nicht nur die Phänomene der Natur stecken voller Geheimnisse, sondern auch die Erklärungen, die von den Naturwissenschaften dazu vorgelegt und erörtert werden.

Die Entzauberung der Entzauberung

»Die Entzauberung der Welt« – dieser bislang oft benutzte und kritisierte Ausdruck wurde im frühen 20. Jahrhundert durch eine Rede mit einem legendären Titel bekannt und verbreitet. In ihr sprach Max Weber zum ersten Mal über »Wissenschaft als Beruf«. Der dazugehörige Text ist 1919 in Buchform erschienen und bis heute in vielen Ausgaben verfügbar. In Webers Ausführungen ist vom »*inneren* Berufe zur Wissenschaft« die Rede, und er betont, »nichts ist für den Menschen etwas wert, was er nicht mit *Leidenschaft* tun *kann*«. So agierten und agieren viele Wissenschaftler tatsächlich, wobei zu Webers Zeitgenossen nicht zuletzt Albert Einstein zählte. Mit zu den Großen der damaligen Zeit gehörte außerdem Max Planck, dem die Menschheit den geheimnisvollen Begriff des Quantensprungs verdankt. Und das Duo aus Planck und Einstein hat mindestens einen Geisteswissenschaftler, den Theologen Adolf von Harnack (1851–1930), verstehen lassen, warum es zu Beginn des 20. Jahrhunderts in Deutschland keinen nennenswerten Philosophen mehr gab. Harnack zufolge gab es sie immer noch, sie arbeiteten nur längst in einer anderen Fakultät, nämlich in der Physik.

Weber hält seine Rede in einer Zeit, in der seit 1911 die Kaiser-Wilhelm-Gesellschaft zur Förderung der Wissenschaften (die heute als Max-Planck-Gesellschaft fortlebt) die Wissenschaften professionalisiert hat. Nach Weber ist eine zunehmende »Rationalisierung« vieler Abläufe durch Wissenschaft und wissenschaftlich orientierte Technik jedoch nicht mit einer »größeren Kenntnis der Lebensbedingungen« einhergegangen. Um dies zu demonstrieren, stellt er seinen Zuhörern die Indianer und Hottentotten gegenüber, die er – wie damals üblich – als »Wilde« bezeichnet.

Tatsächlich, so Weber, wissen diese »Wilden« von ihren Werkzeugen mehr als seine Studenten im Saal etwa von der Technik der Straßenbahn, mit der sie zu diesem Vortrag gefahren sind. Das mangelnde Wissen stört laut Weber deshalb nicht, weil die Menschen in einer zivilisierten Gesellschaft über etwas anderes verfügen, nämlich das Vertrauen darauf, sich dieses Wissen, wenn nötig, mithilfe von Experten aneignen zu können. Wörtlich heißt es dazu in seinem Vortrag:

> Die zunehmende Intellektualisierung und Rationalisierung bedeutet also *nicht* eine zunehmende allgemeine Kenntnis der Lebensbedingungen, unter denen man steht. Sondern sie bedeutet etwas anderes: das Wissen davon oder den Glauben daran: daß man, wenn man *nur wollte*, es jederzeit erfahren *könnte*, daß es also prinzipiell keine geheimnisvollen unberechenbaren Mächte gebe, die da hineinspielen, daß man vielmehr alle Dinge – im Prinzip – durch *Berechnen beherrschen* könne. Das aber bedeutet: die Entzauberung der Welt. Nicht mehr, wie der Wilde, für den es solche Mächte gab, muß man zu magischen Mitteln greifen, um die Geister zu beherrschen oder zu erbitten. Sondern technische Mittel und Berechnung leisten das. Dies vor allem bedeutet die Intellektualisierung als solche.

Der wirkmächtige Begriff »Entzauberung der Welt« – Weber hat ihn nicht geprägt, er war bereits früher im Zusammenhang mit der »Säkularisierung« des Kosmos in theologischem Kontext in Umlauf – wird später von den Sozialphilosophen Max Horkheimer und Theodor W. Adorno in *Dialektik der Aufklärung* aufgegriffen. Darin vertreten sie die These, das »Programm der Aufklärung« sei die »Entzauberung der Welt« gewesen. Demnach hat sich das Schema der »Berechenbarkeit« zum »System der Welterklärung« entwickelt. Unter dem Diktat allseitiger Naturbeherrschung unterwerfe die rein »instrumentelle Vernunft« denkende Subjekte den Zwängen von Ökonomie und Technologie und verwandle sie in Objekte.

Doch zurück zu Webers Rede. Anzumerken ist hier zunächst, dass er als Beispiel für die »Rationalisierung« der Welt ausgerechnet das Beispiel der Straßenbahn wählt, während die Wissenschaft um ihn herum Röntgenstrahlen und Radioaktivität, Hormone und Vitamine entdeckt, das Zeitalter der Chemotherapie mit Salvarsan einleitet und erste Atommodelle entwirft. Hat ihn das wirklich kaltgelassen und seine Neugierde nicht erreicht?

Offenbar vertritt Weber in seinen Darlegungen die Ansicht, geheimnisvoll und unberechenbar meine in der Wissenschaft ein und dasselbe. Was etwa von einem Physiker berechnet werden kann, sei nicht mehr geheimnisvoll, und was in der Natur geheimnisvoll bleibt, sei für die Forschung unberechenbar.

Davon kann aber keine Rede sein, wie das erwähnte simple Beispiel des freien Falls zeigt, der höchst genau zu berechnen ist, ohne dass damit bei den oben gestellten Fragen zur Schwerkraft auch nur ein Jota Spielraum oder Einblick gewonnen wird. Und so genau der Däne Niels Bohr ab 1913 die Radien der Umlaufbahnen von Elektronen in Atomen berechnen konnte, so geheimnisvoll blieb der Grund für die Stabilität des ganzen Gebildes, für die eine völlig neue Physik benötigt wurde – aber welche?

Auch das Beispiel Straßenbahn hinkt. Können Webers Studenten tatsächlich »jederzeit erfahren«, warum sich eine elektrisch betriebene Straßenbahn nun in Bewegung setzt oder wie sie wieder abbremst? Das setzt nämlich voraus, dass es irgendwo einen Gelehrten in den Räumen der Wissenschaft oder einen Text in einer Bibliothek gibt, der erklären kann, was da in der Natur oder in der Technik genau vor sich geht, wenn Elektrizität in eine motorische Kraft verwandelt wird.

In diesem Fall wäre der Experte dafür der Erfinder der elektromotorischen Kraftübertragung, der Kroate Nikola Tesla (1856 – 1943), der im Rückblick auf seine Jugendjahre schrieb: »Tag für Tag fragte ich mich, was die Elektrizität sei, ohne eine Antwort zu finden. Achtzig Jahre sind inzwischen vergangen, und ich stelle mir immer noch dieselbe Frage, ohne eine Antwort geben zu können.« Wenn aber die Physiker bis heute Mühe mit der Schwerkraft haben und nicht wissen, was sie ist; wenn jemand wie Tesla nicht weiß, was Elektrizität ist – er weiß dafür, dass es uns und die Erde ohne diese Kraft gar nicht geben könnte –, dann weiß dies niemand. Mit anderen Worten: Von einer möglichen Entzauberung der Welt kann wahrlich keine Rede sein. Tatsächlich darf das genaue Gegenteil behauptet werden, dass nämlich der wissenschaftliche Zugriff einen besonderen Beitrag zur Verzauberung der uns zugänglichen Welt liefert. Sie zeigt den Menschen, wie viele Geheimnisse im Wirklichen stecken.

Zum Begriff des Geheimnisvollen

Bevor die Geheimnisse der Natur durch den wissenschaftlichen Zugriff vertieft werden, soll noch ein Abschnitt über den Begriff des Geheimnisvollen informieren. Dieser Begriff findet sich vielfach in Nachschlagewerken, etwa in *Meyers Konversations-Lexikon*, das 1889 in Leipzig erschienen ist, als es noch Menschen gab, die an eine abgeschlossene Physik glaubten. Bezeugt werden kann dies durch die Geschichte von Max Planck, die er selbst erzählt hat und die ihm passierte, als er noch keine zwanzig Jahre alt war. Planck wurde tatsächlich in der zweiten Hälfte des 19. Jahrhunderts durch einen gelehrten Professor vom Studium seiner anvisierten Disziplin mit dem Hinweis abgeraten, in der Physik sei alles in trockenen Tüchern, man müsse höchstens noch einzelne Stäubchen verwischen.

In dem Lexikon kann man 1889 unter dem Buchstaben G keinen Hinweis auf die Naturwissenschaften finden. Dort steht zu lesen: »Geheimnis (Arcanum, Mysterium), alles Dunkle, Verborgene, Unbegreifliche, besonders in Sachen der Religion. In diesem Sinne nennt man Geheimnisse z. B. die Lehren von der Trinität, von der doppelten Natur Christi« (und manches mehr, was im 21. Jahrhundert, in dem die Menschen inzwischen leben und denken, nicht unbedingt erhellend wirkt). Hundert Jahre später – 1989 – bleibt die in Mannheim erschienene *Brockhaus*-Enzyklopädie der gewohnten theologischen Dimension der Geheimnisse verhaftet, ohne die Sache wesentlich verständlicher oder gar angemessen darzustellen: »Geheimnis, allgemein das (noch) nicht Erkannte, wie auch das, was rationaler Erfassung grundsätzlich entzogen ist bzw. nach dem jeweiligen Stand der Wissenschaften der verstandesmäßigen Erkenntnis entzogen zu sein scheint oder wofür – im religiösen Bereich – die Vernunfterkenntnis als nicht zureichend erachtet wird (Mysterium). In der Theologie wird Geheimnis eine Wahrheit genannt, die nur durch die Wortoffenbarung Gottes gewusst und nach einer solchen Offenbarung zwar einigermaßen verstanden werden kann, aber doch im Dunkeln bleibt.«

Das Geheimnis als Wahrheit also – auch dazu haben im 20. Jahrhundert die Naturwissenschaftler eine Menge beigetragen.

In dem hier verhandelten naturwissenschaftlich orientierten Kontext lohnt eine pragmatische Abgrenzung des Geheimnisvollen vom Rätselhaften. Das kann durch die einfache Unterscheidung geschehen, dass Rätsel eine abschließbare (zu vollendende) Lösung und Geheimnisse eine offene (offen bleibende) Geschichte haben. Die Existenz einer richtigen Lösung gehört bekanntlich zum Vergnügen an Kreuzworträtseln, und wenn sich ein Doktorand etwa in der Biologie an seine Arbeit macht, möchte er nach einiger Zeit zum Abschluss kommen, weshalb auch in seinem Fall gesagt werden kann, dass seine Forschung darin besteht, ein Rätsel im Rahmen der Wissenschaft und ihrem Denkrahmen zu lösen. Es kann zum Beispiel darin bestehen, die Frage zu beantworten, welche Art von Signalen Zellen verwenden, um in einem Organismus miteinander zu kommunizieren, und die Antwort kann chemische Stoffe oder elektrische Ströme anführen und benennen. Dadurch ist ein erster Schritt – und damit wahrscheinlich auch die Doktorarbeit – geschafft, ohne dass ein Ende des Erkundens in Sicht gekommen wäre. Das Rätsel der beteiligten Moleküle ist zwar gelöst, aber das Geheimnis der lebendigen Wechselwirkung, das sie den Zellen ermöglichen, bleibt so verlockend wie am Beginn der Arbeit, was bekanntlich den Reiz der wissenschaftlichen Forschung ausmacht. Sie fängt zwar mit dem Rätsellösen ganz praktisch an, kommt dann aber immer näher an das Geheimnisvolle heran.

So schön es ist, Rätsel zu lösen, so schön ist es auch, dass Geheimnisse bleiben und man sagen kann, dass Menschen in einem Kosmos leben, der voll von Geheimnissen steckt und so weiter bestehen wird. Während die Naturwissenschaften diese Grunderfahrung erst seit dem 17. Jahrhundert machen können – es gibt sie in ihrer modernen Form erst seit diesen Tagen –, haben gläubige Menschen schon in Epochen davor die Vorstellung entwickelt, in einem »Zeitalter der Geheimnisse« zu leben, wie der Historiker Daniel Jütte die Jahrhunderte zwischen 1400 und 1800 charakterisiert. In ihnen kann er sogar eine »Ökonomie des Geheimen« erkennen, an der Juden und Christen teilhaben. Dieser Ausdruck erfasst den historischen Tatbestand, dass in den Jahrhunderten um die Renaissance herum mit praktischen Geheimnissen Handel getrieben wurde, die unter anderem die Herstellung von Pulvern oder Waffen betrafen. Im heutigen Sprachgebrauch würde man sie als medizinisches oder technisches Know-how bezeichnen, für das zu bezahlen war und ist. Es gab im 16. Jahrhundert in Italien eigens *professori de' secreti*, also professionelle Geheimniskundige.

Die Menschen kannten das Geheimnis zum einen als Arkanum, wobei zum Beispiel von *arcana naturae* oder *arcana mundi* die Rede war, also von den Geheimnissen der Natur oder der Welt. Neben dem umfassenden Arkanum gab es außerdem das Trio aus Secretum, Occultum und Mysterium, das heute populärer ist und allgemein verstanden wird. »Top secret« braucht niemand zu übersetzen; das Okkulte meint etwas, das absichtlich im Dunkeln gelassen und nur Eingeweihten zugänglich gemacht wird, und Mysterium erfasst ursprünglich etwas, das prinzipiell von Menschen nicht gewusst werden kann.

Das letzte Wort soll an dieser Stelle dem Philosophen der Aufklärung, Immanuel Kant (1724 – 1804), gehören, der in seiner Schrift *Die Religion innerhalb der Grenzen der bloßen Vernunft* von dem Geheimnis spricht, das sich in jeder Religion findet und das Heilige meint, »was zwar von jedem Einzelnen gekannt, aber doch nicht öffentlich bekannt« ist und also nicht allgemein »mitgeteilt werden kann«. Kant nennt das heilige Geheimnis der Religion ihr Mysterium und unterscheidet davon sowohl das Verborgene (Arkanum) der Natur als auch die Geheimnisse (Secreta) der Politik, die beide öffentlich bekannt werden können, wenn sie auf Ursachen beruhen, die aus der Erfahrung stammen und Nachforschungen der Wissenschaft zugänglich sind.

Zuallerletzt lohnt es, an den Anfang des Kapitels anzuknüpfen und erneut Einsteins Grundgefühl für das Geheimnisvolle zu bemühen. Der große Physiker hat seiner persönlichen Erfahrung noch hinzugefügt, dass die liebevolle Hinwendung von Menschen zum angenehm Geheimnisvollen zum kreativen Schaffen dessen führt, was sie als Wissenschaft und Kunst kennen und schätzen. Mit anderen Worten: Wer sich sein aus Kindertagen vertrautes Gespür für das Mysteriöse bewahrt, das in allen Dingen steckt, wer sich das Grundgefühl nicht von den belehrenden Mächten der Gesellschaft rauben lässt, der findet als Erwachsener Freude am wissenschaftlichen Denken und am künstlerischen Schaffen. Diese beiden produktiven Formen menschlichen Tuns können auch zusammenfallen, wie in diesem Buch ausgeführt wird, und wenn dies passiert, zeigt sich die Humanität, die alle Menschen anstreben. Sie suchen nach dem Geheimnisvollen und finden in der Fülle zu sich selbst. Wie die Romantiker wussten: »Wohin gehen wir denn? Immer nach Hause.«

KAPITEL 1

Große Fragen und ihre unendliche Geschichte

Echte Probleme haben keine Lösung, sondern eine Geschichte.

NICOLAUS GÓMEZ DÁVILA

Als ich ein kleiner Junge war und zur Schule ging, hat man mir dort beigebracht, dass sich Philosophie mit Fragen beschäftigt, die ohne endgültige Antworten bleiben und immer wieder neu erörtert werden müssen: Was ist Gerechtigkeit? Was ist Tapferkeit? Was ist Toleranz? Wem gegenüber soll man gehorsam sein? Und natürlich vor allem: Was ist der Mensch? Und was ist der Sinn des Lebens?

Sokrates erörtert diese und andere Themen in den Dialogen, die Platon aufgeschrieben hat, aber der Lehrmeister des Abendlands hat nur vor, sich am Ende allen Redens als jemand zu verabschieden, der es nicht weiß oder sagen kann, der aber morgen und übermorgen erneut versuchen wird, seinen Gesprächspartnern Auskunft zu geben oder Fragen zu stellen.

Diesem offenen Spiel der philosophischen Gedanken wurden die als exakt bezeichneten Naturwissenschaften gegenübergestellt, die sich offenbar mit Fragen beschäftigten, die eine klare – möglichst messbare – Antwort bekommen und dann als erledigt und abgeschlossen gelten konnten: Woraus besteht Materie? (Sie besteht aus Atomen.) Was ist Licht? (Es ist eine elektromagnetische Welle.) Was ist Leben? (Es ist eine Kombination aus Materie und einer formenden Kraft.) Wie kommen Farben zustande? (Licht kann sich mit unterschiedlichen Wellenlängen zeigen.) Wie bewegen sich Dinge? (Indem eine Kraft auf sie einwirkt.) Warum ist der Himmel blau?

(Weil es sich um atmosphärisches Streulicht handelt, dessen Intensität proportional zur vierten Potenz der Frequenz ist, die für Blau am höchsten ist.)

Die Ansicht, dass die Fragen der Naturwissenschaften eine abschließende Antwort finden, die dann eine vollends aufgeklärte Erde im Sinne der Dialektiker Horkheimer und Adorno mit allen unheiligen Folgen hinterlässt, wurde und wird genährt durch die Tatsache, dass sich in ihrem Rahmen Experimente durchführen lassen, mit denen die Natur direkt zu fragen ist, und diese dann auch antwortet. Wer sich den Naturwissenschaften verschreibt, betreibt Wahrheitsfindung unter der erschwerten Bedingung des Experiments, wie immer mal wieder zu lesen ist – was sicherlich auch zutrifft und für ihre praktische Anwendung dringend nötig ist.

Wer etwa wissen will, ob schwere Gegenstände schneller fallen als leichte, braucht nur zwei unterschiedlich massige Steine aus ausreichender Höhe fallen zu lassen, um dabei zu sehen, dass sie gleich schnell dem Boden zustreben – was den Beobachter sofort erstaunen und den Grund für diese letztlich doch merkwürdige Eigenschaft der schweren Dinge suchen lassen sollte. Aristoteles hat es mit seinem gesunden Menschenverstand ganz anders gesehen; in seinem Verständnis mussten schwere Gegenstände schneller als leichte fallen, was spontan einleuchtet. Deshalb dauerte es bis in die Tage von Galileo Galilei, ehe man den Irrtum des griechischen Philosophen bemerkte und neu nachdachte.

Und wer wissen will, was beim Verbrennen von Gegenständen passiert, kann ja erst einmal messen, wie viel sie wiegen, bevor sie vom Feuer erfasst werden. Er kann dann vergleichen, was sie als Asche auf die Waage bringen – nämlich mehr, was erneut erstaunen lassen sollte und vielleicht erste Zweifel an endgültigen Antworten allein durch die Hilfe von Messungen mit sich bringt.

Unabhängig davon unterscheidet das Experiment die naturwissenschaftliche Suche nach einer Erklärung der Welt tatsächlich von den entsprechenden philosophischen Mühen, und Optimisten weisen an dieser Stelle gerne auf den Vorgang des Spülens hin, den sie mit der Forschung vergleichen, wie es zuerst Niels Bohr getan hat. Beim Geschirrreinigen werden schmutzige Tassen und Teller in schmutziges Wasser getaucht und mit einem schmutzigen Lappen gerieben, um anschließend trotzdem sauber zu sein. Die Naturwissenschaften funktionieren wie das erwähnte Spülen, während die Philosophie offenbar meint, auf das Wasser – das Experiment – verzichten zu können, und so mit ihren Begriffen an den Phänomenen ewig weiter reibt, ohne den Dreck – das Unklare – jemals völlig loszuwerden. Was auch seinen Vorteil hat, nämlich den des andauernden Gesprächs, so wie man es von Sokrates her kennt.

Wie dem auch sei – die Naturwissenschaften wissen, wie man Fragen klar beantworten und aus dem Weg räumen kann, das ist die Überzeugung sowohl ihrer Kritiker als auch ihrer Befürworter und Anhänger. Doch so schön das klingt, so schlecht erweist sich diese Qualität für ihre kulturelle und intellektuelle Reputation. Denn, so Erich Kästner in seinem Gedicht »Sokrates zugeeignet«: »Es ist schon so: Die Fragen sind es,/ aus denen das was bleibt, entsteht./ Denk an die Frage jenes Kindes,/ ›Was tut der Wind, wenn er nicht weht?‹«

Mit anderen Worten: Zur abendländischen Kultur trägt eine Tätigkeit dann bei, wenn sie Fragen wie die Philosophie stellt und die Welt als eine Ansammlung von Geheimnissen zeigt, die Menschen anlocken. Als Kultur gilt eine Unternehmung in den Augen mancher Sozialphilosophen jedoch nicht mehr, wenn sie Antworten liefert, wie es den Naturwissenschaften gelingt, die sogar eine quantitative Komponente haben und dadurch technisch verwendbar werden. So entsteht eine durchrationalisierte und scheinbar entzauberte Welt, in der Radios, Autos und Telefone und viele andere nützliche Gegenstände für den Alltag funktionieren und von den Zeitgenossen massenhaft gedankenlos benutzt werden.

Dabei sind es in Wirklichkeit nicht zuletzt die Fragen von Naturforschern, die ewig offen bleiben, ihre eigene Geschichte entfalten, dabei stets tiefer reichen, wühlen und endlos weiter führen. Auf diese Weise tragen sie zu einer lebendigen Kultur bei, in der schließlich die Humanität möglich wird, die Menschen anstreben. Auf den folgenden Seiten sollen einige der großen Fragen aus dem Bereich der

Naturwissenschaften daraufhin abgeklopft werden. Es gilt zu lernen, was eingangs zitiert wurde, dass diese großen Fragen nämlich keine Lösung, sondern nur eine Geschichte haben, die sich ständig erneuert. Sie kann in einigen Fällen gut erzählt werden.

Was ist die Schwerkraft?

Natürlich gibt es grundlegendere Fragen aus der Physik und über den Menschen, zum Beispiel: Was ist Licht? Was ist ein Atom? Was ist Leben? Was ist ein Gen? Und: Was ist Energie? Sie und andere kommen auf den folgenden Seiten zur Sprache, nachdem das bereits im Einleitungskapitel angesprochene und eher banal klingende Thema der Schwerkraft hoffentlich mit Überraschungen vorgeführt worden ist.

Auf der einen Seite ist völlig klar und bekannt, dass die Erde eine Kraft auf Gegenstände und Körper (auch Himmelskörper) ausübt – auf Äpfel, Steine, den Mond und die Menschen selbst zum Beispiel, wobei sich die Schwerkraft bei ihnen vor allem als lästig erweist, und zwar besonders dann, wenn man sich auf eine Waage stellt oder im Hochsprung versucht.

Nicht nur die Erde übt diese Schwerkraft aus. Dies vermag jede Masse, wie Isaac Newton im späten 17. Jahrhundert erkannt und beschrieben hat, was zu der merkwürdigen Einsicht führt, dass nicht nur die Erde die Menschen, sondern die Menschen auch die Erde anziehen – die sich allerdings davon nicht beeindruckt zeigt und ihren Bewohnern kaum entgegenkommt.

Trotz aller Klarheit über das gegenseitige Vermögen von Massen zeigte sich Newton aber keineswegs zufrieden mit seinen Antworten, gaben sie ihm doch vor allem Anlass, die Frage zu stellen, wie es die Erde schafft, etwa den Mond zu erreichen. Wie gelangt die Wirkung der Gravitation von der Oberfläche der Erde hin zur Oberfläche des Mondes? Und wie gelangt sie auf seine Rückseite und noch weiter in die Welt hinaus? Und wie weit ist sie zu spüren? Hört die Schwerkraft irgendwo auf, oder geht sie immer weiter?

Newton sah den leeren Raum zwischen der Erde und dem fallenden Apfel, um bei dem ursprünglichen Beispiel zu bleiben, und so stellte er sich die Schwerkraft als Fernwirkung vor, was ihm und seinen Zeitgenossen reichte. Newton hatte eine hübsche Gleichung aufstellen – erfinden – können, in der die Kraft, mit der sich zwei Massen gegenseitig anziehen, als etwas erfasst wurde, das unter anderem mit der Größe der Massen zunahm; was niemanden verwundern wird. Mit anderen Worten, die ich schon auf der Schule gelernt habe: Die Schwerkraft erweist sich als proportional zu den beteiligten Massen. Die dazugehörige Gravitationskonstante wurde zu meiner Zeit noch im Physikunterricht bestimmt. Der Zahlenwert kam zwar etwas falsch heraus, aber das zeigte nur, dass man wichtige Messungen sorgfältiger durchzuführen hatte, als die Pennäler es unternommen hatten oder unternehmen konnten.

Die Schwerkraft war also berechenbar geworden und ließ sich genau vermessen, und das freie Fallen von Gegenständen musste damit als entzaubert gelten. Oder? Oder wollte da jemand mehr wissen und nicht mit dem Fragen aufhören?

Es war Newton selbst, der zwar von einer Fernwirkung der Schwerkraft gesprochen hatte, dem dabei aber etwas faul zu sein schien. Zwar kam man mit dem Grübeln zu seinen Lebzeiten nicht weiter, aber die erste Hälfte des 19. Jahrhunderts brachte endlich Bewegung in die Frage, wie Kräfte über Entfernungen wirken, und zwar durch Untersuchungen von völlig anderen Phänomenen, nämlich denen, die als Elektrizität und Magnetismus bekannt sind.

Die entscheidende weiterführende Beobachtung lieferte der dänische Physiker Hans Christian Øerstedt um 1820, als er Folgendes bemerkte: Eine Magnetnadel ändert ihre Orientierung, wenn in ihrer Nähe ein elektrischer Strom durch einen Leiter geschickt wird. Abgesehen davon, dass man sich an dieser Stelle die Frage stellen kann, *was* sich da in einem leitenden Draht *wie* bewegt, wenn ein Strom fließt, was ein Strom also ist, will man sofort wissen: Wie kommt die Wirkung auf die Nadel zustande? Wie kann sich die Elektrizität ohne direkten Kontakt und also unter Überbrückung einer Entfernung von einem Draht auf einen Magneten auswirken und dort eine Kraft ausüben?

Die Antwort ist heute bekannt, und sie stammt von dem britischen Physiker Michael Faraday, der die kreative Idee hatte, das Konzept von Feldern in seine Wissenschaft einzuführen. Ein elektrischer Strom baut um sich ein elektrisches Feld auf, und ein Magnet reagiert auf ein magnetisches Feld, wie heute jeder weiß, der im Physikunterricht aufgepasst hat. Das Wort »Feld« kennt jeder, spätestens von einem Fußballfeld oder allgemein von einem Spielfeld her – oder wenn das berühmte Schlusswort aus Theodor Fontanes Roman *Effi Briest* zitiert wird, das der alte Briest spricht und »Das ist ein weites Feld« lautet. Das versteht man, was aber nicht bedeutet, dass jetzt ebenso klar ist, was Øerstedt beobachtet hat. Mit Faradays Feldern konnte man immerhin sagen, dass ein Strom ein elektrisches Feld aufbaut, wenn er eingeschaltet wird, und ein elektrisches Feld, das sich verändert, ein Magnetfeld hervorruft, das die Nadel erreicht und ihre Einstellung ändert.

Doch so einfach und schön die Idee mit einem Magnetfeld heute klingt, so schwer muss ihre Konzeption gewesen sein. Das kann man sich klarmachen, wenn man sich überlegt, dass hier etwas Unsichtbares eingeführt und benutzt wird, um etwas Sichtbares zu erklären. In den aufgeklärten Tagen von Newton machte man so etwas nicht. Es musste sich eine völlig neue Denkweise entwickeln, um sinnlich zugängliche Phänomene so deuten zu können, wie es Faraday dann gemacht hat, nämlich aus einem Dunkelreich heraus. Gemeint ist die kulturelle Phase der europäischen Geschichte, die als Romantik bekannt ist und in der man um 1800 lernte, dass das Sehen mit dem ersten (äußeren) Augenpaar (im Kopf) vom Sehen mit dem zweiten (inneren) Augenpaar (in der Seele) zu unterscheiden ist. In der Romantik entdeckten die Physiker mit dieser Vorgabe unter anderem unsichtbares Licht – ultraviolette und infrarote Strahlen –, und die Psychologen begannen, sich um das unbewusste Denken – etwa in Form von Träumen – zu kümmern. In diesen Tagen der Romantik kam Faraday auf den Gedanken der unsichtbaren Felder, die eine sichtbare Wirkung ausüben konnten.

Zurück zur Schwerkraft, für die seit der Romantik ein Gravitationsfeld zuständig ist: Die schrullige Idee einer Fernwirkung konnte jetzt endlich abgelöst werden durch die verständlicher klingende Idee einer Nahwirkung, die das Feld vermittelt.

Woraus besteht das Feld? So lautete sofort die nächste Frage, die natürlich auch für elektrische und magnetische Felder relevant war. Im wissenschaftlichen Jargon, den niemand verstehen wird, der nicht Physik studiert hat, lautet die Antwort, dass Felder aus Teilchen bestehen, das Schwerfeld der Erde etwa aus Gravitonen. Das mühsam zu verstehende Wechselspiel zwischen Feldern und Teilchen ist heute dadurch aktuell, dass der Nobelpreis für Physik 2013 an die Teilchenforscher Peter Higgs und François Englert ging, und zwar »für ihre theoretische Entdeckung eines Mechanismus, der zu unserem Verständnis des Ursprungs der Masse von subatomaren Partikeln beiträgt und der kürzlich durch die Entdeckung des durch die Theorie vorhergesagten Partikels durch die Experimente ATLAS und CMS am Large Hadron Collider des Genfer CERN bestätigt wurde«, wie es in der offiziellen Begründung hieß. Die geehrten Physiker haben in ihrer Forscherwirklichkeit tatsächlich ein Feld – das Higgs-Feld – ans Licht der Wissenschaft gezogen, das gemäß der allgemeinen Logik aus diesen Higgs-Teilchen bestehen soll (allerdings ist das ohne ein Studium der Physik nicht zu erfassen – und selbst dann nicht so ohne Weiteres).

Das verwirrende Hin-und-Her-Spiel zwischen Feld und Teilchen soll hier mit dem Hinweis abgebrochen werden, dass es schlicht unsinnig ist, in der Erklärung der Schwerkraft durch ein Gravitationsfeld eine Entzauberung der Dinge zu sehen. Die Sache wird nämlich noch geheimnisvoller, wenn man sie weiterverfolgt, und zwar durch Albert Einstein. Er konnte in den Jahren des Ersten Weltkriegs eine physikalische Beschreibung der Welt – des Universums – vorlegen, die unter Fachleuten als Allgemeine Relativitätstheorie bekannt ist und die 1919 triumphal bestätigt wurde (wenn man von unschönen Randerscheinungen absieht, von denen ich in meinem Buch *Die kosmische Hintertreppe* erzähle). Damals zeigten Experimente, dass sich Licht nur so lange gradlinig ausbreitet, solange es nicht an einer Masse vorbeizieht, was die Schwerkraft ins Spiel bringt, um die es hier immer noch geht. Einsteins Theorie sagte voraus, dass Licht zum Beispiel von der Sonne abgelenkt wird, aber nicht dadurch, dass ihre Masse das Licht anzieht wie die Erde einen Apfel. Vielmehr übt die Sonne ihren (nachgewiesenen) Einfluss auf den Weg des Lichts dadurch aus, dass sie in ihrer Massivität die Geometrie des Raums verändert.

Während Newton und alle seine Nachfolger annahmen, überall im Universum sei die glatte und gradlinige Geometrie zu finden, die der Grieche Euklid vor ewigen Zeiten aufgeschrieben hatte und die in der Schule gelehrt und geprüft wird, stellte Einstein fest, dass der Raum vielmehr durch Massen gekrümmt werden kann; dass Linien in der Nähe der Sonne nicht mehr so gerade wie auf einem Blatt Papier verlaufen, sondern so verbogen wie auf der Oberfläche einer Kugel. Und dies bereitete die eigentliche Sensation vor: Sie bestand in Einsteins Einsicht, dass es diese besondere Geometrie der Welt ist, die zur Schwerkraft führt.

Wenn sich zwei Massen anziehen, kommt dies dadurch zustande, dass der Raum aktiv wird und sich so krümmt, dass ihre beiden Wege aufeinanderzugehen, weil die Geometrie sie auf diesen Weg zwingt. Wer sich dies anschaulich – und fast zu einfach – vorstellen möchte, soll an einen Globus denken, von dessen Nordpol aus zwei Kugeln loslaufen. Sie treffen am Südpol zusammen, und zwar deshalb, weil die Oberfläche (ihre Geometrie) so gekrümmt ist, dass ihnen kein anderer Weg bleibt. Zwar denkt ein ahnungsloser Beobachter am Südpol, die beiden Kugeln ziehen sich gegenseitig durch die Schwerkraft an, aber sie halten sich nur an die ihnen möglichen Wege, und sonst nichts.

Endlich und unbegrenzt

Damit ist die Antwort auf die Frage, was die Schwerkraft ist, auf ihrer heutigen Stufe oder Tiefe angekommen. Sie lautet in aller Kürze, dass es sich um die Verzerrung der euklidischen Geometrie der Raumzeit durch die Anwesenheit von Massen handelt. Wer nach diesen Worten immer noch meint, die Welt sei durch diese Erklärung entzaubert, der braucht sich an dieser Stelle keine Mühe mehr mit dem Weiterlesen zu geben, denn er »ist sozusagen tot und sein Auge ist erloschen«, wie Einstein es ausgedrückt hätte.

Das heißt, ein Versuch soll doch noch unternommen werden, die Leselust eventueller Betonköpfe zu wecken, und zwar durch die »Betrachtungen der Welt als Ganzes«, die Einstein in seinem erstmals 1916 erschienenen Buch *Über die spezielle und die allgemeine Relativitätstheorie* angestellt hat. Im Rahmen des so überschriebenen Kapitels erörtert Einstein »Die Möglichkeit einer endlichen und doch nicht begrenzten Welt«, die sich durch die Erkenntnis ergibt, dass die Geometrie des Kosmos anders ist, als man früher gedacht hat. Sie ist nämlich nicht gradlinig, wie es Euklid in der Antike meinte, sondern gekrümmt, wie es sich der in der Öffentlichkeit leider unbekannt gebliebene deutsche Mathematiker Bernhard Riemann zum ersten Mal im 19. Jahrhundert vorgestellt hat.

Einstein führt in dem erwähnten Kapitel vor, wie mit der neuen Geometrie eine Welt denkbar und möglich wird, die zwar endlich ist – wie eine Kugeloberfläche –, die aber trotzdem keine Grenze kennt – ebenfalls wie eine Kugeloberfläche, auf der man beliebig lange umherschweifen kann, ohne an ein Ende zu treffen. Endlich und unbegrenzt zugleich – so ist sie, die Welt, in der Menschen leben, und dieser Gedanke kann nur verzaubern. Wer mit diesem Gedanken Mühe hat, der braucht sich nur zu überlegen, wovor Menschen sich fürchten. Sie fürchten sich ganz sicher davor, irgendwo auf unüberwindbare Grenzen zu stoßen und eingesperrt zu sein. Und sie haben ebenso sicher Angst vor einer unendlichen (und dann sinnlosen) Leere. Beide Sorgen konnte Einstein vertreiben. Seine Physik lässt eine Welt erkennen, die Menschen gefallen muss.

An dieser Stelle stellen sich sofort viele weitere Fragen. Was ist Masse? Was ist der Raum, der Menschen erlaubt, nebeneinander zu stehen? Was ist die Zeit, die es erlaubt, dass Dinge nacheinander geschehen? Seit einigen Jahrzehnten wird ernsthaft erörtert, dass Raum und Zeit ihre Existenz einem Urknall verdanken, was eine seltsame Vorstellung bleibt, gerade weil sie scheinbar so anschaulich ist. Besonders aktuell stellt sich in diesem Zusammenhang die Frage nach der Herkunft der Masse, die momentan durch das erwähnte Higgs-Teilchen beantwortet wird, aber ganz selbstverständlich nur so, dass es nach jeder Antwort von neuen Fragen nur so wimmelt.

Hoppla, ein Higgs

Es lohnt sich, etwas näher auf das Higgs-Teilchen und das dazugehörige Higgs-Feld einzugehen, auch weil darüber so etwas wie ein öffentlicher Streit ausgebrochen ist. Während die etablierte Physik feiert und mit dem Nobelpreis auszeichnet, was sie da zustande gebracht hat, bemühen sich skeptische Beobachter der Wissenschaftsszene, das ganze Geschehen als »Higgs Fake« oder »Higgs-Schwindel« zu entlarven. Auch für Unbeteiligte bietet das Thema einiges, das nachdenklich macht.

Die theoretischen Ansätze, nach jenem Elementarteilchen zu suchen, das später nach dem schottischen Physiker Peter Higgs »Higgs-Boson« genannt werden sollte, wurden von mehreren Forschern erstmals in den 1960er Jahren entwickelt. 2012 haben sich diese Hypothesen, nach Einsatz gewaltiger finanzieller Mittel und unter Beteiligung eines ganzen Heeres von Wissenschaftlern, am Forschungszentrum CERN bei Genf als plausibel und funktionstüchtig erwiesen – so sagen es jedenfalls die Verantwortlichen, ohne auf die vielen Fragezeichen hinzuweisen, die selbst oder gerade für Physiker bleiben. Die Marketingmaschine am CERN will nämlich nicht nur einen Triumph für die Wissenschaft, sondern auch für Europa reklamieren, denn immerhin haben die Amerikaner es vor Jahren aufgegeben, die für solche Experimente erforderlichen gigantischen Maschinen zu bauen. Zum einen, weil sie zu teuer sind, zum anderen, weil sie nicht zu Gott führen, wie man gegenüber einem US-Senator einräumen musste, der die Genehmigung weiterer Finanzmittel genau davon abhängig machte.

Doch hier soll es nicht um Politik gehen, sondern um die Naturwissenschaft, und die klingt zunächst einmal ganz einfach. Man hat gezeigt, dass es ein Teilchen – das Higgs-Teilchen – gibt, mit dessen Hilfe das von Peter Higgs eingeführte Feld existiert und seine Wirkung entfaltet. Man sollte sich hierbei nicht durch solch schlichte Begriffe wie »Teilchen« und »Feld« täuschen lassen – die anvisierte Physik bleibt trotzdem geheimnisvoll, wie man es auch dreht und wendet. Um wenigstens eine einigermaßen anschauliche Vorstellung davon zu geben, welche Funktionen dem Higgs-Feld zugeschrieben werden, hier eine kurze Erläuterung: Wenn sich andere Teilchen – Elektronen zum Beispiel – bewegen wollen, müssen sie es in diesem Higgs-Feld tun, das sie umfängt, abbremst und träge werden lässt, so wie es Menschen passiert, die sich ihren Weg durch Wasser bahnen und nicht durch Luft. »Trägheit« ist das entscheidende Stichwort, denn damit wird die Eigenschaft beschrieben, die Massen auszeichnet. Peter Higgs selbst hat es so umschrieben, dass das Universum das Higgs-Feld als eine Art »Quantensirup« enthält. Dieser »Sirup« kann gewisse Teilchen bremsen und tritt mit ihnen in Wechselwirkung. Je stärker ein Partikel auf das Feld reagiert, desto mehr verhält es sich wie ein mit Masse ausgestattetes Teilchen. Zugleich versetzt es seinerseits das Higgs-Feld in Schwingungen, was sich wiederum in der Erzeugung von Higgs-Teilchen niederschlägt.

Nur ist das Higgs-Teilchen leider nicht so simpel, wie manche Medien es darstellen. Schon deshalb nicht, weil die Physiker stets von einem Higgs-Boson sprechen, was in den Medien nicht weiter kommentiert wird – außer mit dem Hinweis, dass es sich nicht um anschauliche Dinge handelt. In der subatomaren Welt gibt es tatsächlich keine Teilchen mit Eigenschaften, wie wir sie aus dem Alltag kennen. Bosonen sind zudem Gebilde, die keine Identität haben, sich deshalb nicht unterscheiden lassen und nur in der Mehrzahl auftreten. Und so steht die Behauptung, die Physiker hätten das (eine) Higgs-Teilchen gefunden, ohne jeden Sinn im Raum. »Ein großer Aufwand, schmählich, ist vertan«, wie es in Goethes *Faust* zum Ende hin heißt – mit »Aufwand« meine ich hier jedoch nicht die Experimente, sondern die Erklärungen, die alle rasch an ein Teilziel kommen wollten, dabei aber das Geheimnis unterschlugen, das nach wie vor im Inneren der Materie steckt. Es bleibt ein Geheimnis der Physiker, wie sie dessen Entschlüsselung bewerkstelligen wollen.

Was ist Licht?

Es ist eben ein unendliches Spiel, das mit den naturwissenschaftlichen Fragen in die Gänge kommt, von denen jetzt die nach der Natur des Lichtes gestellt werden soll. Der Übergang von der Schwerkraft zum Licht wird dabei zum einen durch das oben erwähnte Experiment von 1919 und zum anderen durch die daran beteiligte Person von Albert Einstein möglich. Zwar wird der aus Ulm stammende Physiker in der Öffentlichkeit bevorzugt als alter Herr mit seinen beiden Relativitätstheorien und der dazugehörigen Raumzeit in Verbindung gebracht, doch den Nobelpreis für Physik hat ein junger Einstein bekommen, und zwar nicht für seine Betrachtungen über die Welt als Ganzes oder seine Einsichten in die gekrümmte und verzerrte Geometrie des Universums. Den Nobelpreis erhielt Einstein für seinen bereits 1905 erfolgten und wahrlich merkwürdigen Beitrag zu der Frage, was Licht ist. Anzumerken ist hier, dass er höchstpersönlich in einem Brief an einen Freund davon sprach, er habe damit etwas derart Revolutionäres geleistet, dass ihm davon schwindlig geworden und ihm jeder Boden unter den wissenschaftlichen Füßen weggezogen worden sei.

Die Frage »Was ist Licht?« gehört natürlich zu dem, was Menschen interessiert, seit sie philosophieren und etwa über den Ursprung der Welt nachdenken. »Es werde Licht!«, lautet bekanntlich die erste Anweisung des Herrn, ohne dass man sagen könnte, was er da hat werden und machen lassen. Licht entstammt offenbar einem göttlichen Eingriff, und was immer dabei entstanden ist, entströmt später den Körpern, die man mit Augen sehen kann. Viele Philosophen und Autoren der Antike haben sich ihre Gedanken über das Licht gemacht, das bei ihnen *phos* heißt und sich nicht so leicht in andere Worte fassen lässt. Für Aristoteles stellt Licht zum Beispiel den Zustand des Durchsichtigen dar, der sich aus der Anwesenheit von Feuer oder eines anderen leuchtenden Körpers ergibt. Es wird im 21. Jahrhundert jedoch Zeitgenossen geben, die mit dieser Festlegung – Licht als Verwirklichung des Durchsichtigen – ebenso wenig anfangen können wie mit Platons Ausführungen, der die Wahrnehmung von Licht mit einer Dreiteilung erklärt: Das »Licht der inneren Hitze, das durch die Augen hinausdrängt«, sei die Hauptursache dafür, dass wir Licht überhaupt sehen können. Davon unterscheidet er das »unserem eigenen Licht verwandte äußere Licht«, das »wirkt und unterstützt«, und das »von den sichtbaren Körpern ausströmende Licht, Feuerschein und Farbe«.

Es ist offensichtlich, dass die moderne Physik und die mit ihr aufgewachsenen Menschen mit diesen Sätzen und auch den zahlreichen Theorien über »Auge und Licht im Mittelalter«, die der amerikanische Historiker David C. Lindberg in seinem gleichnamigen Buch zusammengestellt hat, nicht viel anfangen können. Die heute akzeptierten Antworten auf die Frage nach der Natur des Lichts beginnen – wie beim Thema Schwerkraft – mit den Arbeiten von Isaac Newton, der zu Beginn des 18. Jahrhunderts seine *Optik* verfasst hat und darin unter anderem den Weg von Lichtstrahlen durch ein Prisma beschreibt. Wenn weißes Sonnenlicht auf ein Prisma fällt, wird es in seine farbigen Komponenten zerlegt. Sie werden als Spektrum sichtbar, das von Rot über Gelb und Grün zu Blau und Violett reicht. Newton zeigte zum einen, dass sich diese bunten Anteile des Lichts nicht weiter zerlegen ließen, und er meinte zum anderen, sie auf Partikel zurückführen zu können, die in ihrer Fülle dann den Lichtstrom ausmachten, von dem schon die antiken Autoren gesprochen hatten.

Sosehr Newtons Autorität geachtet wurde – es konnte nicht übersehen werden, dass die Idee von Lichtteilchen Mühe hatte, vielfach beobachtbare Phänomene zu erklären, die als Lichtbeugung bezeichnet werden und die auftraten, wenn seine Strahlen durch ein kleines Loch oder an einem Hindernis vorbei geleitet wurden oder gar ein Gitter zu durchqueren hatten. Dabei traten eine Menge farbiger Effekte in Erscheinung, die im Verlauf des 18. Jahrhunderts den wissenschaftlich begründeten Verdacht nährten, dass Licht weniger als ein Strom aus Partikeln und mehr als eine Wellenbewegung zu verstehen ist. Zu Beginn des 19. Jahrhunderts entschloss sich der britische Gelehrte Thomas Young, das durchzuführen, was man ein *experimentum crucis* nennt: nämlich einen Versuch zu machen, mit dem sich zwischen den erörterten Alternativen entscheiden lässt. Young sorgte dafür, dass zwei Lichtstrahlen auf geeignete Weise zusammen- und einander ins Gehege kamen, und er beobachtete dabei das Phänomen, das eine Entscheidung ermöglichte. Gemeint ist die Erscheinung der Interferenz, die etwa bei Wasserwellen dafür sorgt, dass einige Wellenberge verstärkt und andere vermindert oder gar gänzlich unterdrückt werden. Wellen können miteinander interferieren und dabei unter anderem Zonen ohne Erregung entstehen lassen.

Als Young beobachtete, dass Licht plus Licht stellenweise zu Dunkelheit führte, galt die Frage nach der Natur des Lichts als entschieden: Licht breitete sich als Welle aus, nicht als Teilchen, selbst wenn dies der große Newton hundert Jahre zuvor geschrieben hatte (wobei anzumerken ist, dass Goethe zwar heftig gegen Newtons Farbenlehre polemisiert hat, die von seinem Gegenspieler postulierte Natur des Lichts aber nicht weiter interessant und der Mühe des Nachsinnens wert fand). Wenn die hier vorgetragene Vorstellung der vertieften Geheimnisse zutrifft, dann ist anzunehmen, dass auch Youngs Antwort nicht nur etwas klärte, sondern auch ein neues Problem aufwarf. Tatsächlich stellte sich nach der Klärung des Wellencharakters die Frage, in welchem Medium sich Licht denn nun ausbreitet. Was sich als Welle bewegt, braucht etwas Derartiges, um existieren zu können. Wasserwellen benötigen Wasser, Schallwellen benötigen Luft, Seilwellen benötigen ein Seil. Und Lichtwellen? Lichtwellen breiten sich in einem Äther aus, wie rasch gesagt wurde. Das führte dazu, dass Chemiker versuchten, diesem hypothetischen Stoff einen Platz in ihrem Periodensystem der Elemente zuzuweisen, was erst zu Beginn des 20. Jahrhunderts aufgegeben wurde.

Als Einstein um 1900 in Zürich Physik studierte, hatte die Idee des Äthers schon an Attraktivität verloren, weil sie mehr Rätsel aufgab als Klärungen herbeiführte. Auf der einen Seite musste der

Äther etwas sein, das niemand spürte, denn alle Menschen liefen am hellen Tag umher, ohne sich durch ihn behindert zu fühlen. Auf der anderen Seite musste der Äther äußert hart und fest sein, weil er ja Wellen erlaubte, deren Wellenlängen im Vergleich zu denen des Schalls oder denen auf einer Wasseroberfläche extrem klein waren. Offenbar passte beides nicht zusammen, was die Frage nach der Natur des Lichts und seinem Äther um die Wende zum 20. Jahrhundert zu einem spannenden Thema machte.

Im Verlauf des 19. Jahrhunderts hatte sich die Möglichkeit ergeben, genauer zu sagen, wie eine Lichtwelle zustande kommen kann, und die dazugehörige fundamentale Idee knüpft an die elektrischen und magnetischen Felder an, die Faraday erfunden und vorgestellt hatte. Faradays Gedanken wurden von dem schottischen Physiker James Clerk Maxwell aufgenommen, der zu den Großen seiner Zunft zählt. Maxwell konnte um 1860 zum einen zeigen, dass ein elektrisches Feld, das sich zeitlich ändert, durch diese Bewegung ein Magnetfeld erzeugt. Er konnte zum anderen zeigen, dass dies auch umgekehrt abläuft und ein sich auf- oder abbauendes Magnetfeld ein elektrisches Feld generiert. Und Maxwell konnte darüber hinaus alle seine physikalischen Ideen in einem Quartett von Gleichungen zusammenstellen, die heute seinen Namen tragen und von seinen Zeitgenossen so bestaunt wurden, als ob Gott selbst diese Zeichen – also die mathematischen Symbole in den Maxwell-Gleichungen – geschrieben hätte. Maxwell war selbst überrascht von dem, was da aus seinem Inneren nach außen drängte, und er fühlte sich nur als derjenige, der aufschrieb, was eine höhere Stimme ihm zugeflüstert hatte.

Wie dem auch sei – mit Maxwells Inspiration wurde begrifflich erfasst, was heute elektromagnetische Welle heißt und dadurch entsteht, dass sich elektrische und magnetische Felder abwechselnd auf- und abbauen. Elektromagnetische Wellen sind den Menschen des 21. Jahrhunderts beliebig vertraut, denn sie erfüllen den Raum, in dem sie leben, spätestens seit es das Radio gibt, wobei die meisten von ihnen unsichtbar bleiben. Mit Maxwell wusste die Welt auf jeden Fall schlüssig, was Licht ist, nämlich eine elektromagnetische Welle, die gar kein Medium brauchte und sich selbst genug war.

Klar ist, dass elektromagnetische Wellen berechenbar sind und das Licht damit entzaubert zu sein scheint. Doch so sieht es nur auf den ersten oberflächlichen Blick aus. Die nächste Frage lautet, woher elektrische Felder kommen, und Maxwells Antwort besagt, dass sie elektrischen Ladungen entspringen. Aber wie machen sie das? Und überhaupt – was ist eine Ladung? Es macht sicher kaum Probleme, sich eine winzige Masse, etwa ein Kügelchen, vorzustellen. Aber wie bekommt solch ein Ding eine Ladung? Wie verteilt die sich in einem noch so kleinen Körper? Und wie sorgt diese Ladung für ein elektrisches Feld? Wie breitet es sich aus? Wie sorgt es für eine Kraft? Aus welchen Teilchen besteht solch ein Feld überhaupt?

Alles Fragen, die bis heute offen bleiben, auch wenn es dazu massenhaft Experimente und Berechnungen gibt. Und zu diesen Fragen gesellt sich das eigentliche Geheimnis, das sich zeigt, wenn man über Maxwells Einsicht, dass ein sich veränderndes elektrisches Feld ein Magnetfeld hervorruft, genauer nachdenkt. Denn es handelt sich ja um ein Magnetfeld, das vorher gar nicht da war. Das Magnetfeld entsteht berechenbar, aber es kommt aus der Tiefe des Raums, sozusagen aus dem Nichts – man wundert sich, wie das gehen soll, und man staunt darüber, dass dies spielend leicht Milliarden Mal pro Sekunde klappt.

Mit dem Gesagten ist auch beim besten Willen nicht zu übersehen, dass das Licht schon im 19. Jahrhundert mit vielen Geheimnissen ausgestattet wurde – längst bevor Einstein um 1905 versuchte, die Methoden der statistischen Physik, die das 19. Jahrhundert, nicht zuletzt durch Maxwell, erfolgreich entwickelt hatte, um die Eigenschaften von Gasen und die Wärme von Gegenständen zu verstehen, auf das Licht anzuwenden.

Was ist Entropie?

Die Größe, die Einstein faszinierte, kennen die Physiker als Entropie, wobei das Wort etwas mit Ordnung zu tun hat und so klingen soll wie Energie. Wie sich nämlich herausstellte, werden Kenntnisse sowohl der Energie als auch der Entropie benötigt, um Maschinen verstehen und ihren Wirkungsgrad verbessern zu können. Dabei kann man sich die Entropie etwa als ein Maß für die Zufälligkeiten vorstellen, die sich in einem physikalischen System befinden und die sich mit Wahrscheinlichkeiten fassen lassen.

Diese Details spielen hier keine Rolle, nur das besondere Ergebnis, das Einstein 1905 erzielte, erweist sich als wichtig. Es besagte, dass die Entropie von Strahlung sich so berechnen ließ wie die Entropie von Gasen. Dies mag harmlos klingen, aber es verwirrte Einstein völlig und machte ihn ratlos. Was Einstein durcheinanderbrachte, kommt in dem Schluss zutage, den sein Ergebnis nach sich zog. Es lautet: Wenn Gase und Strahlung dieselbe Entropie haben, dann müssen sie vergleichbar aufgebaut und zusammengesetzt sein. Da Gase nachweislich aus Atomen und Molekülen – also aus partikulären Gebilden – bestehen, muss auch das Licht aus solchen teilchenartigen Einheiten zusammengesetzt sein. Das Licht besteht folglich nicht aus Wellen, so Einstein, sondern aus Lichtatomen, und diese Einsicht erschütterte ihn nachhaltig, spätestens, als sie sich experimentell bestätigen ließ.

Eine neue Wirklichkeit

Es war zum Verrücktwerden. Seit dem Beginn des 19. Jahrhunderts und dank Maxwell war bestens und allgemein verstanden, was Licht ist, nämlich eine Welle. Und nun zeigte Einstein, dass es aus Teilchen besteht, die im Laufe der Geschichte den Namen Photonen vom griechischen *phos* bekommen haben und die hier ab sofort so heißen sollen. Da musste man doch verzweifeln. Was war Licht denn nun? Ein Strom von Photonen oder eine Bewegung von elektromagnetischen Wellen? Und überhaupt: Was ist ein Photon? Ein Teilchen ohne Masse?

Die Verzweiflung, die sich im Anschluss an Einsteins Revolution unter den Physiker breitmachte, hat Bert Brecht gut verstanden, als er in den 1930er Jahren sein *Leben des Galilei* schrieb und seinen

Helden seufzen lässt, dass er sich klaftertief unter die Erde in ein dunkles Loch sperren lassen würde, könnte man ihm nur sagen, was das ist, das Licht, mit dem alles anfängt, zumindest im biblischen Geschehen.

Einstein sollte nach seinen revolutionären Erkenntnissen über das Licht noch fünfzig Jahre leben, und er hat diese lange Zeit gegrübelt und gegrübelt, wie man sich solch ein Photon – ein Atom des Lichts – vorstellen soll. Er ist zu keinem Ergebnis gekommen und hat resignierend gesagt, dass ihm sein langes Nachdenken über die Natur des Lichts keine Klarheit gebracht hat. Und er ist dabei sogar einen polemischen Schritt weitergegangen, indem er alle als »Lumpen« tituliert hat, die etwas anderes behaupten und sagen, sie wüssten, was Licht ist und wie Photonen aussehen.

Leider gibt es solche – Verzeihung – Lumpen zuhauf, und zwar all diejenigen, die souverän und lässig vor die Kamera treten oder sich an den Laptop setzen und dem Volk erklären, was es mit dem Licht auf sich hat. Licht, sagen sie, zeige eine duale oder dichotome Natur, indem es sich einmal als Welle und ein andermal als Teilchen zeige, und das sei doch gut verstanden und vorhersehbar. Offenbar gesteht man sich nicht ein, dass sich von einer Wirklichkeit, die zugleich als Welle und als Teilchen in Erscheinung treten kann und die als physikalische Erscheinung gut zu vermessen und experimentell zu behandeln ist – Licht kann unter anderem gebeugt, gebrochen, polarisiert und zum Laser gebündelt werden –, gar nicht mehr sagen lässt, was sie ist. Seit Einstein weiß man nicht, was Licht ist (wie es einfach heißt) oder welche Art des Seins ihm zukommt (wie es vertrackt gesagt werden kann, wenn Philosophen ontologisch sprechen). Licht ist und bleibt ein Wunder. Es ist daher weniger ein Wunder, dass die Schöpfung mit ihm beginnt. Oder war das doch eine geheimnisvolle Dunkelheit, mit und in der alles angefangen hat?

Was ist ein Atom?

Wer oberflächlich über Einsteins Photonen und ihre Geschichte informiert wird, erfährt, dass er mit seiner mutigen Hypothese von Lichtteilchen versuchte, den damals aufregenden Effekt zu verstehen, den Licht bewirkt, wenn es auf eine Oberfläche aus Metall fällt. Wenn dies passiert, werden unter bestimmten Voraussetzungen nämlich Elektronen frei und die elektrische Leitfähigkeit nimmt zu. Die Fachwelt im 19. Jahrhundert sprach vom lichtelektrischen oder photoelektrischen Effekt, und das Besondere der Wechselwirkung von Licht und Materie zeigte sich darin, dass die Wirkung der Strahlen nicht von ihrer Intensität, sondern von ihrer Frequenz abhing. Blaues Licht machte mehr Eindruck als rotes, und dies konnten Einsteins Photonen deuten. Aber seine Erklärung funktionierte nur mit der ungewöhnlichen Idee von Max Planck, die seit dem Jahr 1900 zirkulierte und besagte, dass die Energie von Licht nicht in einem gleichmäßigen Strom, sondern in diskreten Päckchen – genauer: in Form von Quanten – freigesetzt wird, wenn Strahlen einen leuchtenden Gegenstand verlassen. Und die Energie dieser Lichtquanten oder die Größe der darin steckenden Energiehäppchen hingen mit der Frequenz zusammen, sie erwies sich ihr als proportional.

Was hier skizziert wird, lässt sich heute in den Geschichtsbüchern als Einführung der Quantensprünge in die Abläufe der Natur finden. Und so mühsam es den Physikern zu Einsteins und Plancks Zeiten fiel, sich an die Existenz solcher diskreten Quanten zu gewöhnen, so leichtfertig geht die Gegenwart mit dem Wort um. Nahezu jeden Tag kann man in der Zeitung lesen, dass ein Unternehmen einen Quantensprung gemacht hat oder dass Forscher für einen Quantensprung im Wissen gesorgt haben. Aber das lockere Verwenden des Begriffs macht die Sache nicht klarer. Und tatsächlich geben Quantensprünge mehr Geheimnisse auf als Erklärungen ab. Um dies zu verstehen, muss natürlich zuerst erwähnt werden, wer da überhaupt Quantensprünge unternimmt, und das ist nicht das Licht. Quantensprünge finden in Atomen statt, die dabei Licht freigeben. Doch so einfach und klar dieser Satz erscheint, er steckt voller Rätsel.

Als Planck das Quantum einführte – also die diskrete Einheit der Lichtenergie – und Einstein diese Idee auf den lichtelektrischen Effekt anwandte, da ging es mehr um das Energiepäckchen selbst als um die Sprünge, die sie ermöglichen. Sie kamen dadurch ins Spiel, dass irgendwann die Frage auftauchte, wer genau eigentlich das Licht aussendet, das etwa einen heißen Gegenstand rot erscheinen lässt. Die Antwort lautete bald, dass dies die Atome sind, aus denen die Dinge dieser Welt bestehen – und damit ist das Thema dieses Abschnitts konkret erreicht.

Die Welt ist aus Atomen aufgebaut – diese so einfach klingende und heute als selbstverständlich hingenommene Feststellung konnten die Wissenschaftler im Laufe des 19. Jahrhunderts nach und nach erhärten, wobei die Idee von Atomen aus der Antike stammt. Die vor mehr als zweitausend Jahren lebenden Philosophen hatten sich unter anderem gefragt, was übrig bleibt, wenn man ein Stück Stoff teilt und immer wieder teilt. Ihre Antwort lautete, dass zuletzt etwas Unteilbares, *atomos* auf Griechisch, übrig bleibe, und von dem reden die Menschen bis heute. Zwar wissen sie längst, dass Atome nicht unteilbar sind, ihr Name folglich in die Irre leitet, aber das hindert sie nicht daran, fest an die Existenz von elementaren und also nicht weiter zu zerlegenden Gebilden zu glauben, nämlich an Elementarteilchen. Dies ist ein schönes Wort, das seinem Benutzer suggeriert, er wisse, was er damit meine, was aber nicht der Fall ist. Das Elektron kennt man zum Beispiel als Elementarteilchen, aber noch hat niemand verstanden, wie es seine Masse mit einer Ladung versehen und dabei auch noch als Welle in Erscheinung treten kann. Aber wie sonst sollen Elektronenmikroskope möglich sein?

Die Geheimnisse des Elektrons können ganze Kapitel füllen, die hier aber ungeschrieben bleiben, weil es um die Atome geht, in denen Elektronen zirkulieren. Die konnte man im 19. Jahrhundert nachweisen, als Physiker sich in der Lage zeigten, Elektronenstrahlen herzustellen. Zwar hat auch der Name Elektron eine griechische Herkunft – das Wort bedeutet in der Sprache der antiken Philosophen »Bernstein« und erfasst damit den Stoff, an dem zum ersten Mal durch Reibung die Phänomene bemerkt wurden, die heute unter

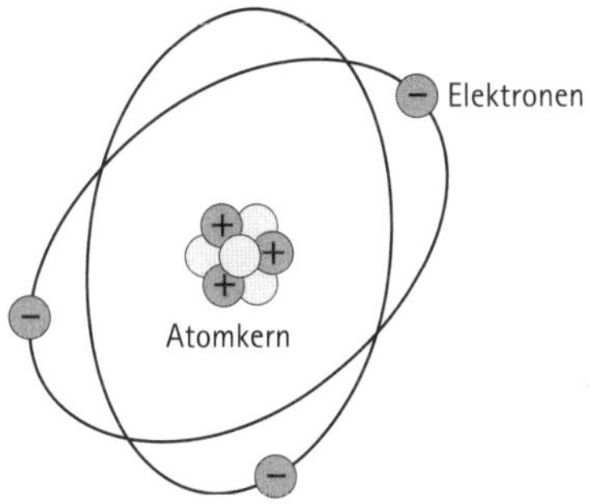

In dem Atommodell von Niels Bohr werden den negativ geladenen Elektronen Bahnen eingeräumt, die um den Kern mit positiv geladenen und neutralen Partikeln kreisen. Zwischen den Bahnen kann es zu Quantensprüngen kommen, mit deren Hilfe Energie als Licht entsteht und abgestrahlt wird.

Elektrizität geführt werden –, aber das bedeutet nicht, dass die frühen Überlegungen zum Atom von Elektronen wussten. Die ersten philosophischen Bemühungen um Atome haben eigentlich gar kein Wissen über diese letzten Bausteine der Dinge produziert, weil die antiken Denker die eigene Idee nur spielerisch eingesetzt haben. Wer Atome ernst nimmt, will wissen, wie sie aussehen und wie sie gebaut sind, und solche Überlegungen findet man erst im frühen 20. Jahrhundert.

Vor allem war es Niels Bohr, der 1913 Erfolg melden konnte. Ihm verdankt die Menschheit in diesen Tagen den Vorschlag, den Atomen eine anschauliche Form zu geben. Bei Bohrs Modell gibt es einen Kern im Zentrum, um den sich eine Hülle von Elektronen spannt, die aus mehreren Schalen bestehen kann. Der entscheidende Witz des Bohrschen Atommodells besteht darin, dass sein Schöpfer die Existenz von Quanten nutzte, um zum einen den Elektronen diskrete Bahnen zuzuweisen, auf denen sie den Atomkern umkreisten, und zum anderen zwischen diesen Rundstrecken Sprünge – eben Quantensprünge – zuzulassen, bei denen Energie freikommt, die als Licht entweicht und sichtbar wird.

Das klingt alles einleuchtend, lässt sich leicht vorstellen, kann höchst präzise berechnet werden, wie Bohr 1913 triumphal zeigen konnte, und steckt doch voller Geheimnisse. Die ersten Geheimnisse stecken in den Quanten selbst. Elektronen sind negativ geladen (ohne dass sich sagen ließe, wie das gehen soll), die Teilchen im Atomkern sind positiv geladen (erneut ohne dass sich sagen ließe, wie das gehen soll), und so sollten die Elektronen vom Kern angezogen werden und zu ihm hin stürzen. Passiert aber nicht, weil die Elektronen nicht kontinuierlich von ihrer Bahn abweichen können, sondern dazu mindestens ein Quantum aufbringen müssen. Wie soll man sich das vorstellen? Und wenn sie einen Quantensprung machen, bleibt offen, wo, wie und was sie sind, während sie springen und von einer Bahn auf die nächste wechseln. Was machen sie dazwischen?

Der erste große Schritt in Richtung der heute gültigen Physik, die in den Lehrbüchern Quantenmechanik heißt, gelang im Jahr 1925 dem damals 24-jährigen Werner Heisenberg, als er den Mut fand, völlig neu zu denken und sich selbst etwas Ungewöhnliches zuzutrauen. Nachdem Heisenberg vergeblich alle traditionellen Möglichkeiten seiner Wissenschaft ausprobiert hatte, die Form der Elektronenbahnen und damit das Aussehen der Atome zu bestimmen, kehrte er eines Tages den Spieß um und nahm an, dass die Bahn eines Elektrons erst dadurch entsteht, dass ein Mensch – zum Beispiel er selbst – sie beschreibt. Atome *haben* kein Aussehen, wie er keck annahm, sie *bekommen* ein Aussehen, und zwar durch die Physiker, die dabei als Künstler tätig werden und den Atomen die Gestalt geben, mit deren Hilfe sie sich verstehen lassen.

So ist es tatsächlich geschehen, so ist die Quantenmechanik historisch erfunden worden, und wer immer noch denkt, die Struktur der Atome und mit ihnen die der Materie seien von den Physikern erst entdeckt und dann durch ihre Theorien entzaubert worden, der muss wohl beschlossen haben, blind durchs Leben zu gehen.

Die ganze Sache wird sogar noch verrückter, wenn man die Welt der Quantenmechanik ins Visier nimmt, wie sie sich heute darbietet, nachdem sie zum Lehrstoff gehört und philosophisch etwas aufgearbeitet worden ist. Was auf jeden Fall gilt, lässt sich in den überraschenden Satz fassen, dass Atome keine Dinge sind, wenn man dabei an Kügelchen oder Klötzchen und ihre Festigkeit denkt. Die deutsche Sprache erlaubt die Formulierung, dass Atome zwar zur Wirklichkeit führen, aber selbst keine Realität sind (wenn man diesen Begriff auf seine lateinische Wurzel *res* zurückführt, die eine konkrete Dinglichkeit meint, etwas, das sich anfassen oder zumindest anschauen lässt). Atome sind keine Dinge, sondern nur die Möglichkeit, die Dinge entstehen zu lassen, aus denen die Welt besteht.

Der Umsturz im Weltbild der Physik beginnt als Quantentheorie

1900 Max Planck führt das Quantum der Wirkung – die Quantensprünge – als mathematische Hilfsgröße ein, um berechnen zu können, welches Licht ein erhitzter Körper aussendet.

1905 Albert Einstein gibt dem Quantum eine physikalische Bedeutung und bemerkt die Dualität des Lichts (Welle und Teilchen).

1913 Niels Bohr nutzt das Quantum, um die Stabilität der Atome (und damit der Materie) zu erklären; er kann auch den Aufbau des Periodensystems verständlich machen.

1924 Louis de Broglie schlägt vor, Einsteins Gedanken der Dualität auch auf Materie zu übertragen, und Einstein bemerkt dank Satyendra N. Bose (1894–1947), dass Quantenpartikel keine Identität haben und ununterscheidbar sind. Wolfgang Pauli (1900–1958) entdeckt eine »klassisch nicht beschreibbare« Eigenschaft der atomaren Sphäre, den Spin, mit der chemische Bindungen erklärt werden können.

1925 Werner Heisenberg erfindet eine neue Sprache für die Atome, als er folgenden Grundsatz ernst nimmt: »Die Bahn eines Elektrons entsteht dadurch, dass wir sie beobachten.«

1926 Erwin Schrödinger (1887–1962) erfindet eine zweite Sprache für die Atome, die als »Wellenmechanik« anschaulich wirkt; es geht aber um Wellen in komplexen Räumen mit imaginären Dimensionen. Die Dualität der Realität (Licht und Materie) spiegelt sich in der Dualität der Theorie.

1927 Heisenberg erkennt die Unbestimmtheit der Quantenwelt (die berühmte »Unschärferelation«), die erst durch einen Beobachter aufgehoben wird; Bohr schlägt den Gedanken der Komplementarität vor (»Kopenhagener Deutung«) und beginnt die Debatte mit Einstein.

1928 Paul Dirac (1902–1984) verknüpft die Quantenmechanik mit Einsteins Theorie der Relativität und sagt die Existenz von Antimaterie voraus, die bald gefunden wird.

Was ist ein Gen?

Als die Physiker im Verlauf der 1920er Jahre das Atom verstanden, indem sie sein zutiefst geheimnisvolles Dasein berechenbar machten – übrigens mit Zahlen, die sich nicht messen lassen und ihre eigene Dimension beanspruchen, was ein weiteres Mysterium der realen Dinge ergibt –, nahmen sich einige aus ihren Reihen vor, sich anderen Atomen zuzuwenden, nämlich den Atomen der Biologie, wie sie gerne sagten. Sie meinten damit die Elemente der Vererbung, die der Mönch Gregor Mendel im 19. Jahrhundert zu zählen und sortieren versucht hatte und die seit dem Jahr 1909 als Gene bezeichnet wurden. Gene – damit ist ein wissenschaftlicher Begriff gefallen, der noch populärer als der des Quantensprungs geworden ist und den jeder zu verstehen scheint. Da wird vom Bayern-Gen gesprochen, mit dem man das Gen für eine Siegermentalität meint. Da verweigert eine Fernsehanstalt einem Schauspieler in einer Krimiserie den Aufstieg zur Rolle des Hauptkommissars, weil er ein Assistenten-Gen trage. Da werden Gene für ein langes Leben propagiert, Gene für Intelligenz (oder ihr Fehlen) getestet, aber auch Gene für Homosexualität oder andere Verhaltensweisen gesucht. Diese Liste von »Genen für etwas«, von denen Menschen reden, lässt sich beliebig lange fortsetzen, aber nur, um immer weiter in die Irre und ins Abseits zu führen – es wird damit das Geheimnis der Gene übersehen.

Die Physiker und ihre Kollegen aus der Biologie und Vererbungswissenschaft, die sich in den 1930er Jahren den Genen zuwandten, nahmen sich auf jeden Fall vor, Gene als etwas zu beschreiben, das zum einen zu einer Zelle gehörte und dort zu finden war und das zum Zweiten aus Atomen bestand, woraus denn sonst? Im Laufe der folgenden Jahrzehnte zeigte sich dann tatsächlich, dass es umfangreiche Atomverbände – große Moleküle – gab, die für Erbgänge der Art sorgten, die Gregor Mendel bei seinen Erbsen beobachtet hatte.

Bald konnte auch die chemische Substanz identifiziert werden, aus der die Erbmoleküle bestanden. Sie hieß und heißt Desoxyribonukleinsäure, englisch *deoxyribonucleic acid,* und wird gemeinhin mit DNA abgekürzt. 1953 konnte die Struktur der DNA vorgestellt werden. Sie entpuppte sich als eine Doppelhelix, bei der zwei Stränge umeinander gewunden sind. In ihrer Mitte enthalten sie eine Folge von Molekülen, die chemisch betrachtet Basen sind. Von ihnen gibt es vier Stück, die durch die Anfangsbuchstaben ihrer wissenschaftlichen Namen A, T, G und C zu unterscheiden sind. Diese vier Basen können zwei Basenpaare bilden, was die Doppelhelix ermöglicht, und wie sich im Laufe der 1960er Jahre herausstellte, kommt (fast) alles im Leben auf die Reihenfolge dieser Basenpaare an. Sie stellt das dar, was bald Erbinformation genannt wurde, und mit ihr konnte endlich die Frage beantwortet werden, was ein Gen ist.

Es schien ganz klar und einfach: Ein Gen ist die Information, die eine Zelle braucht und nutzt, um andere Moleküle mit biologischer Relevanz herstellen zu können. Letztendlich besteht das Ziel dieses Vorgangs darin, das Leben mit den Bausteinen zu versorgen, welche all die chemischen Reaktionen ermöglichen, die zu seinen elementaren Bedürfnissen gehören. Gene erlauben den Zellen, aus denen Lebewesen bestehen, ihren Stoffwechselapparat zu errichten, sich mit Energie zu versorgen, zur Immunabwehr beizutragen, sich teilen und wachsen zu können, Signale aus der Umwelt zu verarbeiten, und so weiter und immer mehr, denn Leben ist kompliziert, wie sicher schon jemand anders bemerkt hat.

Was also ist ein Gen? Es ist sowohl ein Atomverband (Molekül) als auch ein Stück Information, wie hier geschildert wurde und wie immer wieder zu lesen ist. Das sollte jetzt klar sein! Oder stecken da doch irgendwo ein oder zwei oder mehr Geheimnisse, wenn sich das Leben daranmacht, Gene zu nutzen, um seine Formen zu schaffen und seine Qualitäten zu entfalten?

Es wird niemanden überraschen, wenn hier gesagt wird, dass es nur so von Geheimnissen wimmelt, wenn man sich genauer auf Gene einlässt und sich ihnen nähert. Auf ein Geheimnis trifft man schon bei dem Wort »Information«. Gene als Information oder Informationsträger zu identifizieren hat seine Tücken.

Was ist Information?

Information ist von Anfang an zweigeteilt. Zum einen bedeutet das lateinische *informare* das handwerkliche Formen (etwa eines »gewaltigen Rundschilds« durch den Schmied in der Dichtung des Vergil), und zum anderen wird Information als Inhalt eines vollständigen Satzes (etwa bei Cicero) verstanden. Oder: Sowohl Menschen als auch Materialien können informiert sein, was recht mysteriös klingt. Unabhängig davon kann man »Information« auf verschiedene Weise knapp definieren oder die Bedeutung des Begriffs durch einen Satz erklären. Einige Möglichkeiten lauten:

Information ist ein Muster, das mitgeteilt und wahrgenommen werden kann. Information ist etwas, das verstanden wird und dabei Informationen erzeugt. Information ist die Botschaft, die ein Sender einem Empfänger zukommen lässt. Information besteht aus Bits (oder Bytes) und kann quantifiziert werden. Information in der Biologie meint die Reihenfolge (Sequenz) der genetischen Bausteine in einem DNA-Molekül. Information im Gehirn setzt sich aus Frequenzen von Nervenimpulsen und davon ausgelösten chemischen Reaktionen zusammen. Und so fort.

Übrigens: Das Bibelwort »Im Anfang war das Wort« aus dem Evangelium des Johannes kann unterschiedlich übersetzt werden. Das griechische *logos* oder das hebräische *davar* erlauben eine informative Version: »Im Anfang war die Information, und die Information war bei Gott, und Gott war die Information. Sie war am Anfang bei Gott. Alle Dinge sind durch sie geworden, und ohne Information ist auch nicht eines geworden, das geworden ist. In ihr war Leben, und das Leben war das Licht für die Menschen.«

Wenn man den »Anfang« weglässt und durch ein treffenderes Wort ersetzt, könnte es heißen: »Im Urstoff war die Information, und die Information war bei Gott, und Gott war die Information. Sie war im Urstoff bei Gott. Alle Dinge sind durch sie geworden, und ohne Information ist auch nicht eines geworden, das geworden ist. In ihr war Leben, und das Leben war das Licht für die Menschen.« Und überall leuchtet den Menschen das Geheimnisvolle entgegen.

Gene sind anders

So einfach sich Gene definieren lassen und so klar alles in den frühen Tagen der Molekularbiologie aussah – Gene machen Moleküle (Proteine), die zelluläre Reaktionen in Gang halten –, so kompliziert und unübersichtlich wurden die biochemischen Lebensabläufe, als in den

1970er Jahren die Gentechnik aufkam und mit deren Hilfe ein immer genauerer Blick auf die Gene möglich wurde.

Um den Sachverhalt auf seinen merkwürdigen Punkt zu bringen: Während seit den Tagen von Mendel und auch noch von den ersten Enthusiasten einer neuen Biologie in den 1960er Jahren ganz selbstverständlich angenommen wurde, dass Gene ein (wenn auch kleines) Stück in einer Zelle sind, zeigte sich bis 1980, dass Gene nicht am Stück, sondern in Stücken vorliegen. Konkret gesagt konnte nicht mehr behauptet werden, dass es einen Abschnitt auf dem Erbmolekül DNA gab, der als Gen funktionierte. Vielmehr enthielt die Erbsubstanz verschiedene Abschnitte, die erst einmal zusammengesetzt werden mussten, um dabei ein eher flüchtiges Molekül entstehen zu lassen, das dann als dynamisches Gen funktionierte. Kurz ausgedrückt: Es gibt gar keine Gene, es gibt nur Abschnitte auf der Doppelhelix, die verschieden kombiniert werden und einer Zelle ständig neue Möglichkeiten eröffnen. Gene *sind* nicht, Gene *werden* nur, und zwar dauernd und immer wieder neu. Und diese Dynamik des als fest gedachten Geschehens macht die Biologie der Vererbung erst richtig spannend, weil sie an jeder Stelle neue Fragen aufwirft.

Aristoteles hat sich in seinen Tagen Gedanken über die Frage gemacht, wie sich so etwas wie die Welt, das sich dem Nichts entgegenstellt, in Schwung halten kann; er hat dabei den Gedanken eines »unbewegten Bewegers« entwickelt, der dafür zuständig ist. Unbewegte Beweger – solch eine Rolle wurde auch den Genen zugewiesen, als sich die Erkunder der Vererbung und ihre molekular orientierten Nachfolger diesen Elementen des Lebendigen zuwandten. Heute ist klar, dass Gene *bewegte Beweger* sind, und wenn dabei auch nur eine kleine – und eher unschöne – Silbe gestrichen wurde, so kann doch nicht übersehen werden, dass damit ein Geheimnis formuliert worden ist. Die Gene halten das Leben (und seine Zelle und seine Moleküle) in Bewegung. Doch wer hält die Gene in Bewegung?

Spätestens an dieser Stelle werden einige Leser Begriffe aus der jüngsten Geschichte der Naturwissenschaften anführen wollen und »Selbstorganisation« oder »Autopoiesis« rufen. Oder an das kybernetische Konzept der Rückkopplung erinnern, das als »Feedback« vielleicht vertrauter klingt. Alles richtig, aber vor allem mysteriös und rätselhaft. Es ist tatsächlich so: Große Probleme kennen keine Lösung. Sie kennen nur ihre Geschichten, und ein paar sind hier in Grundzügen erzählt worden. Die ganz großen Fragen – zum Beispiel: Was ist Leben? Was ist der Sinn des Lebens? – sind dabei noch gar nicht berührt worden. Aber wie ich auf der Schule gelernt habe: Der liebe Gott steckt im Detail. Es gilt, ihn und das Geheimnis in den kleinen Fragen zu suchen und zu finden. Dies stellt die Aufgabe für das folgende Kapitel dar. Doch bevor sie angegangen wird, soll noch das tiefste Mysterium erläutert werden, das mit den Genen zusammenhängt.

Die Kreativität der Gene

Für das Leben ist weniger wichtig zu wissen, was Gene sind. Von größerer Bedeutung ist, wie Gene agieren und zu dem Leben beitragen, das zum Beispiel Menschen führen. Wie bringen sich Organismen mit den Genen hervor? So lautet die zentrale Frage der Biowissenschaften, und sie stellt sich bis heute.

Auf den ersten Blick scheint die Frage, »Wie Gene die Entwicklung steuern«, schon längst beantwortet zu sein. Das gleichnamige Buch von Walter Gehring erzählt die Geschichte einer Entdeckung namens Homeobox. Mit diesem Begriff ist ein gar nicht besonders langes Stück DNA gemeint, das die Evolution erstens weit verbreitet und zweitens gut konserviert hat. Es findet sich in Genen, die dafür sorgen, Körpersegmente an die richtige Stelle zu bringen. Diese Gene heißen Homeogene, und beide – die Homeogene und deren Homeobox – verdanken ihren Namen dem griechischen Wort für »ähnlich«, *homoios*.

Die – wenn man so sagen darf – Ähnlichkeitsgene bringen in der Natur Lebensformen hervor, bei denen sich an falschen Orten Strukturen bilden, die denen ähnlich sind, die man sonst von anderer Stelle kennt. Konkret gemeint sind Beine, die bei Fliegen da wachsen, wo sonst Fühler sind, oder Antennen, die sich bei Krebsen da zeigen, wo sonst Augen sind. Monster dieser Art sind schon im 19. Jahrhundert in der Natur beobachtet worden, und sie krabbeln keinesfalls nur als Züchtungen aus Laboratorien herum.

Die Umbauten legen den Gedanken nahe, dass in homeotischen Genen mit ihrem homeotischen Kästchen vielleicht so etwas wie der Bauplan des Lebens steckt. Doch so aufregend dieser konkrete Gedanke ist, so langweilig bleibt das allgemeine Konzept, mit dem die Genetiker immer noch die biologische Entwicklung insgesamt erklären wollen. Das Zauberwort, mit dem sie an dieser Stelle hantieren, heißt »das genetische Programm«. Gehring ist fest davon überzeugt, dass die Gesamtheit der menschlichen Gene »ein genaues Programm enthält, nach welchem wir uns entwickeln«, und solch eine Behauptung erweckt den Eindruck von entzauberter Wirklichkeit – dabei ist das Gegenteil der Fall.

Man kann und sollte nur dann von einem programmatischen Geschehen reden, wenn es neben dem anvisierten und zu erklärenden Geschehen – der Entwicklung eines Lebewesens – noch ein zweites Ding gibt, das seinen zeitlichen Ablauf regelt: eben das Programm.

Wer nun mit dieser Vorgabe das molekulare Leben einer Zelle betrachtet, kann tatsächlich einen Ablauf erkennen, der programmatisch vor sich geht. Gemeint ist der erste Schritt bei der Herstellung der Genprodukte, die als Proteine bekannt sind und letztlich die ungeheuer aufwendige biochemische Arbeit in einer Zelle übernehmen. Wie die Gene sind auch die Proteine als Ketten gebaut, und der erste Schritt, den eine Zelle bei der Synthese eines Proteins tut, besteht in der Umwandlung der dafür zuständigen Gensequenz in die Folge der Bausteine, aus denen das Protein besteht. Dieser Schritt, die Herstellung der sogenannten Primärstruktur, verläuft offenkundig programmatisch. Denn für das, was wir in einem Genprodukt finden, gibt es ja den genetischen Text. Doch weiter reichen seine Anweisungen nicht. Nach diesem ersten (programmatischen) Schritt gibt es keinen Platz mehr für die Verwendung der beliebten Vokabel. Mit der Reihenfolge der Proteinbausteine endet das Programm in der Zelle, die sich nun auf andere Formen der Naturgesetzlichkeit (Algorithmen) einlässt, von deren Verständnis vor allem diejenigen Biologen weit entfernt bleiben, die unentwegt von genetischen Programmen reden und meinen, es dabei bewenden lassen zu können.

Wenn nicht nur gefragt wird, wie Zellen funktionieren, sondern wie Organismen entstehen, dann funktioniert erst recht kein genetisches Programm. Eine entscheidende Beobachtung beim Werden des Lebens besteht darin, dass die Organismen sich selbst machen und damit genau das zustande bringen, was Computer mit ihren Programmen nicht können. Organismen agieren anders als Maschinen, und sie entstehen anders als sie, nämlich nicht durch Pläne und Maßnahmen von außen, sondern durch und aus sich selbst. Und dabei laufen Vorgänge ab, bei denen Plan und Ausführung zusammengehören und nicht so getrennt werden, wie dies in einer Fabrik oder in Computern der Fall ist.

Mit anderen Worten: Kein Leben – vor allem kein menschliches Leben – wird so nach Plan angefertigt, wie es bei einem Industrieprodukt geschieht, etwa bei einem Auto oder einer Waschmaschine. Das hierfür angewandte mechanische Vorgehen ist doch auch nur möglich, wenn schon vorher jemand existiert, der die Instruktionen lesen und umsetzen kann. Für ihn, den Umsetzer, muss es natürlich auch einen Plan gegeben haben, und zwar bevor er tätig wurde. Und genau dies kann im Rahmen einer Zelle nicht gelingen.

Das Konzept der Programmierung stiftet also nur Verwirrung, weil man bei diesem Vorgang Plan und Ausführung trennen will. Dabei gehören beide so eng zusammen, wie die jüngsten Einsichten der Entwicklungsbiologen zeigen, dass man anstelle des Maschinenbildes ein viel schöneres setzen kann. Das neue Bild von der Entfaltung des Lebens zeigt kein Programm, das abläuft, wenn Menschen und andere Lebewesen entstehen. Es zeigt vielmehr so etwas wie einen Schöpfungsvorgang, wobei nicht die Kreativität eines Gottes, sondern die eines Künstlers gemeint ist. Vielleicht entstehen wir (und andere Lebensformen) dank der Gene so, wie die Werke eines Malers entstehen, und dies kann nur das Geheimnis vergrößern, das in ihnen und ihrem Wirken steckt.

Beim Malen fängt der Prozess des Hervorbringens mit einer Vorstellung im Kopf des Künstlers an. Seine Fortführung hängt dann von den Ergebnissen ab, die im Laufe der Bildentstehung auf der Leinwand sichtbar werden. Was die Entwicklung des keimenden Lebens angeht, so fängt der Prozess mit Vorgaben in den Genen der Zelle an, und seine Fortführung hängt von den Bildungen ab, die im Laufe der Zeit entstehen und von der Umwelt registriert werden und auf das sich bildende und gebildete Leben zurückwirken.

Wer die Entstehung eines Bildes beschreibt und dabei den Machenden vom Gemachten trennt, geht an der Sache vorbei. Und genau dies gilt für die biologische Entwicklung. Bei ihrer Beschreibung sollte man nicht versuchen, das Bildende von dem Gebildeten zu trennen, weil die Gene und ihre Produkte in kontinuierlicher Wechselwirkung stehen. Mit einem Wort: Gene spulen keine Programme ab, Gene agieren vielmehr kreativ. Wenn Organismen sich selbst genetisch hervorbringen, entstehen nicht organische Reaktionsbehälter, die funktionieren, sondern lebendige Formen.

Was ist Leben?

»Was ist Leben?« – so nannte der große Physiker und Nobelpreisträger Erwin Schrödinger eine Reihe von Vorlesungen, die er in den Jahren des Zweiten Weltkriegs während seines Exils in Dublin gehalten hat. Diese Vorlesungen hat Schrödinger noch vor 1945 in Buchform publiziert, und seine Antwortvorschläge haben der Geschichte der biologischen Wissenschaft damals ihre molekulare Richtung gegeben. Schrödinger meinte nämlich, der Schlüssel zum Verständnis stecke in den seinerzeit noch wenig erforschten Genen, die er sich als Physiker aber als ein Bündel aus Atomen vorstellte. Dieser Verband sollte auf eine ihm im Detail noch höchst unklare Weise einen Code enthalten oder bereitstellen, der das Leben mit seinen Zellen in die Lage versetzt, das Prinzip zu durchbrechen, dem zufolge nach den Gesetzen von Schrödingers Wissenschaft Ordnung verloren geht und Strukturen sich auflösen.

Leben vermochte jedoch genau das Gegenteil, nämlich bei der individuellen Vermehrung die Ordnung erhalten, die es auszeichnete, und im Verlauf der Stammesgeschichte sogar die Ordnung vermehren, wie Charles Darwin im 19. Jahrhundert beschrieben hatte. Leben musste gegenüber Nichtleben etwas Besonderes haben, etwas, das Schrödinger ideenreich und passend einen Code nannte, der heute als Information bezeichnet wird und in den Genen und ihren molekularen Strukturen zu finden ist.

Neben dieser weitreichenden und in den 1950er Jahren sogleich umgesetzten Idee erörtert der für seine philosophischen Neigungen bekannte Schrödinger noch grundlegende Fragen wie die, ob Leben rein mechanisch – physikalisch – zu verstehen sei oder ob es spezifische Eigenschaften aufweise, die sich nicht auf diese Ebene zurückführen – reduzieren – lassen. Diese Debatte ist uralt und stellt die beiden Positionen gegenüber, die als vitalistisch und mechanistisch unterschieden werden. Schrödinger erörtert auch, ob die lebendige Form wichtiger ist als die organische Substanz, aus der sie sich zusammensetzt. Und so hangelt er sich an vielen Fragen entlang, die hier deshalb erwähnt werden, weil sie bis in die Gegenwart hinein unverändert gestellt werden.

Als Beispiel soll das 2013 erschienene Buch des Genforschers und Querdenkers J. Craig Venter genannt werden, das *Life at the Speed of Light* ankündigt. Das Leben, das Venter meint und das mit Lichtgeschwindigkeit unterwegs sein kann, besteht aus den genetischen Informationen, die er mithilfe von elektromagnetischen Wellen in das Weltall hinausschicken kann. Wen sie dort erreichen, bleibt denjenigen unklar, die keinem spekulativen Sinn vertrauen; sie sollten Venters spektakuläre Beiträge zur modernen Genomforschung deswegen aber nicht gering schätzen, sondern sich eher darüber wundern und freuen, was er alles unternommen hat und unternehmen will, um das Leben auf der Erde zu verstehen und zu erhalten. Venter bezieht sich in seinem Buch explizit auf Schrödingers Text aus den 1940er Jahren – und stellt trotz aller technischen und organisatorischen Fortschritte seiner Wissenschaft dieselben Fragen wie sein Vorbild: Kann man das Leben wirklich dadurch verstehen, dass man seine Moleküle kennt? (Wobei Venter wie Schrödinger so tut, als könnte man diese Frage beantworten, ohne Chemiker zurate zu ziehen.) Oder gibt es doch emergente Eigenschaften, die das Leben mehr sein lassen, als die Summe seiner molekularen und zellulären Teile ergibt? Auch wenn die Informationen über das Leben mit Lichtgeschwindigkeit in den Kosmos gelangen, auf der Erde bewegen sich die dazugehörigen Fragen langsamer. Das Leben erscheint den Menschen, die sich ihm zuwenden, so »herrlich wie am ersten Tag«, wobei niemandem erzählt werden muss, dass schon in diesem »ersten Tag« ein großes Geheimnis verborgen liegt.

Fortschritte des Wissens

Möglicherweise sind die Naturwissenschaftler selbst schuld an der verbreiteten Annahme, dass ihre jeweils neuen Einsichten alles alte Wissen Makulatur sein lassen. Das führt zum Beispiel zu dummen Talkshow-Sprüchen wie: »Die wissenschaftliche Wahrheit von heute ist der Irrtum von morgen«, oder zu der selbst von manchen Nobelpreisträgern öffentlich verkündeten Feststellung, alles, was sie beim Studium in ihren Lehrbüchern gefunden hätten, sei längst überholt und durch andere Einsichten abgelöst.

Ich schlage an dieser Stelle vor, konkret die Disziplin der Molekularbiologie zu betrachten und sich eine Professorin in ihrem siebten Lebensjahrzehnt vorzustellen. Dann kann man sagen, dass sie ihren Stoff in den 1960er Jahren gelernt hat, als die ersten Auflagen der Lehrbücher der neuen Biologie auf den Markt kamen – zum Beispiel das berühmte *Molecular Biology of the Gene,* das der Amerikaner James Watson (*1928) 1965 vorgelegt hat. Aus den ursprünglich knapp 500 Seiten sind inzwischen – nach zahlreichen Neubearbeitungen durch ein Autorenteam – weit mehr als 1000 Seiten geworden, und auf den ersten Blick könnte man denken, in der ersten Ausgabe sei nichts mehr von Wert zu finden.

Genau dies ist aber Unsinn. Auch in alten, sogar uralten Lehrbüchern der Molekularbiologie besteht die Erbsubstanz aus einer

Doppelhelix aus DNA, es gibt dort all die Viren und Bakterien, die in Zellen eindringen und mit denen bis heute geforscht wird, man lernt die grundlegenden chemischen Wechselwirkungen zwischen den biologisch relevanten Molekülen kennen und begreift, wie die Erbregeln von Mönch Mendel – gültig seit dem 19. Jahrhundert – mit den molekularen Einsichten unserer Tage verknüpft werden können.

Und so geht es immer weiter. Natürlich gelingen jeder Disziplin immer wieder Fortschritte und neue Einsichten. Aber sie kommen auf einem Fundament zustande, an dem auch beim besten Willen nicht zu rütteln ist. Und es ist vor allem diese Grundlage, auf die man die naturwissenschaftliche Bildung stellen kann. Sie hält mit ihr vielleicht sogar besser stand und überdauert die Moden.

EXKURS
Zwei Arten von Energie und die Energiewende

Die Energie ist in diesen Tagen der emsig angegangenen Energiewende in aller Munde, und eine merkwürdig interessante Frage lautet, wie sie dahingekommen ist. Als der Philosoph Aristoteles den ursprünglichen Begriff der *energeia* prägte, dachte er an eine Art Wirkkraft, die aus dem, was in der Welt als Möglichkeit vorhanden ist, das macht, was es wirklich gibt. Der Urheber von »Energie« konnte sich vorstellen, dass es neben dem, was ist, und dem, was nicht ist, noch etwas Seiendes gibt, nämlich das, was möglich ist. Wer von »Energie« spricht, schaut demnach weniger auf die Wirklichkeit als auf das Potenzial, das in ihr steckt, und so ist es kein Wunder, dass es Jahrhunderte gedauert hat, bis das Wort nach den antiken Tagen erneut in Gebrauch kam.

Die Historiker führen dafür gerne das Jahr 1800 an. Damals versuchte Thomas Young zwischen einer Kraft und der von ihr verrichteten Arbeit zu unterscheiden. Bei seinen Überlegungen griff er auf den Ausdruck von Aristoteles zurück, allerdings ohne ihn populär machen und verbreiten zu können. Es dauerte bis in die 1840er Jahre, bevor in einem Konversationslexikon die »Energie« zum ersten Mal auftaucht, und selbst die berühmte Formulierung des heute als zentral und wegweisend gefeierten Satzes von der Erhaltung der Energie, die auf das Jahr 1847 datiert und Hermann von Helmholtz zugeschrieben wird, kommt ohne den Begriff »Energie« aus.

Bei Helmholtz ist noch von einer Kraft und ihrer Konstanz die Rede, was sich aber bald ändern sollte, um der Energie Platz zu machen, die mit dem physikalischen Lehrsatz die besondere Eigenschaft zugewiesen bekommt, unzerstörbar zu sein. Energie kann weder erzeugt noch vernichtet werden, wie die Physik inzwischen nicht nur zu behaupten, sondern auch nachzuweisen in der Lage ist. Mit dem Satz von der Erhaltung der Energie verbietet es sich genau genommen, von Energieproduzenten und Energieverbrauchern zu sprechen, wie es in der öffentlichen Rede geschieht. Es gibt, korrekt ausgedrückt, nur Energiewandler. Die Unternehmen, die Haushalte mit Elektrizität versorgen, wandeln zum Beispiel mechanische in elektrische Energie um; und die Menschen, die dort leben, wandeln diese Form mit ihren Geräten zum Beispiel in die Wärme eines Bügeleisens, die Helligkeit einer Lampe oder die Schallwellen um, die aus einem Radio kommen.

Mit dem Verständnis der Energie als einer Erhaltungsgröße konnte diese Konzeption nun die Karriere antreten, die das dazugehörige Wort schließlich in aller Munde brachte und politisch verantwortliche Menschen heute sagen lässt, dass die Zukunft der Menschen in zivilisierten Staaten mit produktiver Industrie an die Verfügbarkeit von Energie gebunden ist und ohne sie ausfällt. Die sichere Bereitstellung von Energie in passender Form gehört zu den großen Aufgaben der Politik, wie in diesen Tagen jedem deutlich wird, der von den Bemühungen um die Energiewende gehört hat. Nach deren Vollendung will man vor allem mit erneuerbaren Energien planen, ohne zu merken, dass es sie genau genommen nicht geben kann. Gemeint sind Quellen von Energie, die nicht so lange zur Regeneration wie Öl oder Kohle brauchen, nämlich vornehmlich Sonne, Wind und Wasser.

Man muss es nicht betonen: Immer mehr Staaten und ihre ständig wachsenden Bevölkerungen brauchen fast unvorstellbare Mengen an Energie, und längst haben diverse und sich dramatisch entwickelnde Wettläufe in Richtung der dazugehörigen Lagerstätten begonnen. Die praktisch-politische Aufmerksamkeit und die Sorgen der Energiebosse in den Versorgungsunternehmen in allen Ehren, aber sie lenken von der Tatsache ab, dass zwar alle von Energie sprechen, aber niemand so recht sagen kann, was damit genau gemeint ist. Was ist das Gemeinsame etwa von Sonnen-, Wind-, Kern- und Wärmeenergie?

An dieser Stelle gibt es natürlich zunächst die einfache Vorgabe der Physik des frühen 19. Jahrhunderts, die sich viele Soziologen unserer Tage rasch zu eigen gemacht haben, als sie im Gefolge der Ölkrise von 1973 bemerkten, dass auch sie Energie verbrauchten, und anfingen, kluge Aufsätze zu dem kniffligen Thema zu verfassen. Energie war in ihren Augen das, was die Physiker und Ingenieure in der frühen Phase der Industrialisierung damit meinten: das, was man einer Maschine zuführen muss, um sie in die Lage zu versetzen, die Arbeit zu verrichten, für die man sie gebaut hat.

Natürlich stellte diese Definition eine nützliche Vorgabe dar. Sie erlaubte den zuständigen Ingenieuren und Unternehmern, Wirkungsgrade von Maschinen zu berechnen und ihre Effizienz zu verbessern, um so letztlich immer mehr Maschinen für immer mehr Menschen und ihre wachsenden Bedürfnisse arbeiten lassen zu können. Aber damit kann nur eine Seite der Energie gemeint sein. Denn bald schon tauchte der Begriff der Energie auch in völlig anderen Zusammenhängen auf. Beispielsweise machte sich der Psychoanalytiker Sigmund Freud daran, die Seele des Menschen zu verstehen, indem er versuchte, einen Energiesatz für unser Innenleben zu finden. Niemand zögert heute, von der eigenen psychischen Energie zu sprechen. Darüber hinaus gibt es leider auch Menschen, die über eine hohe kriminelle Energie verfügen – jeder, der diesen Satz hört, versteht sofort, dass es sich dabei nicht um Maschinen handelt, die zerstörerisch wirken oder anderen Unfug veranstalten.

Die eben angesprochene technische Bedeutung der Energie – ihre maschinelle Leistungsfähigkeit und die dazugehörige Kraftwirkung – wurde eingeführt und verstanden in einer Epoche, die der Historiker Reinhart Koselleck als »Sattelzeit« bezeichnete. Gemeint sind damit die Jahre zwischen 1770 und 1830, als sich der Übergang von der Frühen Neuzeit zur »Moderne« und mit ihm ein demografischer Wandel vollzog, wie sich in aller Kürze sagen lässt. Die Menschheit überschreitet in dem genannten Zeitraum zum ersten Mal die Milliardengrenze. Es kommt zur Herausbildung neuer Konsumformen und zu einer neuen Mobilität von Menschen und Gesellschaften, indem bislang ausschließlich mit Muskelkraft betriebene Gefährte unter anderem von Eisenbahnen und Dampfschiffen abgelöst werden. Sie müssen anders mit Energie ausgestattet werden als die organischen Muskeln. Etwa um das Jahr 1820 herum beginnt die bis heute verbreitete Nutzung der fossilen Energie, womit zuerst die Kohle gemeint ist.

Die Energie passt zur Sattelzeit, und zwar in der wissenschaftlich-technischen Weise, die zu ihrer frühen und anhaltenden Erfolgsgeschichte gehört. Ihre weite Verbreitung verdankt die Energie aber eher einer anderen Entwicklung, die ziemlich zeitgleich mit der Sattelzeit datiert werden kann. Literatur- und Kunsthistoriker charakterisieren die bereits genannten Jahre zwischen 1770 und 1830 als Epoche der Romantik. Meine These lautet an dieser Stelle: Die Energie verdankt ihre erstaunliche Popularität der auf den ersten Blick merkwürdigen und verwunderlichen Tatsache, dass sie über eine zweite Seite verfügt, nämlich über eine romantische, wie im Folgenden erläutert wird.

Als Ausgangspunkt kann die Einsicht des Physikers Michael Faraday angeführt werden, der in den Jahren der romantischen Sattelzeit oder der aufsattelnden Romantik auf die Idee kam, Licht, Elektrizität, Magnetismus und Wärme als wesensgleich anzusehen. Ihm verdankt die Wissenschaft die Präzisierung des philosophischen oder kulturellen Gedankens, dass es etwas geben muss, das als Einheit zu der Vielfalt der genannten und erfahrbaren Phänomene gehört und zu ihnen hinführt. Dies kann zum Beispiel die Energie sein, die auch als das Gemeinsame von zahlreichen Erscheinungsformen zu verstehen ist, die ineinander zu verwandeln sind – die kinetische, die potenzielle, die thermische, die elektrische, die chemische, die solare Erscheinungsform der Energie und noch andere, die alle denselben Namen »Energie« tragen und heutigen Konsumenten häufig als Strom geliefert werden.

Für Denker der romantischen Periode gehört es zu den Grundgegebenheiten, dass die erlebte Wirklichkeit ihre Dynamik (Bewegung) aus einem einheitlichen Prinzip bezieht, in dem sich die Polaritäten der Realität – das Sichtbare und das Unsichtbare, das Bewusste und das Unbewusste, der Tag mit seiner Vernunft und die Nacht mit ihren Träumen – zusammenfinden und aus dem heraus sie sich entfalten. Solch ein Ursprung der Wirklichkeit wird in der Sprache um 1800 als Urphänomen bezeichnet. Die Romantiker glaubten an solch eine Möglichkeit, die ihnen spannender als die Wirklichkeit schien, weil aus ihr heraus die in der Natur variabel vorhandenen Phänomene ihre aktuelle Wirklichkeit erlangen. Ein Urphänomen ist ein kreatives Prinzip der Natur, die sich dauernd neu erschaffen muss und nur so existiert. Es gibt nur Bewegung, und zwar vermöge der Energie, die allem Geschehen als Urphänomen angehört und die Wirklichkeiten hervorbringt, die Menschen erleben.

Die Energie ist in aller Munde, weil sie zwei Seiten zeigt: die Fähigkeit zur realen Arbeit, die zur geschichtswissenschaftlich bestimmten Epoche gehört, und die Basis der Möglichkeiten, die romantisch zu verstehen sind und es jedem erlauben, sein Leben kreativ zu entwerfen. Menschen brauchen beide Formen der Energie. Ein Glück, dass sie unzerstörbar ist, wie es der Satz von ihrer Erhaltung verspricht. Es gilt, ihre Form zu erneuern, dann kann die Energiewende gelingen, auf die viele Menschen derzeit hoffen.

KAPITEL 2

Staunen im Alltag

Wenn man sich mit Untersuchungen der Natur beschäftigt, so stößt man überall auf Vorfälle, die man nicht erklären kann, dieses ist den größten Männern begegnet.

GEORG CHRISTOPH LICHTENBERG

Wer Augen hat zu sehen, weiß, dass Kinder ästhetisch neugierige Wesen sind. Wer sie nicht im digitalen Dösen vor Mattscheiben verkommen lässt, sondern sich ihnen persönlich zuwendet, kann das Staunen lernen, das zu ihrem Wesen gehört und das vielen fernsehenden Erwachsenen inzwischen abhandengekommen ist (nicht zuletzt denjenigen, die Quizmaster für die klügsten Deutschen halten). Viele Menschen staunen immer weniger – oder bestenfalls noch über nette Nebensächlichkeiten wie die, dass die Deutsche Bahn doch einmal pünktlich ist oder Wahlversprechen nicht sofort gebrochen werden. Dabei gibt es im Alltag eine Fülle von Phänomenen, über die zu wundern sich lohnt. Wer Beispiele sucht, braucht bloß mit Kindern zu sprechen.

Warum schmeckt Zucker süß? Das fragte mich ein Mädchen als Erstes, als ich einmal zu Besuch in einem Kindergarten war. Die Kindergärtnerin hatte mich an einem Vormittag eingeladen, nachdem mein Enkel auf die Frage, was sein Opa mache, geantwortet hatte – ob voller Stolz oder gelangweilt, weiß ich nicht –, der sei Wissenschaftler. »Wissenschaftler?«, gab die Kindergärtnerin erfreut zurück, »dann weiß der ja alles, dann kann der ja alle eure Fragen beantworten, und dann sollten wir ihn einmal zu uns einladen.« Zwar bezweifelte Vincent diese Einschätzung, indem er sagte, der Opa wisse nicht einmal, was Abseits ist und wer in der Bundesliga vorne steht, aber trotz dieser Warnung saß ich eines Tages in einer Runde von etwa einem Dutzend Mädchen und Jungen im Vorschulalter, die testen wollten, was ich wohl so alles weiß. »Warum schmeckt Zucker süß?«, wurde ich da an einem hellen Vormittag im Sommer ebenso gefragt wie »Wieso macht Wasser nass und kühl?«, und das war nur der Aufgalopp. Bald wurde es schwieriger: »Woher kommen die Affen und Elefanten?«, »Warum poppt das Popcorn?«, »Was brennt bei der Sonne?«, »Weshalb haben Frauen keine Bärte?« Und zuletzt landete ein rothaariges Mädchen unter kicherndem Jubel den Volltreffer: »Weißt du wirklich alles?«

»Natürlich weiß ich nicht alles«, habe ich der Gruppe erst allgemein geantwortet, um mich dann direkt an die strahlende Fragestellerin zu wenden: »Ich weiß zum Beispiel nicht, wie deine beste Freundin heißt und was du letzte Nacht geträumt hast.«

»Sie heißt Isabel«, bekam ich daraufhin prompt zu hören, »und geträumt habe ich von einem großen Vogel, der über das Meer fliegt.«

»Wie machen das die Vögel eigentlich, dass sie fliegen können?«, erkundigte sich sofort ein Junge neben mir, noch bevor ich mich für die Auskunft bedanken konnte, und dann fügte er, mit rudernden Armen und wackelndem Oberkörper umherlaufend, unter dem Jubel der Kinderrunde hinzu: »Kann ich das lernen und auch machen? Warum kann ich jetzt nicht einfach abheben und losfliegen?«

Der Traum vom Fliegen – während mich die Kinder anschauten und darauf warteten, dass ich etwas dazu sagte, fiel mir plötzlich und unverhofft eine schöne Stelle aus der Einleitung zur *Kritik der reinen Vernunft* ein, die wir in der Schule gelesen hatten. Dort erzählt Immanuel Kant von einer Taube, der er nachschaut und in die er sich hineinversetzt. Denn während sie »im freien Flug die Luft teilt, deren Widerstand sie spürt«, könnte sie zu der verlockenden Vorstellung gelangen, wie der Philosoph meinte, »daß es ihr im luftleeren Raum noch viel besser gelingen werde« zu fliegen – wobei ich mir in meinen Schultagen beim Lesen überlegt hatte, ob und wie ein Lebewesen in solch einem luftleeren Raum überhaupt leben und mit Lungen atmen könnte und was die Stelle der Luft einnehmen würde.

Vielleicht, so kam mir jetzt wieder in den Sinn, verstehen die Kinder, was die bewunderten Vögel vermögen, wenn ich ihnen eine Situation schildere, in denen ihre eigene Fortbewegung spürbar von einem sie umgebenden Medium abhängt und nicht mehr funktioniert, sobald sie diese Umwelt verlassen. Die Sommerzeit legte es dabei nahe, vom Schwimmen zu reden. Also erzählte ich von dem Wasser, in dem die Kinder dank ihrer Arm- und Beinbewegungen so schwimmen, wie die Vögel mit ihren Flügeln durch die Luft fliegen. Und ich konnte ihnen möglicherweise auch klarmachen, dass es Widerstand braucht, um vorwärtszukommen (wobei es meiner Aufmerksamkeit nicht entgangen ist, dass sich mit diesen Worten etwas für das Leben lernen lässt).

Zurück zum Schwimmen: Durch den dabei nötigen Aufwand – die Wasserverdrängung – macht man erstens irgendwann schlapp, und zweitens nützt alles Rudern mit den Armen nichts mehr, wenn man das Wasser erst einmal verlassen hat und am Beckenrand steht oder neben mir im Kindergarten, wie jetzt gerade der sportliche Knabe, der seine Arme durch die Luft flattern ließ.

Hatten die Kinder damit verstanden, wie das mit dem Fliegen funktioniert? Sie wunderten sich auf jeden Fall erst einmal über ihr eigenes Schwimmen, und ich nehme an, dass sie dabei ihren Spaß hatten und sich vielleicht sogar vermehrt auf den Sprung ins kühle Nass freuten, der am Nachmittag fällig war. Wobei zunächst niemandem auffiel, dass die Frage nach diesen angenehmen Eigenschaften des Wassers noch ohne Erläuterung geblieben war, aber das konnte bei anderer Gelegenheit nachgeholt werden.

Physik des Fliegens

Fliegen bleibt ein Geheimnis, auch wenn viele Menschen angesichts der Flugzeuge, die sie am Himmel sehen oder mit denen sie in die Ferien reisen, vom Gegenteil überzeugt sind. Die Physik erklärt das Abheben der Maschinen zumeist mit den Luftströmungen, die ober- und unterhalb der Tragflächen verschieden sind. Nach den dazugehörigen Naturgesetzen ruft das eine Druckdifferenz hervor, die schließlich eine Kraft für den Auftrieb liefert.

Es gibt Physiker, die mit dieser Deutung nicht einverstanden sind und als Alternative darauf hinweisen, dass die Tragflügel die Luft nach unten ablenken, was einen Rückstoß – nach oben – zur Folge hat. Anderen Physikern leuchtet auch dies nicht ein, und sie verweisen auf die Tatsache, dass die Luft die Tragflügel komplett umströmt und erst eine solche Zirkulation einen Auftrieb verursacht. Und seit Kurzem konzentriert sich die Wissenschaft auf etwas ganz anderes, nämlich auf die scharfe Hinterkante des Tragflügels und die Wirbel, die ein reales Gas (wie die Luft) an dieser Stelle mit auf den Weg bekommt.

Zum Glück fliegen die Flugzeuge, auch wenn das Geheimnis ihrer Fähigkeit zum Schweben durch die Luft bestehen bleibt. Vielleicht steigt die Lust an der Physik, wenn man diese Offenheit vorstellt und mit ihr Mut macht, andere Flugobjekte in Augenschein zu nehmen, etwa rotierende Diskusscheiben oder schwirrende Golfbälle. Übrigens ist es auch möglich, eine »Flugreise in die Welt des Wissens« vorzunehmen, wie es der Brite Brian Clegg in seinem Buch *Warum Tee im Flugzeug nicht schmeckt und Wolken nicht vom Himmel fallen* unternommen hat. Der Autor behandelt darin nicht nur die Physik des Startens und Landens und der weißen Wolken am blauen Himmel, sondern geht auch auf Dinge ein, die sich dem Fluggast »von oben« zeigen.

Der Traum von der guten Antwort

Was meint man eigentlich mit einer guten Antwort? Sie muss offenbar eher angemessen als richtig sein. Wer die immer wieder zu hörende und zum Überdruss populäre Frage »Warum ist der Himmel blau?« physikalisch einigermaßen korrekt beantwortet (indem er sagt, es handele sich um Licht, das von Teilchen in der Atmosphäre gestreut wird, weshalb dessen Intensität proportional zur vierten Potenz der Frequenz wird, die bei Blau am höchsten ist, wodurch diese Farbe dominiert), erntet Langeweile und Verdruss. Dabei fangen die spannenden Fragen doch jetzt erst an: Wie wird Licht denn an einem Molekül gestreut? Was ist überhaupt ein Molekül? Und wie machen es Wolken, nicht blau, sondern weiß zu sein und kurz vor einem Gewitter schwarz zu werden? Wie verändert sich das Lichtstreuen, wenn sich ein Regenbogen zeigt? Und warum zeigt sich der Himmel bei einem Sonnenuntergang oftmals in einem wunderbaren Rot?

Was macht die Schatten so scharf, wenn sich die Sonne dem Horizont nähert? So kann man immer weiter fragen, und kaum jemand will wissen, was es mit Potenzen von Frequenzen auf sich hat. Aber was wollen neugierige Menschen – und zwar schon als Kinder – wissen? Und was könnte man ihnen sagen, um ihre Neugierde zu bewahren oder noch anzustacheln?

Eine gute Antwort muss nicht unbedingt wissenschaftlich korrekt sein, und eine in diesem Sinne richtige Antwort muss offenbar nicht immer gut sein. Sie kann manchmal sogar eher verwirrend und damit kontraproduktiv wirken. Aber wonach verlangt man denn, wenn nicht nach einer richtigen Erklärung?

Es ist einfach zu sagen, was eine gute Frage ist – zum Beispiel die, warum Männer tiefe und Frauen hohe Stimmen haben, warum Sex Spaß macht oder warum Kinder gerne solchen Lärm veranstalten, bevor sie ins Wasser springen. »Was macht das Licht, wenn es dunkel ist?«, »Wie laut war der Urknall?«, »Warum frieren Frauen eher als Männer?«, »Woher weiß die Seife, wo der Schmutz ist?«, »Warum fallen schlafende Vögel nicht vom Baum?«, »Trinken Fische Wasser?«, »Warum grillen Männer?« Alle diese in Anführungszeichen gesetzten Fragen sind Titel von Büchern, die darauf schlaue und sicherlich gut recherchierte und überlegte Antworten geben – selbst auf die, ob der Weihnachtsmann aus Lappland kommt, warum es Weihnachtsgebäck bereits im Herbst gibt und weshalb der Heilige Abend gerade auf den 24. Dezember fällt. Es gibt eine Fülle solcher kurzweiligen Bücher, und wer sie durchliest oder besser: durcharbeitet, kann sich selbst fragen, ob ihm die Antworten reichen. Trotzdem bleibt die hier aufgeworfene Frage bestehen, was, allgemein gesehen, eine gute Antwort ist.

In meinem Verständnis sollte eine gute Antwort demjenigen, der gefragt hat, das selbstständige Weiterdenken ermöglichen. Das klappt dann besonders gut, wenn sie Lebenserfahrungen einbezieht. Bei einer guten Antwort gilt es nicht zuletzt, wissenschaftliche Einsichten in den Alltag einzubeziehen. Bei der Kosmologie kann man zum Beispiel lernen, dass es Sterne am Himmel gibt, die zwar noch leuchten, die aber trotzdem schon untergegangen sind. (Das hat mit ihrer großen Entfernung zur Erde zu tun, für deren Überwindung das Licht oftmals viele Millionen Jahre braucht. Wenn es die Erde endlich erreicht, kann der Stern längst erloschen und verschwunden sein.) Übertragungen dieser physikalischen Einsicht auf einen Himmel mit lauter strahlenden Stars kann jeder Leser selbst vornehmen.

Und bei der Atomphysik kann man lernen, dass Elektronen erst dann ein bestimmtes Verhalten zeigen, wenn sie durch eine Messung – eine Frage an die Natur – dazu gebracht werden. Vorher sind sie unbestimmt, so wie sich einige Menschen unschlüssig bleiben, was sie von einer Speisekarte auswählen und als ihr Essen bestellen wollen, bis ein Kellner kommt und sie fragt. Er legt die Auswahl fest, wie es ein Beobachter mit den Elektronen macht. Diese Mitspieler im atomaren Zirkus können dabei nur wählen, was die Natur ihnen anbietet oder erlaubt. Und Menschen im Restaurant können nur wählen, was der Koch und sein Kellner anbieten, und die Gäste entscheiden sich wie die Elektronen, nämlich dann, wenn sie gefragt und angesprochen werden.

Das Problem mit der Aufklärung

Wenn oben gesagt wurde, dass Menschen das eigene Denken in Gang setzen sollen, dann kommt einem gewöhnlich der »Wahlspruch der Aufklärung« in den Sinn, den Immanuel Kant im September 1784 formuliert hat, als er schrieb: »Habe Mut, dich deines eigenen Verstandes zu bedienen!« Die Menschen sollten damals erst allmählich und dann überdeutlich den als unbefriedigend empfundenen Zustand der Unmündigkeit überwinden. Doch sosehr Kants Ermutigung einleuchtet, so unklar bleibt, wie der eigene Verstand die ihm zugewiesene Aufgabe erfüllen kann. Denn wenn mir jemand zuruft »Denke!« oder »Urteile!« und vorher nichts weiter passiert ist, dann bleibt diese Aufforderung sinnlos. Mein Organ unter der Schädeldecke kann den Verstand nicht einfach mir nichts, dir nichts in Gang setzen. Ihm muss dazu erst etwas gegeben sein, und an dieser Stelle hüllen sich Kant und seine philosophischen Nachfolger in Schweigen. Sie beginnen immer gleich mit dem Denken, ohne zu fragen, was diesem inneren Treiben vorausgeht.

Die aktuelle Wissenschaft versucht sich dieser Thematik in Form der Entwicklungspsychologie zu nähern. Sie untersucht die Stufen, mit denen sich in Kindern die Intelligenz herausbildet und sie schrittweise verstehen lässt, was etwa Zahlen und Zeit, Raum und Rhythmen sind und wie sie mit diesen Kategorien umgehen können. Es gibt aber einen einfacheren und direkteren Zugang, sich dem zu nähern, was Kants Antwort auf die Frage »Was ist Aufklärung?« zu ihrer praktischen Umsetzung – etwa in der Schule oder allgemeiner, im Alltag – fehlt. Er wurde von einem Zeitgenossen Kants gefunden, der die Lücke in dessen Argument im Jahr 1800 spürte und notierte. Die Rede ist von Heinrich von Kleist (1777 – 1811), der als 22-jähriger Jüngling nach mehreren Jahren als Soldat merkte, dass ihn diese seiner Familientradition angepasste Berufswahl nicht befriedigte und es etwas völlig anderes war, das er begehrte. Nämlich »Liebe und Bildung«, wie er im Oktober 1800 von Frankfurt an der Oder aus an seine damalige Verlobte, Wilhelmine von Zenge, schrieb. Kleist unternahm damals eine Reise nach Würzburg. Von deren einzelnen Stationen schickte er zahlreiche Briefe ab, die von Blatt zu Blatt deutlicher spürbar machen, dass hier »ein junger Schriftsteller zu sich selbst, zu seinem eigentlichen Beruf reisen wollte«, wie Gerhard Schulz in seiner Biografie des Dichters ausführt.

Kleist begann seine Reise als jemand, der angefangen hatte, sich mit den Wissenschaften zu beschäftigen – mit Mathematik, Logik und Physik zum Beispiel –, wobei die von ihm besuchten Vorlesungen immer auch davon handelten, welche Zusammenhänge zwischen den Naturerscheinungen und dem Inneren des Menschen erkennbar waren. Solche Bemühungen gehören zum romantischen Denken der Zeit, das den Menschen als Teil der Natur verstehen wollte und sich deshalb an die Beobachtung ihrer Phänomene machte. Kleist selbst schlug mit diesem Vorgehen zwei Fliegen mit einer Klappe. Auf der einen Seite hatte er einen Einstieg in den Weg gefunden, der dorthin führte, wo er als Dichter hinwollte, nämlich zu einem Verständnis des Humanen. Und auf der anderen Seite hatte er zugleich erkannt, wie die Forderung von Kant, sich seines Verstandes zu bedienen, aus den theoretischen Höhen des Allgemeinen in die konkrete Praxis des Einzelfalls geholt werden konnte und womit die eigenständigen Denkanstrengungen aller Menschen beginnen konnten – mit der Wahrnehmung der Natur nämlich.

Und deshalb bittet er am 16. November 1800 von Würzburg aus in einem Brief »an das Stiftsfräulein«, seine Wilhelmine, mit aller Herzlichkeit darum, zuerst »recht aufmerksam zu sein, auf *alle* Erscheinungen, die Dich umgeben«, denn »*keine* ist unwichtig, *jede*, auch die scheinbar unbedeutendste, enthält doch etwas, das merkwürdig ist, wenn wir es nur wahrzunehmen wissen«. Und wenn sie diesen ersten Schritt unternommen hat und sich anschließend eigene Fragen zu den »Winken der Natur« stellt, kann sie beginnen, »recht eigentlich [ihren] Verstand [zu] *gebrauchen*«, denn »dazu haben wir ihn doch«. Kleist geht es bei seinem Wahrnehmen ausdrücklich um Dinge, die »mir kein Buch gesagt haben«, und nur das nennt Kleist »recht eigentlich lernen von der Natur«.

Mithilfe der sinnlich-ästhetischen Wahrnehmung also kann ein sonst unmündiger Mensch mit dem Denken beginnen. Die Aufforderung, den eigenen Verstand zu benutzen, ist jetzt im wahrsten Sinne des Wortes sinnvoll; nun kann man sich auf den Weg zur Aufklärung begeben, der ohne diese Öffnung unzugänglich geblieben wäre. Mit ihr und der von ihr vermittelten Freude lässt sich spielend leicht viel lernen, wie Kleist schreibt, etwa wenn man beobachtet, dass ein Sturm zwar einen Baum entwurzeln kann, aber kein Veilchen, während ein lauer Abendhauch zwar das Blümchen bewegt, aber nicht den Baum. Ein Naturbeobachter könnte mit diesen Verhaltensweisen unter anderem erläutern, dass Nachgeben nicht unbedingt von Nachteil sein muss und zuweilen einem gerade die eigene vorgebliche Stärke das Genick brechen kann.

Natürlich lassen sich ebenso andere Schlüsse daraus ziehen und neue Einsichten aus weiteren Wahrnehmungen gewinnen, zum Beispiel aus der, dass viele Tiere ihren Kopf zum Boden richten, während ein Mensch ihn hoch trägt und zu den Sternen aufblickt. Lässt sich damit nicht etwas über irdische Weisheit und himmlisches Streben lernen? Oder Verständnis dafür erreichen, wie sich unsere Welt in den Kosmos einfügt und in ihm ein schützendes Dach – zum Beispiel das Sternenzelt – erhält?

»An Stoff zu solchen Fragen kann es Dir niemals fehlen, *wenn Du nur recht aufmerksam bist auf alles*, was Dich umgibt«, schreibt Kleist, der mit diesen liebevollen Worten ein in meinen Augen überzeugendes und immer noch unmittelbar nutzbares pädagogisches Grundkonzept für die Schule formuliert hat. Mehr ist wahrscheinlich gar nicht erforderlich, um die naturwissenschaftliche Bildung an den Schulen gedeihen zu lassen, doch offenbar ist der Brief von Kleist von Beamten in Kultusbehörden oder Professoren in Instituten für Didaktik übersehen oder nach der Lektüre abgeheftet und vergessen worden. Dabei drückt der Dichter konkret aus, was die sonst abstrakt bleibende Idee der Aufklärung meint: die Bereitschaft, mit den Sinnen wahrnehmend Wissen von der Welt zu erwerben, um anschließend mit diesem Vermögen das eigene Dasein zu verstehen und die Fähigkeit zu erlangen, fundierte Entscheidungen für den Lebensweg zu treffen, ohne dafür auf Instruktionen oder Erlaubnis von oben zu warten. Die Natur steht uns dafür weit offen. Unsere Kultur jedoch hat sich nicht auf diesen Weg begeben und verharrt diesbezüglich in ihrer – nun erst recht – selbst verschuldeten Unmündigkeit. Wenn wir sehen, dann meistens fern, und da sehen wir nur Leute, die selbst nichts sehen – nicht einmal uns.

Von Kleist lässt sich nicht nur lernen, wie das wissenschaftliche Denken seinen Anfang im ästhetischen Vergnügen findet. Bei ihm entdeckt man auch Hinweise darauf, was die Naturwissenschaften vermeiden müssen, wenn sie etwas erklären, nämlich das, was der Dichter als ihre Einseitigkeit kritisiert. Gemeint ist die Ansicht, dass etwa ein Blitz nichts anderes als eine elektrische Entladung ist oder dass ein Gedanke nichts anderes als eine Aktivität von Nervenzellen ist, wie es vielfach in Sachbüchern der Gegenwart zu lesen ist. Darüber hat sich bereits Kleist sehr geärgert, als er 1802 in einem Brief an seine Jugendfreundin Adolphine von Werdeck meinte: »Ich glaube, daß Newton an dem Busen eines Mädchens nichts anderes sah, als eine krumme Linie, u[nd] daß ihm an ihrem Herzen nichts merkwürdig war, als sein Cubikinhalt.«

Auch Albert Einstein hat vor dieser Dummheit gewarnt, als er schrieb, man solle nicht auf die Idee kommen, die Neunte Symphonie Beethovens als Luftdruckkurve darzustellen. Das soll in diesem Buch nicht passieren.

Die Fragenden dort abholen, wo sie stehen

Das Attribut »wissenschaftlich« suggeriert in unseren Breiten, dass etwas deswegen festliegt und zutrifft, weil es aus den Etagen der professionellen Wissenschaft kommt, in denen man Bescheid weiß und sich auskennt. Tatsächlich verbreiten die Medien mit Vorliebe diesen Eindruck, wenn ihre Vertreter ständig berichten, amerikanische, britische oder deutsche Wissenschaftler hätten dieses oder jenes festgestellt: zum Beispiel, dass man Zellen im Laboratorium wachsen und sich teilen lassen kann, wenn man ihnen geeignete Nährstoffe anbietet; dass die nordische Seespinne, eine Krebsart, sensibel auf die Versauerung des Polarmeeres reagiert; dass auf Sternen, die reich an Kohlenstoff sind, kein Wasser nachgewiesen werden kann. Oft scheinen die Moderatoren von Wissenschaftssendungen überhaupt keine Fragen zu kennen und in einem atemberaubenden Tempo unentwegt nur Antworten zu liefern. Diese mir nur grauenhaft erscheinende Gewissheit der grinsenden Geschwätzigkeit spiegelt sich auch in der Werbebranche, die uns gerne neue Kosmetika oder Hautcremes anbietet, die »wissenschaftlich getestet« sind und deshalb Qualität versprechen.

Derjenige, der Wissenschaftliches erklären will, sollte hingegen diejenigen, die etwas wissen wollen, genau dort abholen, wo sie stehen. Wenn etwa die Frage des Kindes, warum Zucker süß ist, mit chemischen Strukturformeln, der Physiologie von Rezeptoren und anderen Waffen aus dem Arsenal der Biowissenschaften fachlich und sachlich so sauber und ausführlich wie möglich beantwortet worden ist, dann scheint ihr auch jeder Reiz genommen zu sein. Das Erlebnis der Schokolade, die sich jemand auf der Zunge zergehen lässt, verschwindet sofort, wenn die traditionellen Wege des Erklärens eingeschlagen und die ursprüngliche Neugierde mit – meist dümmlich illustrierten – Fakten erschlagen werden. Könnte es sein, dass die Wissenschaft ihre korrekten und komplizierten Antworten gibt, ohne zu spüren, dass diese richtig, aber nicht gut sind und bestenfalls wenig bewirken, wenn nicht gar abschrecken oder Langeweile verbreiten?

Mit der gerade beschriebenen Situation soll keinesfalls ausgedrückt werden, dass man auf eine Schilderung von biochemischen oder neurophysiologischen Zusammenhängen gänzlich verzichten soll. Man soll den molekularen oder zellulären Details nur einen anderen Stellenwert zuschreiben, wie im Folgenden begründet wird, und zwar einen, der möglicherweise Überraschung auslöst, obwohl er uns allen längst bekannt und sogar vertraut ist. Wissenschaftliches Suchen nach einer Antwort beginnt – wie auch sonst? – mit einer Beobachtung oder Wahrnehmung, die rätselhaft erscheint, die also eine Frage aufwirft. Man sieht zum Beispiel, dass der Himmel tagsüber blau ist, und bemerkt dann später, dass sich das zum Abend hin ändert und der Sonnenuntergang, etwa in den Bergen, ein rotes Alpenglühen bewirkt. Jetzt werden Menschen neugierig. Wieso ändert das Licht seine Farbe? Und weiter: Wieso sehen wir Gegenstände plötzlich in einem anderen Licht, wenn es dunkler wird?

Wenn man mit dem Fragen oder Nachsinnen darüber erst einmal begonnen hat, hält das Gespanntsein an. Wer an einem herrlichen Altweibersommertag einen Spaziergang unternimmt und dabei auf die bunten Blätter an den Bäumen aufmerksam wird, die im Sommer noch alle gleichmäßig grün waren, stellt sich vielleicht die Frage: Woher kommen die gelben und braunen Verfärbungen im Herbst, deren Glanz und Prägnanz zum Abend hin zunehmen? Und: Wie und warum sterben die Blätter der Bäume anschließend überhaupt ab?

Wer gute Antworten auf solche direkten Fragen geben will, muss sicher ein paar grundlegende Dinge über das Licht und das Leben wissen, und in den zahlreichen Disziplinen der Wissenschaft kann man darüber eine Menge finden und lernen – etwa wie Licht gestreut und gebrochen wird, wie es von Organismen mit Augen und Nervensystem aufgenommen wird und wie die Lebensformen wachsen und sich erhalten können, wenn die Tage kürzer und die Nächte kälter werden.

Und so funktioniert es gewöhnlich auf den ersten Blick: Wissenschaft beginnt mit rätselhaften Erscheinungen der Natur (etwa den Farben von Blättern im Laufe der Zeiten) und wandelt sie in prüfbare Antworten um, die ganz schön trickreich und verzweigt sein können. Was die Pracht des Herbstwaldes angeht, so wird Fragenden zum Beispiel zuerst erklärt, dass die gewöhnliche Färbung der Bäume durch einen Stoff namens Blattgrün zustande kommt, den die Fachleute auch als Chlorophyll kennen. Er ist in der Lage, sich aus dem sichtbaren Angebot der Sonne (dem Spektrum des Lichts) den Rotanteil zu schnappen und somit vor allem das Grün zurückzugeben (zu reflektieren), das wir dann sehen. Das Chlorophyll fängt also die Sonnenstrahlen ein und wandelt ihre Energie in Nährstoffe um; und es hört damit auf, wenn die Tage kürzer werden und die Vorbereitungen für den Winter beginnen. Das heißt, im Herbst produziert ein Baum kein Chlorophyll mehr, und nun können sich all die anderen Stoffe, die zu einem Blatt gehören und Licht einfangen können, bemerkbar machen und uns mit roten, gelben, braunen Effekten erfreuen.

Doch dieses Zurückführen sinnlich erfreulicher Erscheinungen auf physikalisch funktionierende Größen ist keineswegs das Ende der Fahnenstange. Vielmehr ist es erst der Anfang eines neuen Weges, wie die obige Darstellung des Farbenspiels zeigt. Selbst wenn wir wissen und sagen können, dass das Sonnenlicht auf ein Blattgrün trifft und dabei von ihm aufgenommen wird, bleibt völlig offen, was dabei im Detail passiert.

Mit anderen Worten: Der erste Blick täuscht uns. Worauf es ankommt, ist der zweite Blick, und der zeigt Folgendes: Wissenschaft beginnt immer noch mit rätselhaften Erscheinungen der Natur, aber sie wandelt sie nicht mehr in verständliche Antworten um, sondern in solche, die noch rätselhafter sind als das Ausgangsphänomen. Wissenschaft entwertet nichts von dem, was sie erklärt. Vielmehr verwandelt sie die wundersamen Geheimnisse der Wirklichkeit in die noch größeren Geheimnisse ihrer Erklärung. Und mit dieser Einsicht kehren wir zur Ausgangsfrage nach der guten Antwort zurück.

Eine von der Wissenschaft gegebene Antwort ist dann gut, wenn sie den Fragenden ein Rätsel liefert oder Gedankenspiel eröffnet, mit dem sie sich anschließend selbst weiter beschäftigen können.

Die Qualität des Chlorophylls

Wer sich in Lehrbüchern über das Blattgrün – die Struktur des Chlorophylls – informiert, wird neben genauen Angaben etwa zur Wellenlänge des nutzbaren Sonnenlichts auch Klagen darüber hören, dass das Licht einfangende Molekül eher schlecht gebaut ist und wenig effektiv operiert. Hat die Natur da etwa geschlampt, und das bei einem der wichtigsten Stoffe, mit denen sie operiert? Schließlich gilt, wie es einmal in einer britischen Zeitschrift hieß: »It's not love that makes the world go 'round, it's photosynthesis«, und dafür sorgt das Chlorophyll.

In jüngster Zeit mehren sich die Stimmen, die sich fragen, ob die keineswegs als überragend einzustufende Effizienz des Blattgrüns weniger ein Unvermögen der Natur als vielmehr ein Unverständnis der Wissenschaft erkennen lässt. Könnte es sein, dass das klassische physikalische Denken beim Einfangen des Lichts überfordert wird? Wie steht der gesunde Menschenverstand da, wenn sich herausstellt, dass das Chlorophyll als Antenne mit Quanteneigenschaften agiert, wie sie bislang nur bei den Atomen mit ihren Quantensprüngen bekannt sind?

Nach einem Bericht des Wissenschaftsmagazins *New Scientist* vom 22. Januar 2011 scheint die Natur auch an anderen Stellen die Quantenkohärenz aus dem atomaren Bereich in der Lebenswelt einzusetzen und dort schützen zu können. Offenbar verwendet der Mechanismus, mit dem Vögel sich in einem Magnetfeld orientieren, Quanteneigenschaften von sensitiven Molekülen. Die Wahrnehmung wird dadurch stabil – wie ein Atom.

Das Merkwürdige (Geheimnisvolle) an den Quantensprüngen besteht darin, dass ihre Lücken für stabile Ganzheiten (Korrelationen) sorgen können, auch über Entfernungen hinweg. Vielleicht weist gerade das Chlorophyll die Quanteneigenschaften auf, die gebraucht werden, um die besondere Kooperation (Kohärenz) von Molekülen zu bewirken, die zur Nutzung des Sonnenlichts nötig ist? Dies gilt es zu erkunden, wobei es vermutlich besser ist, über das Blattgrün weniger zu schimpfen und mehr zu staunen.

Übrigens gibt es auch andere Möglichkeiten, über das Chlorophyll zu staunen, etwa so, wie es Max Frisch in seiner Erzählung *Montauk* unternimmt: In den Straßenschluchten Manhattans bewundert der Protagonist kleine und dürftige Bäume, die dort trotz der zivilisatorischen Enge und Luftverschmutzung grünen, und zwar über viele Jahre hinweg. Diese »Tapferkeit des Chlorophylls« ist dem Autor eine Notiz wert. Vielleicht steckt hinter dieser Tapferkeit ein Quantenphänomen?

Gute Antworten

Kinder verdienen gute Antworten. Auf keinen Fall geht es um eine Erklärung, nach der alles klar wirkt und keine weitere Frage aufkommt. Es geht vielmehr um Antworten, mit denen die Kinder weiter überlegen und ihre eigenen Richtungen des Suchens einschlagen können. Wenn es gelingt, solche Antworten umfassend und in großer Breite zu geben, könnte eine Gesellschaft entstehen, der Kant das Attribut »aufgeklärt« gewährt hätte, weil es in ihr möglich ist, sich seines eigenen Verstandes zu bedienen – wenigstens im Bereich der Wissenschaft.

Wissenschaftler verfügen in diesem Denkrahmen über eine gute Antwort, wenn sie mit ihrer Hilfe sehen, wie die Forschungen weitergehen und die dabei gewonnenen Informationen unter anderem zu besseren technischen Möglichkeiten führen können. Laien haben eine gute Antwort bekommen, wenn sich in ihnen ein Aha-Gefühl breitmacht, sie mit dem Erfahrenen im Kopf zu spielen anfangen und in ein Gespräch mit anderen eintreten können. Und Kinder freuen sich über eine gute Antwort, wenn sie anschließend damit etwas ausprobieren und es ihren Freunden weitererzählen können.

Kommen wir auf die Fragen der Kindergartenrunde zurück.

Also – warum ist Zucker süß? Weil er gerne in unseren Körper kommen möchte; weil er hier wichtige Stoffwechselfunktionen übernimmt; weil er in der Natur selten ist und unsere Vorfahren für ihre Mühe belohnt wurden, ihn aufzuspüren; weil es auf der Zunge vorne eine Region gibt, die Süßes wahrnimmt (weshalb es sich lohnt, sein Himbeer- oder Schokoladeneis mit der Zungenspitze zu schlecken);

weil unser Gehirn mit seiner Hilfe einen Botenstoff (ein Hormon) auf die Reise schickt, der Glücksgefühle auslösen kann. Und es lassen sich andere Antworten geben, die alle eines gemeinsam haben, nämlich ein weiteres Fragen zu ermöglichen: Warum ist Zucker in der Natur so selten? Wie wird die Information, dass die Zunge Süßes nascht, ins Gehirn geleitet? Und wo kommt der Glücksbote her, der übrigens in der Sprache der Wissenschaft Serotonin heißt?

Und weiter: Warum ist Wasser nass? Weil es bei normalen Temperaturen flüssig ist (was heißt das und wie kommt das?) und weil seine Moleküle – in Form von H_2O – unter diesen Umständen auf der Haut haften können. Und warum kühlt Wasser einen Körper ab? Weil es die nackte Haut durch seine molekularen Eigenschaften wie einen dünnen Film umgeben kann, der in der sommerlichen Wärme rasch verdunstet. Er nutzt dabei auch die Körperwärme, die verbraucht wird, und ermöglicht die Empfindung von Kühle. Eine gute Ausgangsfrage wird also zu einem umfassenden – vielleicht besseren – Weiterfragen erweitert, das selbst wiederum nur den neuen Anfang für ein offen bleibendes Suchen ergibt. Wie verdunstet etwas? Und wie wird ein physikalischer Effekt – das Trocknen der Haut – zu einer emotionalen Erfahrung, dem Wohlgefühl der Abkühlung?

Und weiter: Was tut der Wind, wenn er nicht weht, wie der Dichter fragt? Er lockt die Fantasie seiner Leser und wartet in der Stille vor dem Sturm, damit davon zu erzählen ist, wie er die Wolken bewegt, wenn er erst einmal loslegt, wie das himmlische Kind heulen kann, wie er die Segelboote antreibt; und was es ihm, dem Flüchtigen, erlaubt, immer noch da zu sein, wenn die Städte, durch die er hindurchweht, schon längst verschwunden sind.

Am Beispiel von drei Fragen soll hier abschließend die Möglichkeit demonstriert werden, dass stets mehrere Antworten gegeben werden können, wenn es um ein Thema geht, das ein Gespräch lohnt und eröffnen könnte.

Die erste Frage: Warum wird es nachts dunkel? Eine Antwort für Fortgeschrittene: Wenn Menschen in den Weltraum blicken, sehen sie zuletzt eine undurchsichtige Wand, die etwa 3000 Grad heiß ist; sie erscheint ihnen pechschwarz, weil das Licht von dort auf dem

Weg zu uns so langwellig (und vielleicht auch langweilig) geworden ist, dass unser Auge es nicht mehr wahrnehmen kann. Eine Antwort für den Alltag: Wenn Menschen in den Weltraum blicken, schauen sie bis in eine Zeit zurück, in der es noch keine Sterne gab; die Sterne könnten sich nur überdecken, wenn sie ausreichend lange existieren. Eine Antwort für Kinder: Es ist nachts dunkel, damit wir Sterne sehen und zählen können. Weißt du, wie viel Sternlein stehen an dem blauen Himmelszelt?

Die zweite Frage: Warum poppt das Popcorn? Eine Antwort für Erwachsene: Popcorn wird aus Maiskörnern hergestellt, in denen sich neben Wasser noch Stärke und Proteine befinden. Beim Erhitzen entsteht aus diesen beiden Komponenten eine Art Schaum, den das Wasser zum Platzen bringt, weil es sich rascher ausdehnt. Eine Antwort für Kinder: Popcorn poppt, um all das Wasser loszuwerden und schön trocken zu werden, damit das knirschende Kauen mehr Spaß macht.

Die dritte Frage: Warum ist Wasser nass? Eine Antwort für Erwachsene: Nass ist der Gegenbegriff zu trocken und meint die Fähigkeit, eine Oberfläche zu benetzen und an ihr zu haften oder an ihr entlangzugleiten. Genau diese Eigenschaft bekommt das Wasser durch H_2O-Moleküle. Deren Struktur sorgt dafür, dass die von ihr gebildete Flüssigkeit eine Spannung an der eigenen Oberfläche bekommt. Sie ermöglicht das Phänomen, das wir mit nass bezeichnen. Eine Antwort für Kinder würde auf das Spritzen hinweisen, das mit etwas Nassem möglich ist. Es werden Tropfen durch die Luft getragen, die dann an anderen kleben bleiben. Darüber hinaus gibt es aber auch eine überlebenswichtige Antwort: Wasser ist nass – vulgo flüssig –, weil wir es so gemacht haben! Ohne Leben wäre die Erde entweder ein gefrorener Block oder eine brodelnde Kugel. Nur diese beiden Gleichgewichtszustände erlaubt das Wasser auf einer Erde ohne Leben. Mit den Pflanzen und Tieren gelingt ein dritter Gleichgewichtszustand, der milde Temperaturen hervorbringt und folglich Wasser in der flüssigen Form, in der es uns am meisten zusagt. Wasser ist also nass, weil das Leben dafür gesorgt hat (und diesen Zustand gilt es zu erhalten).

Es gibt offenbar keine Antwort ohne eine neue Frage. Wenn viele Antworten gegeben werden, können viele Menschen ihre eigenen Fragen stellen. Wenn man ihnen Mut dazu macht, setzt die Aufklärung ein. Es hat lange gedauert, aber noch ist Zeit.

EXKURS
Zehn Geheimnisse des Menschen

Die britische Zeitschrift *New Scientist* hat in ihrer Ausgabe vom 8. August 2009 zehn menschliche Verhaltensweisen vorgestellt, die sie als geheimnisvoll bezeichnet hat. Der Redaktion kam es nämlich so vor, als würde damit das erfasst, was das Geheimnis von Menschen ausmacht.

1. Erröten:
Erröten scheint auf den ersten Blick soziale Nachteile zu bringen, da die Hautfarbe etwas verrät, was man für sich behalten möchte – eine Lüge oder den Zustand des Verliebtseins. Doch offenbar macht das Erröten manche Menschen – offenbar vor allem Frauen – höchst attraktiv. Vielleicht weil man ihnen mehr trauen kann als den Personen mit einem Gesicht aus Stein?

2. Lachen:
Menschen lachen gerne und oft, und sie reagieren mit diesem Verhalten eher bei banalen Versprechern als bei erzählten Witzen, was das Gekicher höchst geheimnisvoll macht. Man lacht mehr und lauter in Gruppen als allein und lässt sich selbst von Lachkonserven im TV anstecken, auch wenn oft nicht lustig ist, worüber gelacht wird. Wann bewerten Menschen Fröhlichkeit als attraktiv? Und wann als albern und übertrieben? Wer das wissen will, hat zunächst wenig zu lachen.

3. Schamhaar:
Zwar gelten Menschen als nackte Affen, aber während diese Tiere kaum Haare um ihre Genitalien aufweisen, wächst bei Menschen dort ein dichter Busch. Vielleicht um die Geschlechtsteile zu schüt-

zen – wovor? –, oder um sie warm zu halten? Oder deutet der Schamhaarwuchs nur sichtbar an, dass jemand erwachsen und geschlechtsreif ist?

4. Teenager:
Teenager gibt es nur bei Menschen. Selbst die großen Affen schaffen es problemlos von der Kindheit auf die Stufe des erwachsenen Lebens. Nur die jugendlichen Halbstarken erfahren den nahezu vollständigen Hirnumbau, der sich als Pubertät äußert und Eltern zur Verzweiflung bringt. Erst danach können Teenager zu den Personen werden, die das Leben – ihr Leben – meistern.

5. Träume:
Träume wurden einstmals als Königsweg zum Unbewussten gedeutet, und sie gelten heute als das Verfahren des Gehirns, sein Gedächtnis zu ordnen und emotional aufgeladene Erinnerungen zu konsolidieren. Träume können kooperatives Verhalten stärken und überhaupt angestauten Aggressionen die Schärfe nehmen. Man sollte über viele Dinge tatsächlich erst einmal schlafen.

6. Altruismus:
Zwar ist in diesen Tagen erneut viel vom Egoismus der Menschen zu lesen. Doch das mediale Getöse sollte nicht darüber hinwegtäuschen, dass es eine erstaunliche Fülle von Menschen gibt, die altruistisch agieren und sich sehr wohl dabei fühlen – anders als die Egoisten, die weiter granteln, selbst wenn sie siegreich waren. Altruismus konnte sich entfalten, als Menschen in kleinen Gruppen lebten und sicher waren, deren Mitgliedern dauernd über den Weg zu laufen. Altruismus in einer globalen Welt bleibt ein Geheimnis, findet aber reichlich Anerkennung.

7. Kunst:
Evolutionsbiologen erklären die menschliche Neigung zur Kunst oft durch die sexuelle Selektion, bei der Menschen ihre Partner wählen. Vielleicht ist die Kunst entstanden, weil Menschen im Überlebens-

kampf Oasen der Ruhe – Entspannung, Wellness – brauchten, um somit ihr Immunsystem zu stärken. Sonst hätten sie den Dauerstress womöglich nicht bewältigt und wären zusammengebrochen. Vielleicht war es so. Vielleicht aber auch ganz anders.

8. Aberglaube:
Viele Menschen sind – gerade in einer technisch gut funktionierenden Zivilgesellschaft – abergläubisch und denken zum Beispiel, Freitag der 13. sei kein gutes Datum zum Heiraten. Oder gerade doch. Offenbar zeigt sich darin die menschliche Neigung, Muster in der Welt zu suchen und zu deuten. Menschen sind mehr als Sinnsucher. Sie sind Sinnfinder, sie wollen ans Ziel, und dabei hilft der Aberglaube, wenn die Religion mit ihrem Gott zu schwach ist.

9. Küssen:
Nicht in allen Kulturen wird geküsst. In den von Abendländern bewohnten Breiten sollen die Menschen damit in nördlichen Regionen begonnen haben, was aber nicht erklärt, warum und wodurch sich Menschen so gut fühlen, wenn sie jemanden küssen. Die Lust dazu wird offenbar durch den Geruch des Partners angeregt, wobei dessen Duft signalisiert, besonders gut geeignet für die Zeugung gesunder Kinder zu sein – was hier ein Geheimnis bleibt.

10. Nasebohren:
Die meisten Menschen bohren in der Nase. Und sie tun dies gerne. Und niemand kann sagen, warum sie so handeln. Niemand hat dies ernsthaft genug wissenschaftlich untersucht. Man kann ruhig weitermachen und bleibt in guter Gesellschaft.

KAPITEL 3

Mysterien der modernen Wissenschaft

Hast du das nie erlebt, das nüchterne Staunen vor einem Wissen, das stimmt?

MAX FRISCH

Es ist weithin bekannt, dass Wissenschaftler zwar um die Lösung praktischer und theoretischer Probleme bemüht sind, sich aber selten auf irgendwelchen Lorbeeren ausruhen. Vielmehr freuen sie sich, wenn dabei neue Fragen auftauchen und ihre Aufmerksamkeit beanspruchen. Sie sind zudem sicher, dass das Staunen über untersuchte Phänomene ebenso unbegrenzt ist wie das eigene Bemühen, diese Phänomene zu verstehen. Das kann man auch so ausdrücken: Zu jedem historischen Zeitpunkt steckt die Wissenschaft voller Geheimnisse, die sich benennen und vorstellen lassen. In diesem Kapitel soll von den aktuellen Mysterien die Rede sein, die wissenschaftliche Publikationen und deren Autoren in diesen immer noch frühen Tagen des 21. Jahrhunderts ansprechen und behandeln.

Tyrannosaurus Rex

Eines der ältesten Mysterien der modernen Forschung liefert das Skelett des bekanntesten aller Dinosaurier mit dem hübschen Namen Tyrannosaurus Rex, abgekürzt T. Rex. Die ersten Überreste dieses prähistorischen Monsters wurden zu Beginn des 20. Jahrhunderts in Montana ausgebuddelt und auf ein Alter von knapp 200 Millionen Jahren geschätzt. *T. Rex* lebte also in der Kreidezeit, die auf Englisch *Jurassic Period* genannt wird. Viele Zeitgenossen kennen den T. Rex durch seinen Auftritt in Steven Spielbergs *Jurassic Park*. Dort sah man das massige Urviech mit riesigen Beinen und schnellen Schritten auf der Suche nach – im Film menschlichen – Opfern, die es mit seinen lächerlich kleinen Ärmchen packte, an sich riss und verschlang. So putzig die Ärmchen auch aussehen und so gut sie es erlauben, die Beute zu greifen: Die Paläontologen, denen diese Rekonstruktion und andere Ansichten wie die einer möglichen Bekleidung mit Federn zu verdanken sind, stehen dabei vor einem Rätsel, das sich inzwischen als Mysterium erweist (siehe dazu etwa den Beitrag von Brian Switek in der Zeitschrift *Nature* vom 24. Oktober 2013). Das Problem steckt darin, dass die Ärmchen tatsächlich zu kurz sind, um an das eigene Maul zu reichen, und so darf gefragt werden, wie sich solche unnützen Extremitäten erst entwickeln und dann sogar erhalten konnten. Es gibt Vorschläge, dass T. Rex mit den Greiferchen seinen Partner beim Geschlechtsverkehr in die richtige Position bringen konnte (was der Regisseur von *Jurassic Park* als Gag verpasst hat). Doch viele Biologen weisen darauf hin, dass man insgesamt noch viel zu wenig vom Leben und Heranwachsen des T. Rex weiß und insofern Bescheidenheit und Verwunderung angebracht sind. Derzeit bemüht man sich anhand neuerer Funde um eine Rekonstruktion der Genealogie des T. Rex. Doch bislang können die zuständigen Wissenschaften weder sagen, wie der Dinosaurier im Verlauf seiner Kindheit zu dem Monster wird, das mit Riesenschritten die Erdoberfläche überquert, noch haben sie eine Vorstellung davon, wie sich jemals solche zweifüßigen Fleischfresser auf dem amerikanischen und asiatischen Kontinent gegen die Konkurrenz anderer Tierarten durchsetzen konnte. T. Rex bleibt ein öffentliches Geheimnis, selbst wenn er vielen Menschen auf spielerische Weise vertraut ist und schon Kinder ihn beim Namen rufen können.

Das Rätsel mit dem Blitz

»The lightning enigma« – so überschreibt der *New Scientist* in seiner Ausgabe vom 10. August 2013 ein Gespräch, das die Redakteurin Katia Moskvitch mit dem russischen Physiker Alexander Gurevich geführt hat. Darin geht es um die scheinbar einfache Frage, was einen Blitz auslöst (»what triggers the natural electric discharge?«). Was genau setzt die elektrische Entladung in Gang, die Menschen als Blitze wahrnehmen und aus gutem Grund zu fürchten haben – jedenfalls solange sie sich im Freien aufhalten und nicht etwa in einem Auto sitzen, das bekanntlich als Faradayscher Käfig wirkt und die Gefahr draußen hält? (In meiner Jugendzeit konnte diese Gefahr noch einige Nachbarskinder in Angst und Schrecken versetzen. Sie versammelten sich dann mit der ganzen Familie in der Ecke eines Zimmers und entwickelten dort vermutlich eine Neigung zum Gebet, was aber im Fall der Fälle nichts geholfen hätte.)

Bevor das oben genannte physikalische Problem aufgegriffen wird, soll noch auf ein nettes anderes, eher philosophisches Rätsel hingewiesen werden, das sich beim Blitz stellt. Bekanntlich folgt bei einem drohenden Gewitter – in den sich ballenden und verdunkelnden Wolken spielen sich dabei eine Fülle von geheimnisvollen Vorgängen ab – auf das grelle Blitzen ein oftmals gewaltiger Donner. Es scheint offensichtlich und einsichtig, dass das grollende Getöse von dem gleißenden Licht verursacht worden ist. Oder?

Zu den schönen Streitfragen der Philosophie gehört das Thema, wie sich Abläufe, die nur nacheinander ablaufen (*post hoc*, wie der Lateiner sagt), von Abläufen unterscheiden lassen, die einander bedingen (*propter hoc*, wie der Lateiner sagt). Der Tag folgt der Nacht *post hoc*, und der Donner folgt dem Blitz *propter hoc*. Oder etwa nicht? Wie kann man da sicher sein? Wie lassen sich Abläufe erkennen und identifizieren, die kausal verknüpft sind und bei denen einer Ursache und der andere Wirkung ist?

Eine schöne Frage, die eine elegante Antwort gefunden hat, und zwar durch den Verhaltensforscher Konrad Lorenz, der auch als Philosoph seine Spuren hinterlassen hat. Er hat vorgeschlagen, ein

Ereignis dann als Ursache für ein anderes Ereignis zu akzeptieren, wenn sich nachweisen lässt, dass zwischen den beiden Vorkommnissen Energie geflossen und übertragen worden ist. Wenn ein Stein durch die Luft fliegt, muss ihn vorher jemand geworfen und mit Energie versorgt haben – was kein Problem aufwirft. Wenn der Tag der Nacht folgt, hat hingegen niemand seine Hand im Spiel, jedenfalls niemand, der den Menschen bekannt ist. Und was ist nun mit dem Blitz und dem Donner?

Tatsächlich bekommen beide ihre Energie von der elektrischen Entladung, die auf diese Weise zur eigentlichen Ursache der Geschehnisse wird. Nur der Blitz wird zunächst sichtbar, weil das Licht sehr schnell zu einem Auge gelangt. Hingegen benötigt der Schall ein paar Sekunden, um ein menschliches Ohr zu erreichen. »Einundzwanzig, zweiundzwanzig, dreiundzwanzig …«, haben wir als Kinder gezählt, um durch die Zeitdifferenz die Entfernung des Gewitters abschätzen zu können. Diese Rechnung setzte voraus, dass das Aussprechen jeder Zahl eine Sekunde benötigt und der Schall mit circa 300 Metern pro Sekunde auf die andächtig Murmelnden zugesaust kam. (An dieser Stelle kann man fragen, wie der Schall es macht, sich durch die Luft auszubreiten. Stößt er dabei auf Hindernisse, etwa durch Berge oder große Wälder?)

Doch wenden wir unsere Aufmerksamkeit wieder Blitz und Donner und deren Erklärung zu, die lautet: Beide werden bedingt durch die elektrische Entladung, die zwischen den Gewitterwolken und der Erde stattfindet. Gewitterwolken entstehen, wenn feuchtwarme Luftschichten am Boden aufsteigen und sich ausbreiten. Wenn dies – durch geeignete Unterschiede in der Temperatur von Luftschichten – sehr rasch abläuft, kommt es in den Wolken zu Strömungen, in deren Verlauf die geladenen Anteile der feuchten Zonen getrennt werden. Zwischen den Wolken und der Erde entsteht eine elektrische Spannung, die sich als Blitz Bahn bricht und dabei die durchquerte Luft stark aufheizt. Als Folge dehnt sich die Luft aus, um sich anschließend – nach dem Durchgang des Blitzes – sofort wieder abzukühlen, und diese Schwankungen des Luftdrucks können als Schallwellen wahrgenommen werden, als Donner.

Dennoch bleibt hier ein Mysterium: Was muss die Natur anstellen, um die elektrischen Ladungen, deren Bewegung danach alles andere verursacht, überhaupt geeignet bereitzustellen und in raschen Gang zu setzen (wobei der Mechanismus der Energieübertragung seine eigenen Reize hat)?

Auf die Frage »Was wissen wir noch nicht über Blitze?« hat der russische Physiker Gurevich in dem angeführten Interview geantwortet, es sei ihm nicht bekannt, wie eine Gewitterwolke den Initialfunken bekommt, der einen Blitzstrahl entstehen lässt. »Das größte Geheimnis besteht darin, dass das elektrische Feld in einer Gewitterwolke nicht sehr groß ist«, wie er zuerst sagt. Es ist nämlich nur ein Zehntel so groß, wie es sein müsste, um einen Blitz loszuschlagen, wie inzwischen nach etlichen Jahren des Messens mithilfe von Geräten, die in Flugzeugen oder Fesselballons transportiert wurden, unstrittig geworden ist.

Forscher rätseln seit der Mitte des 18. Jahrhunderts an den Blitzen herum. Damals entdeckte der Amerikaner Benjamin Franklin, dass es sich dabei nicht um mystische Zornesausbrüche von Göttern handelt, die man hinnehmen muss oder durch Gebete abwenden kann, sondern dass hier physikalische Abläufe stattfinden, bei denen Elektrizität fließt und die sich verstehen und technisch beeinflussen lassen.

Seitdem können Menschen Blitzableiter bauen und einsetzen, und seitdem ist gemessen worden, dass bei Gewitterstürmen Spannungen von hundert Millionen Volt entstehen. Mit dieser Größenordnung kann verständlich werden, wie der Blitz seinen Weg von den Wolken zur Erde findet. Immerhin muss er ja durch die Luft, die normalerweise als guter Isolator funktioniert, in der sich jetzt aber plötzlich elektrische Ladungen frei bewegen. Wie geht dies im Detail vor sich?

Die Physiker wissen, dass sich am erdzugewandten Ende einer Gewitterwolke negative Ladungen versammeln (wieso eigentlich?), was dazu führt, dass am Boden positive Ladungen erscheinen (woher eigentlich?). In der Atmosphäre führt das zu einem Kanal durch die Luft, in dem die Atome und Moleküle, die sich dort aufhalten, geladen (ionisiert) werden. Und auf diesem zackigen Weg findet der Blitzstrom zur Erde, die abschließend alles verschluckt (oder was?).

Zurück in die Wolken: Wie kommt das Spektakel dort in Gang? Die traditionellen Antworten der Physik erzählen von Eispartikeln, die in Gewitterwolken gebildet werden und bei ihrem Herumschweben durch Zusammenstöße mit Luftmolekülen dafür sorgen, dass sie geladen (ionisiert) werden. Die Eispartikel schaffen es, ausreichend viele elektrische Ladungen zu generieren und zu trennen, sodass zuletzt ein Blitzschlag ausgelöst wird und das Spektakel am Himmel beginnen kann. Doch diese Erklärung umfasst erneut mehr Geheimnisse, als dass sie Klarheiten produziert.

Und hierin liegt einer der Gründe, warum Alexander Gurevich einen neuen Ansatz versucht, den er *electron runaway breakdown* nennt. Damit ist ein Vorgang gemeint, der letztlich durch kosmische Höhenstrahlen ausgelöst wird, wenn sie in die Gewitterwolken eindringen. Im Gesamten betrachtet soll das Folgende passieren: Die hochenergetischen Strahlen aus dem Kosmos ionisieren die Luft – ihre Bestandteile – innerhalb einer Wolke und erzeugen dabei eine Region, in der sich eine Menge von Elektronen frei bewegen. Sie stoßen mit anderen Luftatomen zusammen und produzieren dabei weitere ungebundene Elektronen, was zuletzt zu dem Ausreißen – dem *runaway* – führt, das schließlich als Blitz in Erscheinung tritt.

An dieser Stelle sollen nicht die Schwierigkeiten geschildert werden, die sich demjenigen in den Weg stellen, der die beiden Hypothesen vergleichen und auf experimentelle Weise auf ihre Tauglichkeit hin untersuchen möchte. Hier geht es darum, auf dunkle Stellen selbst in scheinbar endlos ausgetretenen und ausgeleuchteten Pfaden zu treffen und den Gedanken möglicherweise amüsant zu finden, dass die Blitze doch höheren Ursprung sind und ihre Gründe, physikalisch gesehen, bis in den Himmel reichen und sich dort verlieren. Gott sollte keine Mühe gehabt haben, das erste Licht der Welt als Blitz loszuschicken, auch wenn Menschen sich immer noch fragen, wie er das hat machen lassen.

Zusammenstöße

Es gehört zu den Standarderklärungen bei Standardfragen, dass Moleküle zusammenstoßen (siehe oben beim Blitz) oder dass Sonnenstrahlen auf Moleküle treffen und irgendwelche Effekte sichtbar werden – das blaue Licht des Himmels zum Beispiel. Was passiert dabei im Detail? Wie stoßen Moleküle aufeinander, etwa Wasserstoffmoleküle (H_2) auf Sauerstoffmoleküle (O_2)? Muss man sich das vorstellen wie Billardkugeln, die voneinander abprallen, oder wie Glaskugeln, die miteinander kollidieren? Finden die Stöße elastisch statt, was bedeutet, dass die Energie der Bewegung erhalten bleibt? Oder findet das Aufprallen inelastisch statt, was bedeutet, dass sich die Stoßpartner verlangsamen, dafür ein wenig aufheizen und eventuell zur Ruhe kommen? Was genau prallt aufeinander oder berührt sich, wenn man so anschaulich sagt, Moleküle stoßen zusammen?

Was hier nicht versucht werden darf, ist, klassische Modelle und Vorstellungen zu Hilfe zu nehmen. Immerhin kennen Moleküle keine solchen scharfen Begrenzungen, wie Billardkugeln sie zum Beispiel haben. Die Randzonen von Molekülen sind weniger fest und mehr dynamisch in dem Sinne, dass dort Elektronen herumwuseln, die im Rahmen der Quantenmechanik behandelt werden. Sie weiß mehr von den Möglichkeiten – sprich: Aufenthaltswahrscheinlichkeiten – als von den Wirklichkeiten der Elektronen. Und so stellt sich das scheinbar simple Thema eines molekularen Zusammenstoßes als höchst raffiniertes Mysterium heraus, wenn man sich darauf einlässt.

Wie Chemiker in der Zeitschrift *Science* (Ausgabe vom 6. September 2013) berichten konnten, lassen sich zwei Arten von Kollisionen unterscheiden, wenn Moleküle aufeinanderprallen. In einem Fall kommt es zu einer chemischen Reaktion, bei der die Stoßpartner ihre Identität aufgeben und etwas anderes werden. Dieser Ablauf enthält mehr Geheimnisse, als hier guttun kann, weshalb er übergangen wird. Im anderen Fall sorgt ein Stoßpartner – im zitierten Beispiel die Wasserstoffmoleküle – dafür, dass der andere Partner – die Sauerstoffmoleküle – angeregt wird und Energie aufnimmt. Verständlich wird dieser Vorgang, wenn man sich vorstellt, dass die aufeinandertreffenden Moleküle sich verwirbeln und ein kurzes Tänzchen miteinander wagen. Die Wissenschaftler bezeichnen das als Quantenresonanz und können es im Detail mithilfe von Drehmomenten verfolgen, die Molekülen zukommen. Kurz gesagt: Sie machen es den Menschen nicht leicht, die Moleküle, selbst wenn sie einfach zusammenstoßen. Das tun sie übrigens vor allem im Weltall, dessen (bekannte) Masse zu drei Vierteln aus dem Element Wasserstoff besteht. Unentwegt prallen im himmlischen Raum über den Menschen Wasserstoff- und Sauerstoffmoleküle zusammen, und vielleicht lohnt der Gedanke, dass dieser Himmel zwar manchmal voller Geigen, aber stets auch voller Mysterien ist.

Das Geheimnis im Vogelauge

Um den Himmel geht es auch in dem folgenden Abschnitt, nur dass diesmal keine Menschen, sondern Vögel zu ihm aufschauen. »Tief im Vogelauge schlummert ein Geheimnis«, wusste die *Frankfurter Allgemeine Zeitung* in ihrer Ausgabe vom 28. August 2013 zu berichten. Der Berichterstatter Reinhard Wandtner zielte mit seinem hübschen Hinweis auf »ein höchst ungewöhnliches Sinnesorgan«, das dort sitzt und als »Fühler für Magnetfelder« funktioniert. Das heißt, es geht den Vögeln wahrscheinlich nur um ein einziges Magnetfeld, das der Erde nämlich. An ihm orientieren sie sich, wenn sie sich auf ihre großen Wanderungen begeben, die manchmal von Grönland bis nach Nordargentinien führen. Es lässt Vögel aus dem arktischen Kanada über den Nordatlantik erst bis in das nordwestliche Europa ziehen, bevor sie weitere 3000 Kilometer auf sich nehmen, um in Westafrika anzukommen. Es gibt eine Fülle von Büchern, die der Biologie des Vogelzugs gewidmet sind – zuletzt *The Avian Migrant* von John H. Rapple – und in denen viel von genetischen Vorgaben und Zugunruhe die Rede ist.

Was hat es mit dem oben angesprochenen Magnetsensor im Vogelauge auf sich? Die bereits 1963 entdeckte Tatsache, dass sich

Zugvögel am Erdmagnetfeld orientieren, bietet viele Geheimnisse. Sie beginnen unter anderem mit der Beobachtung, dass es nicht nur ein einziges, sondern zwei Sinnesorgane für diese Leistung gibt. Eines registriert die Stärke und das zweite die Richtung des Magnetfeldes, das heißt, es registriert seine Neigung zur Erdoberfläche. Dadurch können die Vögel erfassen, ob sie zum Pol oder zum Äquator fliegen. Das Rätselhafte dieser Sinnesleistung nimmt zu, wenn man erfährt, dass dieser Richtungsanzeiger durch Licht aktiviert werden muss, was seine Verortung im Auge nahelegt und den Wissenschaftlern Ansätze liefert, sich ihm mit ihren Methoden zu nähern.

Wie die FAZ in dem oben zitierten Beitrag berichtet, sind die Erkunder des Magnetsinnes dabei weitergekommen, denn sie sind sich inzwischen sicher, dass der »ominöse Magnetfühler« aus Molekülen besteht, die sich in der Netzhaut befinden. Damit ist dann folgende Auskunft möglich: »Angeregt durch Licht kommt es zu einer Elektronenübertragung von einem Teil des Moleküls auf einen anderen. Dabei entstehen zwei freie Elektronen – ein Radikalpaar. Die angeregten Moleküle können in verschiedenen, vom Drehimpuls der freien Elektronen anhängigen Zuständen vorliegen. Die Forscher sprechen von einem Singulett- und Triplett-Zustand. Deren Verhältnis zueinander hängt von der Ausrichtung des Moleküls im umgebenden Magnetfeld ab. Dadurch kann ein neuronales Signal entstehen, das die Richtung des Magnetfeldes wiedergibt. Als derartige molekulare Verwandlungskünstler scheinen ursprünglich bei Pflanzen entdeckte Proteine, sogenannte Cytochrome, wirken zu können.«

Das soll hier näher erläutert werden. Was die Messung der Stärke des Magnetfeldes angeht, so sitzt das dazugehörige Organ nämlich eher im Oberschnabel. Unter anderem bei Brieftauben sind dort Partikel aus Eisenoxid gefunden worden, die offenbar dafür zuständig sind. Inzwischen konnten aber auch eisenhaltige Kügelchen in Haarzellen des Innenohrs von Vögeln gefunden werden, die ganz sicher an der Wahrnehmung von Magnetfeldern beteiligt sind, wie die FAZ ihren Lesern versichert und wie nicht bezweifelt werden muss. Natürlich sollte jeder zunächst für die gegebenen Informationen dankbar sein, aber nur, um sich anschließend zu wundern, dass irgendjemand denken kann – gleich ob Forscher oder Journalist –, hier sei etwas geklärt oder gar erklärt worden. Das Geheimnis im Vogelauge ist nach diesen Auskünften tiefer als jemals zuvor, weil sich nach jedem Satz aus dem obigen Zitat mehrere Fragen stellen. Es gibt dabei ganz simple Fragen – etwa die, wie eine Ansammlung von Partikeln eine Richtung erkennen lässt –, es gibt aber auch kniffige Themen wie dies, wie denn aus der Ausrichtung eines Moleküls in der Netzhaut ein Signal im Nervensystem wird, das sogar die richtige Information meldet und sie vermutlich auch an der richtigen Stelle im Gehirn ankommen lässt (wobei jetzt einfach angenommen wird, dass die Natur und die Vögel wissen, was die richtige Stelle ist).

Mit anderen Worten: Das Geheimnis des Magnetsinnes schlummert nicht nur im Vogelauge. Es schlummert in den Molekülen, in den Partikeln, in den Neuronen, es schlummert im ganzen Vogelleben.

Der Zauber von Zwillingen

Wenn man jemandem sagt, dass der Magnetsinn und das Zugverhalten von Vögeln einen genetischen Ursprung haben oder genetisch bedingt sind, wie es manchmal kurz heißt, wird man weder Widerspruch noch Rückfragen bekommen. Das ist doch klar! Was denn sonst?

Unter »genetisch« wird dabei heute – anders als zur Zeit Goethes, als das Wort geprägt wurde – verstanden, dass es Gene gibt, die alles im molekularen Griff haben und die Organe so ausstatten, wie es nötig ist. Nur wenn man jetzt versucht, Details zu erfahren, und etwa wissen will, wie die zuständige Gruppe der Gene – ein einzelnes kann es ja wohl nicht sein – organisiert ist und reguliert wird, trifft man auf Rätsel. Wie wird aus der genetischen Information die organische Formation (Form), die zum Leben gehört?

Geheimnisse mit Genen gibt es zuhauf, wobei es zu ihrer Schilderung vielleicht am einfachsten ist, mit den Eigenschaften von Zwillingen zu beginnen, von denen einige als »identische Zwillinge«

in den Medien präsentiert werden. Solch eine Bezeichnung suggeriert, dass die beiden damit erfassten (individuell vor einem stehenden) Menschen über das gleiche – oder gar dasselbe – genetische Material verfügen. Doch das ist falsch, wie ein internationales Forscherteam der Universität von Alabama bei einer Untersuchung von 19 eineiigen Zwillingspaaren im Jahr 2006 nachweisen konnte. Bei allen 19 Paaren entdeckten die Forscher sogenannte Copy Number Variations, Veränderungen, bei denen die Anzahl der Kopien eines Erbgutabschnitts von der Norm abweicht. Das kann sich als fehlender Teil eines Chromosoms äußern oder auch in der Vervielfältigung eines bestimmten Abschnitts. Die Abweichungen könnten des Weiteren erklären, dass manchmal nur ein Teil des Zwillingspaars eine chronische Krankheit entwickelt, während der andere Teil davon verschont bleibt.

Zu der Orthodoxie der biologischen Wissenschaften gehört die Unterscheidung zwischen Genen und Umwelt, die auf Englisch so schön durch *nature vs. nurture* ausgedrückt wird, eine Formulierung, die auf Shakespeare zurückgeht. Die traditionelle Sicht betrachtet Menschen als Produkt sowohl der Gene als auch der Umwelt. An dieser Stelle sei der Hinweis eingefügt, dass es keineswegs trivial ist, beide Quellen zu unterscheiden. Schließlich muss es in diesem Denkschema auch Gene geben, die eine Person erst mit den molekularen Instrumenten ausstatten, mit deren Hilfe sie auf die Umwelt und ihre Reize reagieren können. Inzwischen haben sich Häretiker gefunden, die der genetischen Orthodoxie widersprechen und behaupten, dass Menschen, denen man eine – rein hypothetische, als Gedankenspiel eingeführte – zweite Chance gibt, mit den gleichen Genen in der gleichen Umwelt aufzuwachsen, trotzdem nicht dieselben, sondern andere Menschen würden. Der *New Scientist* berichtet darüber in seiner Ausgabe vom 31. August 2013 in dem Beitrag, der »Beyond nature and nurture« gehen will und sich dem Geheimnis von angeblich identischen Zwillingen widmet.

Die Frage lautet, warum viele Zwillinge trotz aller Gleichheiten so verschieden ausfallen, und ein Teil der Antwort ist schon länger bekannt. Er steckt in der schlichten Tatsache, dass dann, wenn befruchtete Eizellen geteilt werden, Varianten auftauchen können, die in der Literatur manchmal als Fehler bezeichnet werden.

Selbst wenn bei der Teilung der Eizelle keine genetischen Verschiebungen auftreten, können später Unterschiede zwischen den Zwillingen auftauchen, allein weil ständig Mutationen passieren und sich im Erbgut einnisten können. Mittlerweile sind neben den genetischen auch sogenannte epigenetische Änderungen der DNA-Moleküle registriert worden, wobei der Ausdruck »epigenetisch« einfach meint, dass Zellen ihr Erbgut mit chemischen Verzierungen ausstatten können (oder auch nicht). Konkreter ausgedrückt: Die Bausteine der Erbsubstanz werden mit CH_3-Gruppen geschmückt, die als Methylgruppen bekannt sind und deren Anhängen Methylierung heißt.

Dies brachte einige Genetiker auf den Gedanken, das Rätsel von unterschiedlichen identischen Zwillingen ließe sich durch epigenetische Differenzen – sprich: durch unterschiedliche Grade der Verzierung durch Methylgruppen – klären. Das trifft auf den ersten Blick auch zu, lässt beim zweiten Hinschauen aber nur das nächste Rätsel aufkommen. Es lautet: Wie, wann und wodurch entsteht das Muster der Methylgruppen?

Als sich die Wissenschaft diesem Themenkreis näher zuwandte, erlebte sie eine nette Überraschung. Wie sich nämlich zeigte, können die epigenetischen Variationen sowohl Wirkung als auch Ursache sein. Das heißt, es gibt Umwelteinflüsse, die bestimmte Muster der chemischen Verzierung entstehen lassen – Rauchen und Alkoholkonsum zum Beispiel –, und umgekehrt können diese epigenetischen Profile sich auf das Verhalten auswirken und Menschen zum Beispiel zu einer ungewohnten Art der Ernährung führen, bei der sie etwa dem Zucker entsagen und auf Diät gehen. Als Folge dieser Wechselwirkung in beide Richtungen sorgt die Natur – das Leben – dafür, dass sich die epigenetisch verzierten Genome von Zwillingen – ihre Epigenome, wie man kurz sagt – im Laufe der Lebensjahre auseinanderentwickeln.

In der genetischen Natur des Lebens steckt offenbar eine Tendenz, Identitäten aufzuheben und alle Menschen so individuell und verschieden wie möglich zu machen. Ein schöner Gedanke, dessen

Reiz noch steigt, wenn man sich vor Augen hält, wie geheimnisvoll das gesamte Geschehen ist, das dafür sorgt. Es geht los mit der Natur, in der die Evolution über genetische Mechanismen Lebewesen entstehen lässt, die ihre eigene Umwelt formen, und das gilt nicht nur für den Menschen. Allerdings gelingt ihm dies besonders eindrucksvoll, wie erst die Landwirtschaft und dann Städte zeigen. Diese Umgebung schlägt sich in epigenetischen Varianten nieder, die nun ihrerseits Verhalten induzieren, mit dem Menschen die Lebenswelt, in der sie sich aufhalten, gestalten und prägen. Ein zauberhafter Zirkel ohne Anfang und Ende und voller Spannung.

K.o. unter der Schädeldecke

Wie sich leicht denken lässt, gibt es im Menschen nicht nur geheimnisvoll agierende Gene. Auch all die anderen Moleküle, Zellen, Gewebe und Organe, die ihn ausfüllen und ausmachen, bieten eine Fülle von Themen, an denen sich neugierige Forscher erproben können. Zu den größten Geheimnisträgern sowohl im Leben als auch in der Welt gehört das massive Neuronenbündel unter der Schädeldecke, das gewöhnlich als Gehirn bezeichnet wird und die Zentrale eines verzweigten Systems von Nerven darstellt. Es ist natürlich hoffnungslos, das funktionierende Gehirn eines Menschen in einem knappen Absatz zu beschreiben – was nicht heißt, dass es dichtenden Menschen nicht gelingt, ihr Staunen über das Organ des Denkens in knapper Form auszudrücken. Der Philosoph Schopenhauer etwa wundert sich, wie etwas, das so klein ist, dass es auf ein Kissen passt, zugleich in der Lage ist, die ganze Welt in sich aufzunehmen. Die amerikanische Dichterin Emily Dickinson hat das seltsame Verhältnis zwischen dem kleinen Inneren unseres Gehirns und seiner riesigen Projektionsfläche in folgendem Gedicht thematisiert: »The Brain is wider than the sky/ For – put them side by side –/ The one the other will contain/ With ease – and You – beside./ The Brain is deeper than the sea/ For – hold them – Blue to Blue/ The one the other will absorb/ As Sponges – Buckets do«.

Diesem großen Geheimnis setzt der Neurowissenschaftler William Tyler in diesem Jahrhundert das kleine Mysterium entgegen, das sich ereignet, wenn etwa ein Boxer k.o. geschlagen wird und das Bewusstsein verliert. Tyler will ganz bescheiden und einfach wissen, wie der mechanische Impuls eines Kinnhakens zur Bewusstlosigkeit führen kann. Denn allgemein geht man doch von der Annahme aus, dass in dem Nervensystem, das der Kopf beherbergt, vor allem elektrische und biochemische Vorgänge ablaufen.

Wie wird das Neuronetzwerk mechanisch anfällig, so lautet Tylers Frage, die sicher nicht das größte Geheimnis des Denkens erfasst, aber trotzdem einen Blick lohnt. Was mechanisch wie ein Uhrwerk am Gehirn funktioniert, kann man in dem Beitrag »The knockout enigma« im *New Scientist* vom 31. August 2013 nachlesen. Dort heißt es: »Your neurons are whirring with movement like clockwork. Understanding how it works may give us a new way to tinker with the brain.«

Wenn man ein kommunizierendes und Signale der äußeren Welt verarbeitendes Gehirn genauer anschaut, nehmen die Nervenzellen zunächst elektrischen und chemischen Kontakt mit anderen Neuronen auf. Dabei entstehen im Laufe der Hirnaktivität kleine Ausstülpungen von Nervenzellen, die als Dendriten bezeichnet werden. Sie bilden kleine Stacheln oder Ausstülpungen – Spines – aus, die sich biegen und hin und her schwanken können. Bei dieser Bewegung ändert sich die neuronale Aktivität.

Konkret bedeutet das, dass andere Neurotransmitter bereitgestellt werden, wie in der Fachwelt die Signalmoleküle des Gehirns genannt werden. Es sind diese mechanischen Fähigkeiten der genannten Spines oder Stacheln, die das Mysterium des bewusstlosen Boxerhirns ein wenig erhellen: Ein Kinnhaken kann das Biegen beeinflussen und dadurch die elektrischen Signale verändern, die im Gehirn umherlaufen. Konkreter scheinen Experimente darauf hinzuweisen, dass sich nach einem K.o.-Schlag in den betroffenen Nervenzellen und ihren Ausstülpungen kleine Poren öffnen, die Ströme von Natrium und Kalium freisetzen, was zur Ohnmacht oder Bewusstlosigkeit führt.

So rätselhaft der ganze Vorgang trotz zahlreicher Details bleibt, so wichtig wäre es, mehr davon zu verstehen. Denn dann könnte man langfristig vielleicht Wege finden, das Gehirn von außen zu erreichen, also ohne mit Nadeln und Elektroden in seine Zellen zu stechen. Möglicherweise könnte man dann nicht nur Boxern ihr Bewusstsein, sondern Depressiven ihre Angst und Parkinson-Patienten ihre Schüttellähmung nehmen.

Dunkle bis schwarze Geheimnisse

Wer in die wirklich tiefe Kiste der Geheimnisse menschlichen Lebens greifen will, braucht lediglich an kreative Menschen und ihre maßgeblichen Ideen zu denken, die Normalsterbliche nur staunen lassen können. Wie kommt Schubert darauf, Kompositionen wie seine Klavier-Trios zu verfassen? Wie kommt Rilke darauf, Gedichte in der Form von Sonetten zu schreiben? Und wie kommt Einstein darauf, Verbindungen zwischen Energie und Masse und Geometrie herzustellen, die zuvor niemand gesehen oder bemerkt hatte? Rilke hat einmal gesagt, da habe der Wind ihm etwas zugeflüstert, aber dadurch hebt er das Geheimnis kreativer Kunst nicht auf.

Möglicherweise kann man eher erfassen, was Naturforscher, etwa Physiker, revolutionäre Wendungen im überlieferten Denken vornehmen lässt – das, was man heute als Paradigmenwechsel bezeichnet. Und vielleicht kommt man diesem Mysterium ein klein wenig näher, wenn man anschaut, an welcher Stelle ein großer Geist plötzlich aufgibt, weiter in die Richtung zu gehen, die er eröffnet und anfänglich freigelegt hat.

Ein Beispiel dafür ist eine Arbeit des Physikers Robert J. Oppenheimer, der den meisten Menschen als Vater der Atombombe bekannt geworden ist. Oppenheimer hat 1939 in seiner nur wenige Seiten langen Arbeit *On Continued Gravitational Contraction* erkannt, dass Sterne oder andere Gebilde, wenn sie nur ausreichend massiv und massereich sind, früher oder später den Zustand einnehmen, der inzwischen als »Schwarzes Loch« bekannt ist (dieser Name zirkuliert erst seit den 1960er Jahren). Demnach muss Materie, wenn sie in ausreichender Menge zusammengeballt vorliegt, irgendwann in sich hineinstürzen. Dabei kollabieren Protonen und Elektronen zu Neutronen, bis zuletzt ein derart massives Gebilde entsteht, dass selbst Licht nicht mehr von ihm entkommen kann, eben ein Schwarzes Loch, wie inzwischen mit viel physikalischer Evidenz belegt worden ist. Oppenheimer hat diesen Zustand der Materie 1939 zwar treffend vorhergesagt, seinen Vorschlag dann jedoch links liegen lassen und auch später nichts mehr von ihm hören wollen. Seltsam. So als ob jemand Angst vor den eigenen Gedanken bekommen hätte, als sie ihm das Ende der Geschichte anzeigten – der astronomischen, nicht der politischen Geschichte.

Seltsam ist in diesem biografischen Zusammenhang auch, dass Oppenheimer nach dem Zweiten Weltkrieg mit zwei Astrophysikern bekannt war, Fritz Zwicky und Archibald Wheeler, die neben den Schwarzen Löchern über andere dunkle Möglichkeiten am Himmel nachdachten und dabei das entdeckten, was heute Dunkelmaterie, *dark matter*, heißt und immer geheimnisvoller wird. Inzwischen denken die Experten nämlich, dass mehr als 80 Prozent der Masse im Universum aus dieser Dunkelmaterie besteht, ohne dass man sagen könnte, wie sie zusammengesetzt ist. *Dark matter* zeigt ihre Wirkung auf die beobachtete Bewegung von Sternen. Das macht die Physiker zuversichtlich, dass es sie wirklich gibt. Einige von ihnen halten sie für eine Art Gerüst, mit dessen Hilfe die Galaxien aufgebaut werden, die sich im Universum tummeln. Oder stellt die Dunkelmaterie das Fenster dar, durch das sich den Menschen ein Blick auf eine noch unerkundete Welt zeigt?

Die von den meisten Physikern favorisierte Antwort auf die Frage nach der Natur des unsichtbaren Stoffes im Kosmos kommt mit den vier Buchstaben WIMP für *weakly interacting massive particles* daher. Es geht dabei um Teilchen, die mit Masse ausgestattet sind und schwach – also kaum – miteinander in Wechselwirkung treten. Genauer gemeint ist damit, dass die hypothetischen und verzweifelt gesuchten WIMPs mit der sichtbaren Materie nur über die Gravitation oder die schwache Kernkraft verwoben sind (was zwar einfach klingt, es aber nicht ist, und zwar vor allem wegen der zweiten Kraft, die da erwähnt wurde). Physiker rechnen insgesamt damit, dass es vier Kräfte in der Natur gibt, und zwar zunächst die Schwerkraft und die der elektromagnetischen Felder, die beide durch das ganze Weltall reichen, also unendlich weit. Die beiden anderen werden als starke und schwache Kernkraft unterschieden, weil ihre Auswirkungen auf den Atomkern beschränkt bleiben. Die starke Variante sorgt dafür, dass die Protonen und Neutronen im Zentrum eines Atoms zusammenbleiben, während die schwache Variante so etwas wie das Gegenteil unternimmt und einigen Atomen erlaubt, zu zerfallen und dabei zu strahlen.

Alles verstanden und höchst geheimnisvoll zugleich, wie man etwa im *New Scientist*, Ausgabe vom 31. August 2013, unter der Überschrift »Out of the shadows« nachlesen kann. Darin werden experimentelle Bemühungen vorgestellt, bei denen viele bislang ohne greifbares Ergebnis geblieben sind. Inzwischen vermuten die Physiker, dass es sogar so etwas wie dunkle Antimaterie gibt. Und wer erst einmal derart weit mit seinen Gedanken gekommen ist, scheut sich auch nicht mehr, von Dunkellicht, *dark light*, zu sprechen, von dem man sogar hofft, es einmal in einem Laboratorium erzeugen zu können.

An dieser Stelle soll daran erinnert werden, dass es solche Ideen wie eine »Sonne der Nacht« schon länger gibt und Sätze wie »Im Lichte der schwarzen Sonne kann die weiße Sonne verblassen« schon geschrieben sind – aber nicht von Physikern, sondern von den Dichtern der Romantik und deren Interpreten, den Geisteswissenschaftlern. Diese Verbindungen werden später weiter ausgeführt.

Doch bleiben wir bei den Naturwissenschaften, vor allem bei der Physik, die am Ende des 20. Jahrhunderts in der mikroskopisch kleinen Welt der Atome auf ein – fast möchte man sagen – höllisches Problem mit der Energie gestoßen ist, das seit 1998 auf den merkwürdigen Namen *dark energy*, also Dunkelenergie oder Dunkle Energie, hört.

Den Astronomen und Physikern unserer Tage zufolge besteht nämlich der weitaus größte (!) Teil des Universums aus dieser mysteriösen Dunkelenergie, der zudem die bereits erwähnte Dunkelmaterie an die Seite gestellt werden muss.

Die »dunkle Materie« kennt die Physik schon seit 1957. Damals konnten astronomische Beobachtungen erstmals zeigen, dass Sterne auf Bahnen unterwegs waren, die nicht allein mit der Schwerkraft der am Himmel sichtbaren Massen zu erklären waren, weshalb unsichtbare Materie – eben *dark matter* – einspringen und die fehlende Gravitation übernehmen musste. Wie sich herausstellte, unternahmen die Wissenschaftler dabei nur den ersten Schritt, der sie auf den Weg von einem ordentlichen zu einem »extravaganten Universum« brachte. Der amerikanische Astrophysiker Robert P. Kirshner fasst in seinem gleichnamigen Buch zusammen, was für ein »verwirrend unordentliches und wildes Bild für den Kosmos« nach vielen Jahren des mühsamen Messens zustande gekommen ist oder noch gemalt werden muss:

> Es ist ein extravagantes Universum. Um aller empirischen Evidenz Rechnung zu tragen, benötigen wir ein Universum mit gewöhnlicher Materie, glühend und dunkel; wir benötigen darüber hinaus »dark matter« auf mindestens drei verschiedene Weisen – in Form von Baryonen [gemeint sind vor allem Protonen und Neutronen], Neutrinos und WIMPS (weakly interacting massive particles); und wir benötigen einen großen Klacks an Dunkelenergie, deren negativer Druck die frühe Inflationsphase des Universums vorangetrieben hat, und wir benötigen sehr viel langlebigere Dunkelenergie, die für die derzeit beobachtete kosmische Expansion zuständig ist. Es wäre im Grund genommen schön blöd, an solch eine barocke Mischung zu glauben, die den gesunden Menschenverstand beleidigt und die Grenzen des guten Geschmacks überschreitet, aber die Messungen und ihre Evidenz zwingen uns dazu, und alle Tatsachen zusammengenommen führen zu der Ansicht, dass es die Dunkelenergie ist, die im Universum vorherrscht. Die Dunkelenergie, die die kosmologische Konstante sein könnte, hat sich von einer wilden Idee, die für

ernsthafte Debatten nicht infrage kam, zu einem wesentlichen Element der gegenwärtigen Sicht auf das Universum gewandelt. Wie konnte das nur passieren?

Hinter dieser verzweifelt klingenden Frage lauern zwei Antworten, von denen eine mit Einstein zu tun hat. Die in dem Zitat erwähnte »kosmologische Konstante« meint nämlich nicht irgendeine Zahl, sondern eine legendäre Ergänzung: Einstein hat sie vor 1920 seinen kosmischen Gravitationsgleichungen hinzugefügt, um sicher zu sein, dass die dazugehörigen Lösungen ein stabiles Universum liefern, das für alle Zeiten in seiner Gestalt bleibt. Als in den frühen 1920er Jahren vor allem durch Edwin Hubble nachgewiesen werden konnte, dass sich das Universum gerade nicht stabil verhält, sondern expansiv veranlagt ist und sich dynamisch ausdehnt, soll Einstein gegenüber dem Physiker George Gamow von »the biggest blunder he ever made in his life«, »der größten Eselei seines Lebens«, gesprochen und die kosmologische Konstante zurückgenommen haben.

Doch so einfach geht das mit dem Zurücknehmen nicht. Nur am Anfang des Sprechens ist man frei, dann wird man zu einem Knecht seiner Worte. Und so ist die Astrophysik zum Knecht der kosmologischen Konstanten geworden, die so heißt, weil sie der physikalischen Welt ganz zugehört und sogar in ihr tätig wird. Dies ist seit einigen Jahren bekannt und führt zu der zweiten Antwort, die hinter Kirshners Frage steckt, wie die Dunkelenergie ihre führende Rolle in der modernen Kosmologie übernehmen konnte.

Gemeint ist eine wahrlich verblüffende Entdeckung. Sie war das Ergebnis von Messungen an Sternen, die explosionsartig aufleuchten, bevor sie vernichtet werden. Solche Ereignisse, bei denen die Leuchtkraft von Himmelskörpern milliardenfach zunimmt, kennt die Fachwelt als *Supernovae*, wobei deren Mechanismus hier nicht erwähnt wird, weil etwas anderes mehr Bedeutung bekommt: Die Beobachtung einer Vielzahl von Supernovae mit höchst empfindlichen Geräten hat nämlich zu der Einsicht geführt, dass das Universum nicht nur expandiert, sondern dass die Ausdehnung schneller wird und an Schwung gewinnt.

So sensationell dieser Nachweis war, er brachte sogleich das Problem mit sich, welche Kraft oder Energie für diese beschleunigte Expansion verantwortlich gemacht werden kann. Und genau da bot sich Einsteins eigentlich schon in den Papierkorb der gescheiterten Ideen abgewanderte kosmologische Konstante an; sie wird nun als Energie des Vakuums oder als Dunkelenergie gedeutet. Irgendwie hoffen die Physiker, dass Einsteins kosmologische Konstante genau der Dunkelenergie entspricht oder gar identisch mit ihr ist, aber noch erlauben die theoretischen Modelle keine vorzeigbare Lösung.

Es bleibt verrückt. Wenn die Modelle und Vorstellungen der aktuellen Kosmologie zusammengenommen und in dem Bild gesehen werden, das einen Urknall an den Anfang aller weltlichen Dinge stellt, dann muss das von Menschen bewohnte Universum zweimal von Dunkelenergie getrieben worden sein. Einmal unmittelbar im Anschluss an den Urknall – genauer nach unvorstellbar winzigen 10^{-35} Sekunden –, als es seine inflationäre Phase durchlief und sich in kürzester Zeit von einem winzigen Gebilde zu einem Riesen entwickelte. Und ein zweites Mal heute, also runde 10^{18} Sekunden oder 13,7 Milliarden Jahre nach dem Startschuss namens Big Bang, während sich die Ausdehnung beschleunigt.

Eine bemerkenswerte Situation am derzeitigen Ende der kosmischen Expansion. Die Physiker lernen immer mehr über das Universum und verstehen dabei eher weniger, wie sich alle Details und Mosaiksteine zusammenfügen lassen. Die Experten sind sich sicher, dass die Dunkelenergie gebraucht wird, und sie erwarten, dass ihre Existenz und das dazugehörige Denken die Ansichten ändert, die über die Gesetze der Natur im Umlauf sind und mit denen das verstanden werden kann, was »Welt« heißt, seit Menschen darin wohnen. Immerhin sind sich die Experten rätselhafterweise darin einig, dass die Dunkelenergie genau die richtige Größe hat, um ein Universum zu ermöglichen, das seinerseits Leben ermöglicht. Da passen die Dinge plötzlich zusammen – und offenbaren weitere Geheimnisse des menschlichen Daseins in kosmischen Welten. Schon komisch, das kosmische Ganze.

EXKURS
Rückblick auf den Beginn des 21. Jahrhunderts

Das Geheimnisvolle bleibt den Menschen erhalten. Ein einfacher Weg, sich davon zu überzeugen, ist ein Rückblick auf den Anfang des 21. Jahrhunderts. Das amerikanische Magazin *Discover* hat dazu die seiner Ansicht nach einhundert (!) besten Geschichten zusammengestellt, die im ersten Jahrzehnt des dritten Jahrtausend erschienen sind. Aus dieser Liste habe ich meine persönlichen Top Ten ausgewählt (wobei die Reihenfolge keine Wertung darstellt).

1. Immer fleißiger und mit immer besseren Instrumenten – zum Beispiel dem nach Johannes Kepler benannten Raumteleskop der NASA – suchen Astronomen nach Exoplaneten; genauer: nach Planeten, die ähnlich wie die Erde sind, nur dass sie zu einem anderen Sonnensystem gehören. Schätzungen besagen, dass allein die Milchstraße Milliarden erdähnliche Planeten enthalten müsse. Einzelnachweise benötigen jedoch raffinierte und hochauflösende Techniken wie einen Laserkamm, den es inzwischen gibt. Nun meint man, mehr als 450 Exoplaneten nachgewiesen zu haben. Vielleicht findet man auch bald etwas auf ihnen, etwas, das zurückwinkt. Übrigens: Planeten kreisen um ein Zentralgestirn und um die eigene Achse, und beide Drehungen erfolgen in dieselbe Richtung. So meinte man bisher. Doch Kepler hat Planeten entdeckt, die sich im Uhrzeigersinn drehen, während sie anders herum kreisen. Jetzt können viele Astronomen mit ihren Erklärungen wieder vor vorn beginnen.

2. Zu den wichtigsten Themen der Biomedizin gehört die Erkundung der genetischen Basis von Krebs. Bekannt sind Genformen, genauer: Varianten im Genom, die ein unkontrolliertes Wachsen von

Zellen bewirken, das sich als Krebs auswirkt. Das heißt, die schädlichen Genformen müssen nicht nur vorhanden sein, sie müssen offenbar ausdrücklich gestärkt oder ermutigt werden, damit die Krebszellen die normalen ausstechen. Diese Hilfestellung liefert natürlich erneut ein Stück im genetischen Material. Es heißt »Mahjong«, konnte inzwischen identifiziert werden – und schafft Raum für neue Forschungen. Zur Erinnerung: Als Genforscher in den 1980er Jahren zum ersten Mal verkündeten: »Krebs ist eine genetische Krankheit«, da dachten sie, das Rätsel einer Lösung nähergeführt zu haben. Zugenommen hat ganz sicher das Geheimnisvolle.

3. In den 1980er Jahren tauchte ein gefährliches Virus auf, das das menschliche Immunsystem schwächte. Es konnte isoliert werden und ist seitdem als HIV (Humanes Immunodefizienz-Virus) bekannt. Zwar konnte die Forschung sehr rasch und sehr genau die Struktur von HIV klären, aber woher war das teuflische Ding gekommen? Als man auf einen äffischen Vorläufer SIV (S für Simiam) stieß, den es seit einigen Hundert Jahren in Afrika geben sollte, schien die Frage geklärt. Doch jetzt meint man zu wissen, dass HIV mehr als 30 000 Jahre alt ist und schon länger in menschlichen Gemeinschaften verbreitet war, allerdings ohne die schrecklichen Folgen zu haben, die wir als AIDS kennen. Mit anderen Worten: Wir wissen nicht, woher die alte Epidemie kam, was es nicht leichter macht, sich auf eine kommende vorzubereiten.

4. Zwar kann man der Ansicht sein, dass eine Gesellschaft, die den Anfang der Welt mit einem Knall erklärt, selbst einen hat. Aber das mindert die Popularität des Urknall-Modells vom Anfang aller Dinge nicht. Dabei hat dieser Big Bang mindestens ein »Big Problem«, wie *Discover* meint, nämlich die Frage, wie in diesem Aufbruch die Kreation von Materie gelungen ist, ohne dass gleich viel Antimaterie entstanden ist. Im Schatten der Higgs-Euphorie haben Versuche an Beschleunigern, in denen Teilchen mit hohen Energien zum Zusammenprall gebracht werden, ein kurzlebiges Gebilde erkennen lassen, das die Physiker B-Meson nennen. Der Gag an dieser subatomaren

Erscheinung besteht darin, dass sie ihre Identität wechseln und sich sowohl als Teilchen als auch als Antiteilchen zeigen kann, wobei es etwas mehr als die Hälfte seiner Lebenszeit als Materie verbringt. Ist das jetzt eine Antwort auf die gestellte Frage oder wieder einmal ein neues Rätsel für die Wissenschaft?

5. Zu den alltäglichen Wundern, die uns allzu wenig beschäftigen, gehört das Einschlafen. Wie verkriecht sich ein Körper mit seinem Gehirn in das Schneckenhaus, das er nach einiger Zeit wieder verlässt, um wach zu sein? Der Poet Günter Kunert nennt den »Schlaf« in dem gleichnamigen Gedicht ein »Geheimnis das sich selbst bewahrt«, obwohl viele Forscher sich viel Mühe geben, daran etwas zu ändern. Jetzt ist ihnen der Nachweis gelungen, dass Schlaf nicht etwas ist, das im ganzen Gehirn stattfindet, sondern etwas, das dort seinen Ort hat und lokal vor sich gehen kann. Wer kurz einnickt – etwa nach einem Tun voller Aufmerksamkeit –, dessen Gehirn ruht dort, wo es vorher besonders aktiv war, und das Signal zur Passivität wird von einem Molekül geliefert, das vorher aktiv verbraucht wurde. Es wird nicht nutzlos liegen gelassen, nachdem es seine Aufgabe erfüllt hat, sondern sofort wieder eingebunden. »Was hattest du je bessres fragt die Stimme aus dem Sonstwo dich«, um erneut den Dichter zu zitieren. Er nennt den Schlaf »ein schwarzes Licht«, »ein stummes Lied« – eben etwas, »was der Beschreibung sich entzieht«, auch der der Wissenschaft.

6. Die Idee, dass in dem Universum, das in uns ist, nicht alles universell zugeht, lässt sich auch auf das Universum ausdehnen, in dem wir sind. Tatsächlich meinen nämlich einige Physiker, dass die berühmten Konstanten der Physik – das Wirkungsquantum zum Beispiel, das die Größe von Quantensprüngen festlegt – gar nicht so konstant sind, wie es uns beigebracht wurde. Vielmehr variieren sie, und zwar nicht nur zeitlich, sondern auch räumlich. Wenn dies tatsächlich nachgewiesen wird und also der Fall ist, dann zerfällt vor unseren Augen das schöne Wort vom Universum. Dann gibt es viele solcher Universen mit jeweils eigenen Naturkonstanten, die zusammen ein

Multiversum ausmachen, und unser Leben spielt sich in ihm dort ab, wo es mit den Konstanten verträglich ist und zusammenpasst – ob uns das nun passt oder nicht.

7. Zu den Standardauskünften über das Gehirn gehört der Hinweis, dass es neben den Nervenzellen noch andere gibt, die als Gliazellen bekannt sind und nie besonders geschätzt wurden. Glia kommt von Leim, und mehr erwartete man von Gliazellen nicht, sie leimten die Neuronen zusammen. Doch nach und nach erweist sich diese höchst wissenschaftliche Einschätzung der zellulären Mehrheit im Hirn als Irrtum. Gliazellen leiten auch Informationen weiter und können Änderungen im Körper registrieren und darauf reagieren – etwa dann, wenn zu wenig Sauerstoff eingeatmet wird. Ohne sie hätten wir also keine Überlebenschance. Gut zu wissen und ein neuer Grund, bescheiden zu sein.

8. Zu den Standardauskünften über die Materie gehört der Hinweis, dass der wichtigste Baustein eines Atomkerns, das Proton, stabil und bestens vermessen ist. Tatsächlich haben Experimente vor Kurzem gezeigt, dass das Proton rund 4 Prozent kleiner (leichter) ist, als die Physiker in den letzten fünf Jahrzehnten angenommen haben. Die verantwortlichen Wissenschaftler haben ihr Ergebnis mit dem Hinweis kommentiert, »dass sich da eine komische Physik zeigt, die niemand so recht versteht«. So ist man sicher weitere fünf Jahrzehnte beschäftigt.

9. Alliterationen reizen, aber sie können auch komisch klingen: 2010 konnte man von moralischen Magneten oder magnetischer Moral lesen, und die erste Reaktion darauf konnte nur Kopfschütteln sein. Und doch – Experimente, bei denen Probanden einem Magnetfeld ausgesetzt waren, zeigen, dass Menschen ihre moralische Bewertung von Handlungen danach ändern. Gereizt wurde das Hirngewebe, das man im Verdacht hat, die Intentionen von anderen Personen durchschauen zu können. Und gefragt wurde nach der Bewertung von Handlungen, bei denen die fragwürdige Absicht – jemanden

vergiften – und das glückliche Resultat – misslungen – nicht zueinander passten. Nach der Stimulation wurden die Probanden milder. Machen Magneten Menschen moralisch milde?

10. Die letzte Geschichte betrifft den Rand des Universums, der die Menschen immer schon fasziniert hat. Was liegt hinter diesem Rand? Das wollte man nicht nur im Mittelalter wissen, um einen Platz für Gott zu finden. Wenn die Kosmologen heute von einem Rand sprechen, dann meinen sie etwas anderes, nämlich die weiteste Entfernung, die sich ihren Instrumenten zu erkennen gibt. Und wenn sie dahin schauen, sehen sie etwas Merkwürdiges. Sie nennen es *dark flow*. Irgendetwas hinter dem kosmischen Horizont zieht Galaxien zu diesem Rand hin, und niemand hat eine Ahnung, was das sein könnte. Es muss tausendmal weiter entfernt liegen, als wir sehen können.

KAPITEL 4
Bildung und der Anteil der Naturwissenschaften

Ein Kind ist kein Gefäß, das gefüllt, sondern ein Feuer, das entzündet werden will.

FRANÇOIS RABELAIS

Alle wollen Bildung und reden davon, ohne wirklich etwas zu erreichen. Irgendwie scheint man sich nicht darauf einigen zu können, was gemeint ist. Dabei lässt sich durchaus einfach sagen, was Bildung ausmacht; das heißt, es lässt sich sogar auf zweifache Weise einfach sagen: Bildung zeigt sich zum einen als die Form, die eine Kultur in einem Individuum annehmen kann; und sie zeigt sich zum anderen in dem offenen Dialog, der zwischen Mitgliedern der jeweiligen Kultur geführt wird. Eine Person gilt nicht unbedingt dann als gebildet, wenn sie Quizfragen beantworten oder in Spielen der Art von »Stadt-Land-Fluss« brillieren kann. Eine Person gilt eher als gebildet, wenn sie in ihrem Denken ihr historisch gestaltetes Umfeld repräsentiert und anspricht und das dazugehörige Wissen im Austausch mit anderen Menschen erweitern und ergänzen will.

Das Schöne an der Bildung zeigt sich doch an ihrer dialogischen Offenheit, die sich bereits im Wort selbst findet: »Bildung« meint das Bilden (den Prozess) und das Gebildete (das Ergebnis), das sich jemand anschaut. Bildung meint das Machen und das Gemachte, das jemand in die Hand nimmt, meint das Sagen und das Gesagte, das jemand hört, um darauf zu antworten. Bildung erweist sich auf diese Weise insgesamt als ein Abenteuer der kulturellen Neugierde mit offenem Ausgang, zu dem mindestens zwei gehören, die sich gegenseitig bilden. Dadurch wird Bildung zu einem anhaltenden und durchgehenden Vorgang, der keinen Abschluss findet.

Das drückt sich auch in der Idee der modernen Universität aus, die im frühen 19. Jahrhundert in Berlin durch Wilhelm von Humboldt gegründet wurde. Er fasste die Wissenschaft als das niemals abschließbare Treiben und Suchen auf, und er unternahm dies in der Zeit der Romantik, die nicht in dem erworbenen Wissen das Ziel von Menschen sah, sondern in der Anstrengung, die zu ihm hinführt. Wissenschaft als Bildung – dieser schöne Gedanke geht über die Aufklärung hinaus, und er weist auf das Romantische hin, das in der Wissenschaft steckt.

In der öffentlichen Debatte meint man leider nur so etwas wie eine *Aus*-Bildung (zur Berufsfähigkeit), wenn von Bildung geredet wird, und damit zielt die Debatte in die falsche Richtung. In meinen Augen muss es vor allem um *Ein*-Bildung (zur Denk- und Dialogfähigkeit) gehen, wenn die Rede auf Bildung kommt. Und so ist der Begriff auch in die deutsche Sprache gekommen: Es war schließlich eine geheimnisvolle Ein-Bildung Gottes, die der Mystiker Meister Eckhart angestrebt hat. Es ging ihm um das Einholen des Bildes Gottes, und diese Bildung galt als Zweck und Ziel menschlicher Mühen.

Wer heute versucht, sich der modernen Physik auf vergleichbare Weise zu nähern und sie zu verstehen, wird weniger einen Lexikonartikel auswendig lernen und mehr versuchen, sich ein inneres Bild etwa vom Standardmodell dieser Wissenschaft zu verschaffen. Damit liegt dann in einem Kopf ein durch Ein-Bildung entstandenes physikalisches Weltbild vor, das sich den inneren, den zweiten Augen der Romantik darbietet. Mit dessen Betrachtung und Beschreibung lässt sich trefflich ein Gespräch über das Ein-Gebildete – die persönliche Bildung – führen.

Übrigens kann das Wort »Ein-Bildung« ziemlich leicht in eine lateinische Form übersetzt werden: Das »Ein« wird zum *in* und »Bildung« zu einer *formatio*, und wer beides zusammenfügt, erhält den Begriff der Information, um die sich immer mehr dreht. Dabei fällt sofort auf, dass niemand mehr den Mut hat, sich als eingebildet zu bezeichnen, aber jeder gerne angibt, informiert zu sein. Ich kann nicht verstehen, wie dies sein kann, wie eine Gesellschaft sich zurechtfindet, in der alle informiert sein wollen, aber niemand eingebildet sein darf. Der Schluss liegt nahe, dass an der Bildung noch viel gearbeitet werden muss und politische Bekenntnisse nicht wirklich weiterhelfen.

Das Aus in der Schule

Wenn öffentlich mehr Bildung gefordert wird, meinen die politisch motivierten Rufer mehr Mittel für die Ausbildung und ihre Kräfte, ohne dass ein Gedanke an die Frage verschwendet wird, wie den selbst kaum Ausgebildeten die Ein-Bildung der Schülerinnen und Schüler gelingen kann. Bei der Aus-Bildung darf natürlich kein Geheimnis auftauchen. Äußerste Klarheit wird gefordert und in Prüfungen abgefragt, auch wenn es die nirgendwo gibt und sowohl die Testfragen als auch die dazugehörigen Antworten schnell vergessen werden und also niemanden nachhaltig bilden.

Wenn meine persönlichen Beobachtungen zutreffen, dann befindet sich die naturwissenschaftliche Schulbildung derzeit in der folgenden, zwar unerträglichen, aber verbesserungsfähigen Lage: Kinder (nicht alle, aber viele) kommen ästhetisch neugierig in die Schule, um danach (nicht immer, aber viel zu oft) begrifflich gelangweilt nach Hause geschickt zu werden. Im Unterricht bekommen sie kaum eine Anleitung zum Staunen und Weiterfragen, dafür eine Menge Formeln und Gesetze, die sich abfragen lassen. Und so ist es wohl kaum ein Wunder, dass sich viele nicht der Natur und ihrer Erkundung zuwenden, sondern von den Fächern abrücken, die sich damit befassen und sie dazu anleiten (können und sollen).

Naturwissenschaftliches Unterrichten und weiterführendes Begreifen kommen nach meinem Verständnis in der Schule nicht dadurch weiter, dass man die Kinder mit Schutzbrillen ausrüstet, ihnen Kittel anzieht und sie etwa mit Eierschalen und Essig, mit Luftpumpen und Grillzangen das nachmachen lässt, was sich beamtete

Didaktiker an fernen Lehrstühlen ausgedacht haben. Spaß und Interesse an den sonst eher als spröde und trocken eingeschätzten Fächern könnten eher wachsen, wenn man sich an dem in der Natur sinnlich Erlebten – dem ästhetisch Zugänglichen – mit der dazugehörigen Freude orientiert und mit eigenen Wahrnehmungen beginnt, ohne dass dabei die betrachteten Phänomene wissenschaftlich korrekt erläutert und dafür sogar strenge Naturgesetze herbeigeholt oder aufgestellt werden müssen. Die erstaunte Wahrnehmung lohnt mehr als das bestaunte Gesetz.

Vor allem geht es darum, die ursprüngliche und urtümliche Neugierde der Schülerinnen und Schüler zu erhalten, denn genau das wird zu Fragen führen, wenn die Lehrer sie nicht dadurch abwürgen. Wer sein unverbrauchtes und brachliegendes Vermögen der Wahrnehmung nutzt, wird auch bereit sein, über das Aufgenommene mit anderen in ein Gespräch zu kommen. Das wiederum ist die beste Voraussetzung, das Ziel zu erreichen, das als Bildung bekannt ist. Bildung hält das Gebildete offen und formt an ihm weiter. Am besten gelingt das zwischen zwei Personen, die beide ihre ersten Informationen (Ein-Bildungen) auf- und wahrgenommen haben und sie nun vertiefen oder umbilden wollen.

Wie unproduktiv und hemmend sich das so gerne ausgebreitete Lehrbuchwissen auf den Bildungswillen auswirkt und wie sehr es sich der aufkeimenden Neugierde mitsamt ihrer ästhetischen Lust in den Weg stellt, kann man zum Beispiel in den von Georg Christoph Lichtenberg verfassten *Sudelbüchern* lernen. Ein Eintrag, der die Aphorismen-Nummer II/68,1 trägt, lautet: ».Ein etwas vorschnippischer Philosoph, ich glaube Hamlet Prinz von Dänemark hat gesagt: es gebe eine Menge Dinge im Himmel und auf der Erde, wovon nichts in unsern Compendiis steht. Hat der einfältige Mensch, der bekanntlich nicht recht bei Trost war, damit auf unsere Compendia der Physik gestichelt, so kann man ihm getrost antworten: gut, aber dafür stehn aber auch wieder eine Menge von Dingen in unsern Compendiis wovon weder im Himmel noch auf der Erde etwas vorkömmt.«

Lichtenberg verrät leider nicht, welche Dinge in den zeitgenössischen Lehrbüchern er meint, weshalb ich hier ein paar Beispiele aus seiner Zeit und aus der modernen Wissenschaft anführen möchte, die wahrlich wirklichkeitsfern sind (was ihren Erfolg nicht trüben konnte). In seinen »Vorlesungen zur Naturlehre« spricht der Physiker zum Beispiel – wie alle seine Kollegen – vom luftleeren Raum, mit dem die Wissenschaft zwar denkt, den es auf der Erde aber trotzdem nicht gibt; er analysiert weiter parallele Lichtstrahlen, die er nirgends findet und sich nur vorstellt; er erläutert die Folgen eines (nicht vorhandenen) Wärmestoffs, lässt chemische »Freundschaften« zu und verlegt das ganze Geschehen in den absoluten Raum, in dem man damals zu leben glaubte.

Im 20. Jahrhundert liefen lange Zeit (punktförmige) Elektronen auf Bahnen im Atom umher, die es in der Wirklichkeit nicht geben kann. In heutiger Zeit stellen Theoretiker Welterklärungen (Stichwort »String-Theorie«) vor, die mehr Dimensionen benötigen, als die Realität aufweist. In den bebilderten Lehrbüchern besteht das Erbmaterial aus einem nackten DNA-Molekül, das es so auf keinen Fall gibt und das tatsächlich von endlos vielen Bausteinen der Zelle umwimmelt sein muss. Die Biologen reden immer noch von Genen, obwohl sie diese Elemente weder finden noch zählen können. Und einige Krankheiten sind im Laufe der Geschichte nur deshalb verschwunden, weil es sie außer in den Fachzeitschriften und der Vorstellungswelt einiger Ärzte nirgendwo gegeben hat, etwa das »Sissi-Syndrom« und andere Gemütsleiden.

Übrigens gilt nach wie vor auch das Umgekehrte: Es gibt reale Phänomene, die jedem mit wachen Sinnen vertraut sind – etwa das untrügliche Gefühl, von hinten angestarrt zu werden –, die in den Lehrbüchern der Wissenschaft jedoch kaum oder gar nicht behandelt werden. Was das Gefühl, von hinten angestarrt zu werden, betrifft, so hat der umstrittene englische Biologe Rupert Sheldrake (*Der Siebte Sinn des Menschen*) mehrere Untersuchungen mit Schülern dazu durchgeführt. Allerdings konnte ein besonderer Sinn für das »Angestarrt-werden« dabei nicht eindeutig nachgewiesen werden (da Manipulationsmöglichkeiten durch spezielle Versuchsanordnungen nicht ausgeschlossen werden konnten). Natürlich sagt das nichts Endgültiges über die mögliche Existenz zusätzlicher

Sinneswahrnehmungen aus. Schließlich ging man bis in die 1990er Jahre auch davon aus, dass Menschen keinen Sinn für Sexuallockstoffe haben, und die Bedeutung und Wirkungsreichweite von Pheromonen beim Menschen sind nach wie vor nur wenig erforscht. Vielleicht verfügen wir tatsächlich über mehr als die fünf Sinne (Sehsinn, Gehörsinn, Geruchssinn, Geschmackssinn und Tastsinn), die uns die aus der Antike stammende klassische Denkweise zubilligt. Es sollte eine Freude sein, die mögliche Existenz weiterer Sinne zu erkunden. Was hat es zum Beispiel mit dem »siebten Sinn« für Gefahr in unübersichtlichen Situationen (etwa im Straßenverkehr) auf sich?

Oder auch: Schul- und andere Lehrbücher der Physik erzählen von einem Massenpunkt, der nach den Bewegungsgesetzen von Newton beschleunigt wird und dabei seine Geschwindigkeit aufnimmt. Das Punktförmige der betrachteten Realität zeigt sich daran, dass bei der jeweils ins wissenschaftliche Visier genommenen Masse (etwa eine Kanonenkugel oder ein Planet) weder Form noch Ausdehnung berücksichtigt werden, obwohl nur diese wahrgenommen werden und sich an einem präzise festzustellenden Ort lokalisieren lassen. Was sich in der Welt der Physik bewegt, benötigt zu seiner Beschreibung darüber hinaus etwas Vergleichbares, nämlich einen genau auszumachenden Zeitpunkt. Die beiden genannten räumlichen und zeitlichen Erfindungen gibt es nur als mathematische Gebilde und somit nicht in der Wirklichkeit oder als Wirklichkeit, und zwar weder am Himmel noch auf der Erde. Wann soll denn ein »Jetzt!« genau sein, das jemand verkündet? Vorne am j oder hinten am t? Und wo soll das »Jetzt!« gelten? Dort, wo es gerufen, oder dort, wo es gehört wird? Und wenn das Letzte zutrifft: Meint man das Ohr oder das Hirnareal, bei dem akustische Signale ankommen?

Wenn sich ein realer Gegenstand in unserem Erfahrungsbereich bewegt – etwa ein Ball, gegen den man getreten hat und der daraufhin hochfliegt und wieder zur Erde fällt –, dann trifft er zum Beispiel auf den Widerstand der Luft. Doch beides – die Reibung und das Element, in dem wir atmen – kommt in manchen Kompendien der Mechanik so gut wie gar nicht vor. Auch gezielt geschlagene Federbälle oder sanft schwebende Papierschwalben bieten in diesem Fall nicht den erwünschten Zugang zur Wissenschaft.

Und falls der Ball gar aufspringt oder rollt, dann schweigen sich einige Lehrbücher erst recht über die elastische Formänderung und die vielen Reibungen aus, die jetzt ins Spiel kommen und in die Bewegung eingreifen. Mit anderen Worten: Das Newton'sche Gesetz und viele andere seiner Art gibt es nicht so zwischen Himmel und Erde, wie es dort Bälle und Bücher zu finden gibt. Das Newton'sche Gesetz ist – wie Einstein es beschrieben hat – eine freie Erfindung des menschlichen Geistes (die man den neugierigen Schülerinnen und Schülern jedoch nicht zu früh aufbürden darf, denn dann glauben sie womöglich, nun den ganzen physikalischen Vorgang zu kennen und nichts mehr beobachten zu müssen).

Natürlich darf die Menschheit stolz darauf sein, dass ihr solche abstrakten Gesetze der Bewegung geläufig sind, wie Newton sie im Anschluss an Galilei gefunden hat. Und natürlich darf ein Physiklehrer auch mit dem gleichen Stolz vorführen, dass er mit diesem wissenschaftlichen Grundgesetz umgehen und damit zum Beispiel berechnen kann, was passiert, wenn ein Auto gegen eine Betonwand rast, mit welcher Kraft dann der Kühler zerquetscht und wie weit alles eingedrückt wird. Aber das frühzeitige formale Verknüpfen von messbaren Größen (Parametern) lenkt die Aufmerksamkeit der ästhetisch Neugierigen eher in die falsche Richtung und von der merkwürdigen Eigenschaft der Trägheit ab, die das Wesen von Newtons Physik ausmacht. Diese lässt sich gerade nicht so ohne Weiteres mit mathematischen Formeln erfassen und bleibt vielleicht deshalb bis zuletzt unverstanden, obwohl sie seit den Tagen Newtons zu den zentralen Konzepten und maßgeblichen Einsichten der Bewegungslehre gehört. Es lohnt sich, mehr von ihr zu erfahren.

Die physikalische Trägheit

Wenn jemand die Newton'sche Mechanik und das mit ihr erreichte Verständnis der Bewegung materieller Körper mit einem Wort zu kennzeichnen hätte, müsste er »Trägheit« sagen. Gemeint ist mit diesem Ausdruck das Beharrungsvermögen von (physikalischen) Massen, das sich im Alltag vielfach zeigt. Solange keine Kraft auf Gegenstände einwirkt, fahren sie mit ihrer Bewegung fort, wie einem Mitfahrer hoffentlich nicht allzu schmerzhaft klarwird, wenn er in einem scharf abbremsenden Auto weiter in die alte Fahrtrichtung nach vorne geschleudert wird. Die Kraft, die den Wagen stoppt, wirkt zunächst über die Bremsen nur auf das Fahrgestell. Alles andere im Auto – Personen, Gepäckstücke, Spielzeug für die Kinder – fliegt weiter, bis es auf einen Widerstand trifft. Er kommt heute meist durch den Sicherheitsgurt zustande, während früher viele vorn sitzende Personen erst gegen die Windschutzscheibe prallen mussten, bevor sie zum Stillstand kamen.

Also: Bewegungen hören nicht von sich aus auf, sondern erst durch eine Kraft, die sich der trägen Masse (ihrer Trägheit) entgegenstellt. Aristoteles hat das noch genau anders herum gesehen. Für den Griechen hörte eine Bewegung auf, sobald die verursachende Kraft nicht mehr vorhanden war. Es bleibt zwar rätselhaft, wie Aristoteles dieser Irrtum unterlaufen konnte – jeder Stein, den man wirft, fliegt doch weiter, wenn er die Hand verlässt –, aber genau damit liegt ein wunderbares Thema für die Schule vor: Wie konnte Newton bemerken, was Aristoteles übersehen hatte? Und wie kann man sich selbst vor solchen Unstimmigkeiten schützen?

Die Trägheit – lateinisch *inertia* – führt zu komplizierteren Phänomenen, als man naiv denkt. Wer etwa auf einem Fahrrad unterwegs ist und jemandem am Straßenrand einen Schlüssel zuwerfen will, muss bedenken, dass der geworfene Gegenstand nicht nur in die Richtung fliegt, die ihm der Werfer gegeben hat. Der Schlüssel bewegt sich dank seiner Trägheit auch weiter in die Richtung, in die das Rad fährt. Es gilt ihn also zeitig auf seine Luftreise zu schicken. Die Sache wird schwieriger, wenn man auf einem Karussell im Kreis herum reitet und einem Zuschauer etwas zukommen lassen will.

Wie sich herausstellt, macht die mechanische Trägheit selbst (oder gerade) Personen intuitiv zu schaffen, die die physikalischen Gesetze von Newton kennen und mit ihnen Bewegungen berechnen und entsprechende Aufgaben lösen können. Es lohnt sich ganz sicher, damit eigene Wahrnehmungen zu machen – das kann auch beim Spiel und sogar auf der Kirmes gelingen. Wissenschaftliches Öffnen der Sinne lohnt sich unter allen Umständen und an allen Orten.

Eine Chance für die Schule

Mit dem Hamlet-Zitat von Lichtenberg im Gedächtnis gelingt es ohne Probleme, bei der ästhetischen Betrachtung der Natur einen weiteren Aspekt nachzuvollziehen, der heute vielfach unter dem Stichwort »interdisziplinär« verhandelt wird. Das Wort drückt aus, was eigentlich ganz selbstverständlich ist: Es gibt Themen, die nicht von einem Schulfach allein gepachtet sind, sondern ein Zusammenspiel mehrerer Disziplinen voraussetzen, soll ein Verständnis vermittelt werden, das diesen Namen verdient.

Lichtenbergs Hamlet liefert sogar ganz direkt ein schönes Beispiel für die Nützlichkeit interdisziplinärer Behandlungen. Als Protagonist in William Shakespeares Drama tritt er in der zitierten Szene in einem naturwissenschaftlichen Zusammenhang auf, wird von Lichtenberg (und anderen deutschen Übersetzern) aber – absichtlich oder unabsichtlich? – keineswegs korrekt zitiert (was einigen philologischen Spaß bereiten kann).

Nachdem Hamlet dem Geist seines ermordeten Vaters begegnet ist, sagt er im Original zu seinem Freund Horatio: »There are more things in heaven and earth, Horatio, Than are dreamt of in your philosophy.« In der berühmten Übersetzung von August Wilhelm Schlegel heißt es an dieser Stelle: »Es gibt mehr Ding' im Himmel und auf Erden,/ Als Eure Schulweisheit sich träumt, Horatio.«

Hier besteht nicht nur die Möglichkeit, auf geflügelte Worte und ihre Entstehung einzugehen, sondern auch auf die Probleme hinzuweisen, die bei einer Übersetzung auftreten: Die »Philosophie« wird den deutschen Leserinnen und Lesern als »Schulweisheit« präsentiert; und der Himmel heißt an dieser Stelle in Shakespeares Sprache »heaven« (dort ist das Göttliche zu finden), und nicht etwa »sky« (dort fliegen Vögel umher). Im Deutschen gibt es für beides nur das eine Wort »Himmel«. Es stellt sich also die Frage, ob es wirklich »im Himmel« heißen muss (hat Shakespeare wirklich den Götterhimmel gemeint?). Und dürfte Hamlet in einer aktuellen deutschen Übersetzung »am Himmel« sagen (und damit das modernere Verständnis der Gegenwart ausdrücken)?

Das interdisziplinäre Vorgehen stellt meiner Ansicht nach eine wunderbare Chance für die Schule dar, die ja alle relevanten Fächer unterrichtet. Sie kann dann ein und dasselbe Phänomen – etwa einen Sonnenuntergang, die Elektrizität mit ihren Blitzen oder den Wechsel der Jahreszeiten – aus verschiedenen Perspektiven betrachten und die Unerschöpflichkeit des natürlichen Geschehens erkennbar und erlebbar machen.

Der Wechsel der Jahreszeiten gehört zu den eindrücklichsten Erfahrungen, die Menschen von Beginn ihres Lebens an machen, und er hat auch im 21. Jahrhundert immer noch etwas Zauberhaftes an sich. Dabei stellen sich viele Fragen, die zur Belebung des naturwissenschaftlichen Unterrichtens beitragen können und auch Interdisziplinäres beinhalten. Die unvermeidliche Frage lautet natürlich, wie die Jahreszeiten entstehen. Zu Beginn der Erörterungen empfiehlt sich ein Hinweis auf die paradoxe Tatsache, dass die Erde im Winter – gemeint sind Erfahrungen von Menschen auf der Nordhalbkugel – der Sonne nicht am fernsten, sondern im Gegenteil am nächsten ist. Die Antwort auf die Frage nach Entstehung der Jahreszeiten hängt mit der bemerkenswerten Tatsache zusammen, dass die Erdachse (ihre Nordsüdachse) nicht senkrecht zu der Umlaufbahn um die Sonne, sondern ihr gegenüber etwas geneigt steht. Das hat im Laufe einer Umrundung der Sonne eine unterschiedliche Intensität der Einstrahlung – genauer gesagt: ein wechselndes Verhältnis von eingestrahlter zu reflektierter Energie – und damit unterschiedliche Temperaturen auf unserem Heimatplaneten zur Folge. Die Richtung der Erdachse ändert sich wegen der Drehimpulserhaltung dabei nicht, sonst gäbe es in einer Hemisphäre ewigen Winter und in der anderen ewigen Sommer.

So offensichtlich sich die Jahreszeiten unserer Wahrnehmung anbieten, so deutlich sind auch die Spuren, die sie im Alltag hinterlassen. Der naturwissenschaftlichen Neugier geben sie viel zu tun. Die folgenden Fragen erfassen nur einige wenige der Themen, die an dieser Stelle zum Greifen nah sind und meiner Ansicht nach in die Schule gehören.

Beim Frühling fallen einem die Begriffe »Frühjahrsmüdigkeit« und »Frühlingserwachen« ein. Beim Sommer kann man an die vielen Gewitter denken, die an warmen Abenden überraschen können und vor deren Aufziehen die Sonne plötzlich so hell wirkt. Was geht da vor? Und was ist eigentlich ein Sonnenbrand? Können Tiere auch so etwas bekommen? Und wie entstehen Sommersprossen? Beim Herbst denkt man unwillkürlich an die Herbststürme, mit denen die Drachen steigen. Wenn es im Gedicht heißt »und auf den Fluren lass' die Winde los«, was läuft da physikalisch ab? Und wie kommt der goldene Herbst mit seinen bunten Blättern zustande? Im Winter erfreut der Schneefall, der die Welt so ruhig wirken lässt. Wirklich? Zur gleichen Zeit hat man Angst vor glatten Straßen. Wieso kann man auf Eis rutschen und zum Beispiel nicht auf Glas? Und was ist Blitzeis? Warum und bis wann werden die Tage kürzer? Und warum feiert unser Kulturkreis das Weihnachtsfest nicht am kürzesten Tag mit der längsten (heiligen) Nacht, sondern etwas später?

Zum Beispiel die Blitze

Blitze haben schon früh die Aufmerksamkeit der Menschen gefunden, schließlich sind sie beim besten Willen nicht zu übersehen und wirken direkt auf das Gemüt ein, wie man in meinen Kindertagen sagte. Das Blitzeschleudern und lautstarke Poltern hat man früher gerne Geistern oder Göttern überlassen – »Ehmals warf ein Gespenst, Jupiter, die Donner, keilte und polterte über den Wolken«, wie in den *Sudelbüchern* zu lesen ist (C 176) –, doch inzwischen wissen Physiker vom Blitzen, »daß es dieselbe Kraft ist, die in einem Stückchen geriebenen Bernstein Staub anzieht«.

Es ist höchst irrational, wenn der rational argumentierende Physiker Lichtenberg annimmt, dass das Spektakel, das mit Blitz und Donner einhergeht, den Betrachter weniger nervös macht, wenn er etwas von elektrostatischen Kräften weiß, die durch Reibung von geeigneten Materialien erzeugt werden. Auch wer das in allen physikalischen Details durchschaut, bekommt Angst bei Blitzen, vor allem dann, wenn ihm nicht unmittelbar alle Antworten auf die Fragen parat sind, die ihm bei einem heftigen Gewitter einfallen: Ist das Telefonieren gefährlich, wenn es blitzt? (Heute nicht mehr.) Ist man sicher vor einem Einschlag, wenn man in einem Auto sitzt? (Ja, die Karosserie stellt einen sogenannten Faradayschen Käfig dar, der dafür sorgt, dass aller Strom über das Außen abfließt.) Und was ist in einem Cabrio mit Stoffdach? (Dazu reichen die Metallstangen aus.) Wie sicher können sich Camper in ihren Zelten fühlen? (Sehr unsicher, je nach Standort.) Und soll man unterwegs Schutz unter Bäumen suchen? (Nicht wenn sie auf einer Anhöhe stehen.) Und stimmt, was der Volksmund sagt: »Vor Eichen sollst du weichen, Buchen sollst du suchen«? (Gute Frage!)

Die traditionelle Antwort auf die letzte Frage lautet gewöhnlich »ja«, da Eichen meist auf höher gelegenem Terrain stehen und der Blitz den kürzesten Weg in die Erde sucht – wobei die zuletzt gegebene Auskunft ein wunderbares Weiterfragen ermöglicht, nämlich nach dem Grund für diese Ökonomie in der Natur, die ihre Bewegungen so lenkt, dass sie mit der kleinstmöglichen Wirkung stattfinden.

Warum Blitze nicht in Buchen einschlagen, kann aber auch ein Märchen aus der Oberpfalz erklären. Es geht so: »Als die heilige Familie auf der Flucht gewesen ist, haben sie unter einer Buche gerastet. Da hat die Mutter Maria dem Jesuskind das Ärschl abwischen müssen. Ein Papier und ein Tüchel haben sie nicht gehabt. Da hat sie

Laub von der Buche genommen. Seit der Zeit schlägt der Blitz nicht in die Buchen.«

Auf jeden Fall ist das Thema Blitz etwas für den Unterricht, nicht nur, weil hier viel wirkende und wirkliche Physik zu lernen ist, sondern weil das explodierende und krachende Licht eine Urerfahrung der Menschen ist, die sich in Mythen – mit einem Blitze schleudernden Zeus –, Märchen und Romanen niedergeschlagen hat. Zum Beispiel auch in Goethes *Die Leiden des jungen Werther*:

> Der Tanz war noch nicht zu Ende, als die Blitze, die wir schon lange am Horizonte leuchten gesehn und die ich immer für Wetterkühlen ausgegeben hatte, viel stärker zu werden anfingen und der Donner die Musik überstimmte. Drei Frauenzimmer liefen aus der Reihe, denen ihre Herren folgten; die Unordnung wurde allgemein, und die Musik hörte auf. [...] Diesen Ursachen muß ich die wunderbaren Grimassen zuschreiben, in die ich mehrere Frauenzimmer ausbrechen sah. Die klügste setzte sich in eine Ecke, mit dem Rücken gegen das Fenster, und hielt sich die Ohren zu. Eine andere kniete vor ihr nieder und verbarg den Kopf in der ersten Schoß. Eine dritte schob sich zwischen beide hinein und umfasste ihre Schwesterchen mit tausend Tränen. Einige wollten nach Hause; andere, die noch weniger wußten, was sie taten, hatten nicht so viel Besinnungskraft, den Keckheiten unserer jungen Schlucker zu steuern, die sehr beschäftigt zu sein schienen, alle die ängstlichen Gebete, die dem Himmel bestimmt waren, von den Lippen der schönen Bedrängten wegzufangen.

In dieser 1774 geschriebenen Szene geht es weniger um den Unterschied der Geschlechter – nur die Frauen scheinen sich zu fürchten und zu beten –, sondern mehr um die Angst, die von bis in die damalige Zeit unerklärlichen Phänomenen wie Blitz und Donner hervorgerufen wird. Sie kann ohne physikalische Erklärung naturgemäß nur durch Gebete gemildert werden. Erst wenn bekannt ist, wie man sich vor den Gefahren eines Gewitters schützt, nämlich durch einen

Blitzableiter, also eine schlichte Metallstange, kann man sich (zumindest bis zu einem gewissen Grad) aufgrund rationaler Überlegungen beruhigen.

Farbenlehren

Eine wunderbare Möglichkeit, sich Wissen fachübergreifend anzueignen, bietet das Phänomen der Farben an, von denen Paul Cézanne gesagt hat, sie seien »der Ort, wo unser Gehirn und das Universum sich begegnen«. Abgesehen vom Physikunterricht gehören sie genauso zum Fach Kunst und darüber hinaus mindestens auch noch zur Chemie, zur Biologie und zum Deutschunterricht. Beispielsweise ist im Fach Deutsch in Gedichten oft vom Frühling die Rede, der, so Eduard Mörike, sein »blaues Band« wieder durch die Lüfte flattern lässt. Sein blaues Band? Wieso kein grünes? Und war da nicht die »blaue Blume der Romantik«? Es geht gerade so weiter: »Laue Luft kommt blau geflossen«? Ein »blauer Abend in Berlin«? Es gibt »Träumerei in Hellblau«? Und dann kommt die »Blaue Stunde«?

So viel Blau! Was macht die poetische Lust an dieser Farbe aus? Ein *Wörterbuch der Farben unserer Zeit* führt etwa zwanzig Bedeutungen für das Blau an, indem es von der Farbe des Unendlichen, der Ferne, der Kälte, des Traums, des Wassers und der Nacht spricht, um wenigstens ein paar davon zu zitieren. In seiner *Farbenlehre* nennt Goethe das Blau »ein reizendes Nichts«, was dazu verlocken kann, diesem Ausdruck und seiner Wirkung nachzusinnen.

Natürlich kann man statt Blau auch Rot oder Grün oder Gelb nehmen, wenn die Auswahl auf einsilbige Farbwörter beschränkt bleibt und unbunte Töne (Schwarz, Weiß und Grau) und die gemischte Erdfarbe Braun ausgeklammert werden. Was die Geschichte von Blau angeht, so beginnt sie – als konkret in die Hand zu nehmendes Farbpigment – damit, dass es nicht vorhanden ist oder sich zumindest extrem rar macht. Die ersten Malereien nehmen Menschen – nach allem, was man weiß und sieht – mit rötlich-bräunlichen oder schwarzen Erdfarben vor. Das Blau musste eher aufwendig aus schwer abbaubaren Lagerstätten gewonnen werden. Das führte zu dauernden Klagen über einen Mangel an der Farbe, die zudem mühsam nach Europa transportiert werden musste, und zeigte zugleich, dass Menschen ohne Blau nicht auskommen wollten. Sie zahlten einst jeden Preis für diese Farbe, etwa wenn sie mit dem geheimnisvoll klingenden Namen Ultramarin – »von jenseits des Meeres« – geliefert wurde. Diesen besonderen Reiz verlor sie erst, als es zu Beginn des 18. Jahrhunderts wissenschaftlich tätigen Menschen in Berlin gelang, mit dem Preußisch Blau ein erstes Pigment synthetisch herzustellen, das die Natur in dieser Form und Farbe nicht liefert.

Das damals neue Blau brachte zur allgemeinen Begeisterung die Qualität mit sich, die sich mit dem hübschen Wort »Lichtechtheit« bezeichnen lässt und ausdrückt, dass sein Farbton konstant bleibt, selbst wenn das Material dauernd dem Sonnenlicht ausgesetzt ist. Das synthetische Pigment eignete sich fortan bestens für Malereien, die jetzt vermehrt das (zugleich billige, haltbare, leicht herstellbare und schöne) Preußisch Blau einsetzten. Auf diese Weise lieferte es seinen Beitrag zur Kunst- und Kulturgeschichte.

Farben faszinieren. Sobald man dem sinnlichen Vergnügen Raum gibt und sein Augenmerk auf die Buntheit der Welt richtet, drängen sich viele Dinge auf, die man erfahren möchte. Das reicht von chemischen Fragen (Wie stellt man das Blau her? Und wie sieht seine Struktur aus?) über physikalische Rätsel (Wie kommt die Lichtechtheit zustande?) bis zu kunsthistorischen und ökonomischen Themen, die mit der Verwendung und Einfuhr von ultramarinen Farben zu tun haben. Und dabei sind die psychologischen Reaktionen und die Wirkung von Blau auf menschliche Gefühle noch ebenso wenig angesprochen worden wie die Geschlechterfrage, die wissen will, warum kleine Jungen bevorzugt Blau angezogen bekommen und Rosa überhaupt nicht zu ihnen passt.

Eine andere Farbe, von der schon die Rede war, ist Rot. Rot ist nicht nur der erste Name, der den meisten Menschen einfällt, wenn sie nach einer Farbe gefragt werden. Rot ist auch das erste Wort, das in den Sprachen auftaucht, die mehr als die An- oder Abwesenheit von Licht bezeichnen und neben Weiß und Schwarz auch das Bunte in der Welt benennen können. Rot ist zudem die erste Farbe, die unsere Achtsamkeit hervorruft und auf die wir reagieren. Und Rot ist auch die Farbe, die uns bei Liebe und Leidenschaft sofort einfällt. Es ist die Farbe der Wärme und der Wunden. Und bei diesem Schwärmen stört uns die Genauigkeit der Wissenschaft eher, etwa ihr Hinweis, dass die ersten Augen, die Farben sehen konnten, zunächst zwischen Gelb und Blau und erst danach zwischen Rot und Grün unterschieden haben.

Wer einen Forscher nach der Farbe der Kirschen und des Blutes fragt, wird zunächst hören, dass sich die mit den drei Buchstaben »rot« bezeichnete Empfindung auf Licht mit Wellenlängen zurückführen lässt, die zwischen 590 und 700 Nanometer lang sind. Und er wird weiter erfahren, dass rotes Licht deswegen langwellig heißt und folglich – so sagen es die Gesetze der Physik – weniger Energie als das kurzwellige blaue Licht hat. Das Blau, das uns so kalt erscheint, ist tatsächlich so heiß, wie wir das Rot einschätzen, das auf uns so warm wirkt.

Doch so wenig wir dem Sonnenuntergang das Romantische absprechen, nur weil Kopernikus behauptet hat, dass sich die Erde dreht, so wenig verweigern wir dem Rot die Wärme, die wir doch spüren – etwa wenn wir aus Verlegenheit erröten oder wenn auf unserer Haut eine Wunde heilt. Große Dichter und Denker haben sich durch das Abendrot oder die Morgenröte dazu verleiten lassen, im Rot die Urfarbe zu sehen, die erst aus Licht und Dunkelheit hervorgeht und danach die Buntheit entfaltet, die unseren Augen zugänglich ist. In seiner Gedichtsammlung *West-östlicher Divan* (erstmals erschienen 1819) drückt Goethe dieses tägliche »Wiederfinden« der Farben in dem »Buch Suleika« so aus: »Stumm war alles, still und öde,/ Einsam Gott zum erstenmal!/ Da erschuf er Morgenröte./ Die erbarmte sich der Qual;/ Sie entwickelte dem Trüben/ Ein erklingend Farbenspiel,/ Und nun konnte wieder lieben,/ Was erst auseinanderfiel.«

Das Rot signalisiert das Werden und das Leben und die Wärme, die wir empfinden, wenn wir lieben. Es ist daher gut zu verstehen, dass im Mittelalter die Idee aufkam, im Rot die Farbe des Lichts zu sehen. Solch einen Ausdruck können wir heute nicht mehr verwenden, weil wir längst wissen, dass Licht sich gewöhnlich aus Strahlen mit unterschiedlichen Wellenlängen zusammensetzt. Und wenn alle sichtbaren Komponenten zu gleichen Anteilen vorhanden sind, wird das Ergebnis als »weiß« oder »farblos« bewertet. Doch diesen Zusammenhang kennt man erst seit den Tagen, in denen Newton das Licht der Sonne durch ein Prisma zerlegte und das Spektrum der Farben erblickte, dessen einer Rand rot war.

In den Jahrhunderten vor Newton konnte man sich das Rot noch als Farbe des Lichts vorstellen. Dieser Gedanke stammte von Aristoteles, der in der Antike einen ersten Versuch unternommen hatte, die vielfältigen Farbtöne der Welt in eine Ordnung zu bringen. Er konstruierte eine Farbreihe, in der das Rot die Mitte zwischen Weiß und Schwarz einnahm, weil es aus der Nacht auftauchte und zum Dunkel hinführte. Was bei Aristoteles nur die abschattierte Seite des Lichtes war, trat im Mittelalter als Hinweis auf die göttliche Tagwerdung auf. In den Mosaiken von San Marco in Venedig haben die Maler dem Licht der Schöpfung, das von einem blau gehaltenen Dunkel geschieden wird, eine rote Färbung gegeben. Und nicht nur hier, denn »in zahlreichen frühchristlichen Apsismosaiken vollzieht sich die Theophanie Gottes inmitten der rosigen Wolken der Morgendämmerung«, wie der britische Kunsthistoriker John Gage in seiner *Kulturgeschichte der Farbe* zu berichten weiß.

Die Identifizierung des Roten mit dem göttlichen Licht hat den Alchemisten später seine Gleichsetzung mit dem Gold erleichtert. Sie haben diesen Schritt vollzogen, nachdem ihnen die Herstellung des ersten künstlichen Pigments in Form von Zinnober gelungen war. Das rote und diamantglänzende Mineral besteht aus Schwefel und Quecksilber und konnte aus diesen Komponenten hergestellt werden. Damit wurde das Rot nicht nur zum Ziel des alchemistischen Prozesses, sondern auch zum Symbol der Vervollkommnung. Der berühmte rote Umhang, den Matthias Grünewald in der *Auferstehung Jesu Christi* dem Sohn Gottes gibt, zeichnet Christus als »Roten König« und damit als Personifikation des Steins der Weisen aus. Rot galt als das »endgültige Ziel«, als die Meisterschaft des Alchemisten, dessen Werk von Schwarz über Weiß bis hin zu Rot fortschreitet. Und diese Bewertung hatte bis in die Zeit der Renaissance Bestand, als man mit einem aus Läusen gewonnenen Farbstoff namens Kermes die sogenannten Scharlachstoffe in Karmesinrot färben konnte. 1464 wurde dieses Rot in Florenz in einem eigenen Gesetz als »die erste, die höchste und die wichtigste uns zu Gebote stehende Farbe« eingestuft.

Zinnober nennt man eine rote Farbe, die schon in vor- und frühgeschichtlicher Zeit in Bergwerken abgebaut und als Pigment verwendet werden konnte. In der Antike diente das Zinnoberrot nicht nur zum Bemalen von Götterstatuen, sondern auch zur Herstellung von Schminke und Tinten. Älter noch als die Verwendung von Zinnober ist das Malen mit Ockerfarben, die wir heute vor allem von den Höhlenmalereien kennen. Für die Kulturgeschichte spannend ist dabei die Tatsache, dass die Entstehung des roten Ockers mit Leben und Feuer zu tun hat, also mit zwei Erscheinungen, die wir beide mit Rot in Verbindung bringen. Die Rotfärbung kommt nämlich durch Eisenoxide zustande, die sich erst bilden konnten, nachdem sich auf der Erde genügend Organismen verbreitet hatten, die Sauerstoff produzierten und in die Atmosphäre abgaben. Hier verband sich das Gas mit Eisen, und nun brauchte es nur noch das vulkanische Feuer, um das gelblichbraune Eisenhydroxid zu dem roten Eisenoxid zu verbrennen, das als Kristall Blutstein heißt und zu Ocker verarbeitet wird.

Die rote Farbe entsteht dabei erst, wenn das vorgefundene Rohmaterial pulverisiert und mit Fetten und Säften aus Pflanzen gemischt wird. Handwerk also von Anfang an, das von einem Willen zur Kunst angetrieben wurde. Dass die Höhlenzeichnungen nur als Kunstwerk zu verstehen sind, zeigt sich dadurch, dass die dargestellten Tiere nicht mit den braunen Fellen gemalt worden sind, die sie von Natur aus hatten, sondern mit den eigens dafür hergestellten roten Farben. Das Kunstwerk war ein anderes, das man schaffen und der Natur gegenüberstellen wollte. Und helfen sollte dabei das Rot, die Farbe des Lichts und des Lebens.

Übrigens – ein Gegenstand, der rot aussieht, wirkt so, weil von ihm vorwiegend Licht ausgeht, das sich durch eine mit der entsprechenden Empfindung in Verbindung stehenden Wellenlänge charakterisieren lässt. Was im Sonnenlicht rot aussieht, ist also selbst nicht rot, denn dieses Licht wird ja ausgesendet. Es trifft auf ein Auge und wird von ihm eingefangen. Auf der Rückseite dieses Auges befindet sich eine hauchdünne Schicht, in der unsere lichtempfindlichen Zellen sitzen. Die Wissenschaftler sprechen von der Netzhaut (Retina), und sie unterscheiden die Stäbchen, die das Hell-Dunkel-Sehen ermöglichen, von den Zapfen, die uns zu den Farben verhelfen.

Jahrhunderte hindurch galt als gesichertes Wissen, dass jeder Mensch drei Sorten von Zapfen hat, die in der Netzhaut verteilt sind und es durch ihr Zusammenwirken erlauben, die nahezu unendlich vielen Farbnuancen der Welt wahrzunehmen: eine Zapfensorte für kurzwelliges Licht (Blau), eine für mittelwelliges Licht (Grün) und eine für langwelliges Licht – also Rot. Doch mit ihren Analysemöglichkeiten hat die moderne Genetik zeigen können, dass das Leben der Farbe des Lichts eine besondere Rolle erlaubt. Tatsächlich gibt es Personen, die vier Zapfensorten in ihren Augen tragen, und zwei von ihnen sind auf leicht unterschiedliche Weise rotempfindlich. Die Freiheiten, die wir trotz aller Gene und Gesetze bei der Wahrnehmung der Welt haben, sind bei Rot tatsächlich am größten. Kein Wunder also, dass Rot der erste Name ist, der uns einfällt, wenn wir nach einer Farbe gefragt werden.

Der Einfluss von Kopernikus auf das moderne Weltbild

So schön das Licht von Sonnenuntergängen und Sonnenaufgängen sein kann: Das Auf- und Untergehen der Sonne ist nur eine Information unserer Sinne. In der wissenschaftlich erfassten Wirklichkeit geht die Sonne keineswegs unter. Im Gegenteil! Sie ruht, und was als Sonnenuntergang beobachtet und genossen wird, kommt durch eine bestimmte Drehung der Erde zustande, nämlich durch die Drehung der Erde um die eigene Achse. Die Fachwelt nennt das die »zweite

Drehung« unseres Heimatplaneten, und die Erkenntnis geht ebenfalls auf Kopernikus zurück, der sie der »ersten Drehung« hinzufügte, die als Umlaufbahn der Erde um die Sonne bekannt ist.

Beide von Kopernikus vollzogene Wendungen haben Folgen mit sich gebracht, die nicht nur die Himmelskunde betreffen, sondern das Denken der Menschen insgesamt. Was mit oder durch Kopernikus passiert ist, kann daher nur interdisziplinär verhandelt werden, wobei neben der Physik mindestens drei weitere Wissenschaften zur Mitarbeit aufgerufen sind: die Philosophie, die Philologie und die Psychologie. Und nirgendwo lassen sie sich besser zusammenführen als in der Schule.

Sigmund Freud, der Begründer der Tiefenpsychologie und moderne Entdecker des Unbewussten, siedelte seine Lehre auf ungeheurer Höhe an, indem er sich locker und lässig in eine Reihe mit dem legendären Nikolaus Kopernikus und dem überlebensgroßen Charles Darwin stellte und behauptete, ihm sei dasselbe gelungen wie den beiden Stars der Wissenschaft, nämlich den Menschen zu kränken. In seiner Sicht der Dinge haben sowohl das heliozentrische Weltbild als auch die Evolutionstheorie dem menschlichen Narzissmus eine schwere Wunde zugefügt. Kopernikus, so Freud, habe den Menschen gezeigt, dass sie nicht im Zentrum der Welt stehen, und Darwin habe ihnen verboten, sich als Gipfel des Tierreichs, als »Krone der Schöpfung« anzusehen. Er selbst habe mittels der Psychoanalyse deutlich zeigen können, dass die Menschen nicht einmal »Herr im eigenen Haus« sind. Demnach entspringt ihr bewusst planendes Denken unbewussten, verborgenen Quellen, und was aus diesem Dunkel strömt, entscheidet, wie wir unser Verhalten wählen und Handlungen festlegen. Wenn man Freud hierin folgt, ist die Vernunft für die Menschen das, was das Große Latinum für die Studenten ist: Zwar verfügen alle darüber, aber niemand merkt etwas davon.

Zunächst zur Darwin'schen »Kränkung«: Vor Darwins Idee der Evolution stand bei den Lebewesen der Mensch als »Krone der Schöpfung« an der Spitze der Ordnung. Von dieser Position hat Darwin ihn aber keineswegs vertrieben, wie Freud meint. Im Gegenteil: Darwin lässt den Menschen dort, wo er war, nämlich an der

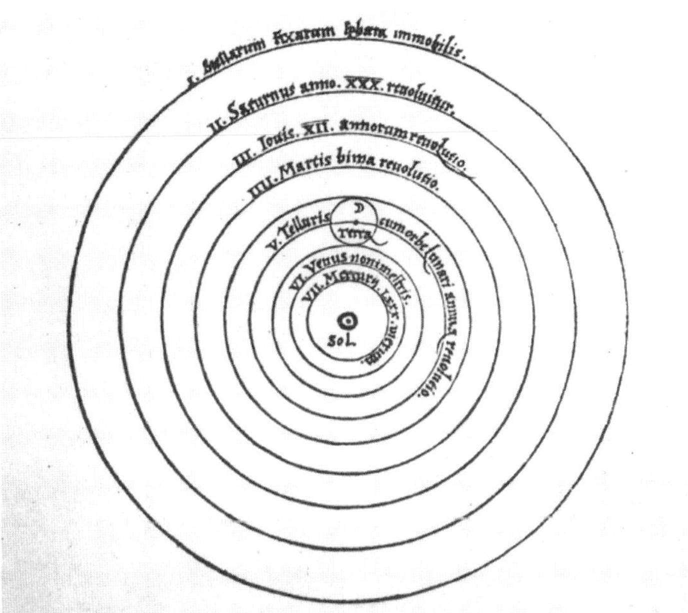

Die moderne Wissenschaft beginnt 1543 mit der Publikation des Werkes von Kopernikus, in dem das heliozentrische Weltbild entworfen wird, das bis heute gilt. Kopernikus stellt seine Sicht des Kosmos sogar in Form einer Zeichnung vor, und merkwürdigerweise fällt kaum einem Betrachter auf, dass die Illustration nicht etwas zeigt, was ein Mensch mit seinen ersten Augen sehen kann. Kopernikus stellt dar, was er im Dunkeln – mit dem zweiten Augenpaar – gesehen hat, wie es die Maler der Romantik empfohlen haben. Mit anderen Worten: Der Himmel wird romantisiert, bevor ihn die Aufklärung erfasst und mit ihren Kräften deutet.

Spitze der Entwicklung, nur dass er diese Position nicht mehr einem Gott verdankt. Erstens lässt sich mit Darwin verstehen, wie unsere Spezies diese Position erreichen konnte, und zweitens ist jetzt zu sehen, was an uns Menschen das Besondere ist. Wir zeichnen uns nämlich dadurch aus, dass wir der Biologie entwachsen sind und die von ihr gesetzten Grenzen erkennend überwinden. Wir versorgen zum Beispiel die Alten, Kranken und Schwachen, statt sie der natürlichen Selektion zu überlassen. Darwins Forschungen und Theorien haben gezeigt, dass wir als Menschen eine neue (nämlich kulturelle)

Entwicklung beginnen konnten und uns von der Natur emanzipiert haben.

Nach diesem kurzen Abstecher in die Biologie zurück zu Kopernikus und dem heliozentrischen Weltbild. Wie Wissenschaftshistoriker schon seit den 1970er Jahren publiziert haben, stellte die zentrale Position, die die Erde vor Kopernikus einnahm, gerade keine Auszeichnung dar, sondern eine »Demütigung des Menschen« (Rémi Brague). Was Freud schreibt, ist somit das Gegenteil der Wahrheit. In der vorkopernikanischen Weltanschauung, so der Philosoph Brague, ist die zentrale Stelle der Erde gerade kein Ehrenplatz. Sie ist eher der Abtritt der Welt, wie es Kant noch gewusst hat. Im Bereich der Astronomie stellt das Zentrum zudem den allerbescheidensten Platz dar, wie sogar Galileo Galilei einräumt, der in seinen Dialogen den klugen Salviati sagen lässt: »Was die Erde betrifft, so versuchen wir, sie zu veredeln, indem wir sie zurück in den Himmel setzen.«

Mit anderen Worten: Als Kopernikus die Erde aus der Mitte nahm, brachte er sie – und damit uns – näher zu den Göttern. Und so wurde sein Tun auch von den Zeitgenossen verstanden.

Nicht ganz nebensächlich ist übrigens folgender Hinweis: Zwar nehmen viele prominente Leute gerne an prominenter Stelle das Wort von einer »kopernikanischen Wende« in den Mund, aber nicht alle scheinen zu wissen, was sie da sagen. Kurt Biedenkopf zum Beispiel hat einmal für sein Buch über *Die Ausbeutung der Enkel* mit dem Hinweis geworben: »Wir brauchen eine kopernikanische Wende.« Er meint damit eine Neuorientierung, die nicht uns selbst (uns Alte), sondern unsere Kindeskinder ins Zentrum der Betrachtungen stellt. Nun wird niemand bestreiten, dass wir in Zukunft anders wirtschaften müssen als in der Vergangenheit, wenn unsere Enkel eine Welt bewohnen sollen, die ähnlich lebenswert wie die heutige ist. Aber dieser Gedanke enthält keine kopernikanische Kehre. Die »kopernikanische Wende« hat nämlich seit den Tagen von Immanuel Kant eine feste Bedeutung, und sie hat nichts mit der Drehung der Erde um die Sonne zu tun, sondern mit der Drehung der Erde um die eigene Achse. Nicht die Sterne am Himmel bewegen sich, sondern wir auf der Erde bewegen uns – und damit die

Sterne. Eine kopernikanische Wende vollzieht gerade nicht, wer zur Seite tritt, sondern wer sich ins Zentrum begibt und von dort aus die Dinge sieht und mit dieser Perspektive argumentiert.

Genau diesen Schritt unternimmt Kant mit seiner metaphysischen Kehre, mit der er feststellt, dass wir die Gesetze der Natur nicht in ihr finden, sondern in sie hineinlegen. In der *Kritik der reinen Vernunft* heißt es dazu (B XVI f.): »Es ist hiermit ebenso als mit dem [...] Gedanken des Kopernikus bewandt, der, nachdem es mit der Erklärung der Himmelsbewegungen nicht gut fort wollte, wenn er annahm, das ganze Sternenheer drehe sich um den Zuschauer, versuchte, ob es nicht besser gelingen möchte, wenn er den Zuschauer sich drehen und dagegen die Sterne in Ruhe ließ. In der Metaphysik kann man nun, was die *Anschauung* der Gegenstände betrifft, es auf ähnliche Weise versuchen.«

Wohlgemerkt nutzt Kant die zweite von Kopernikus eingeführte Drehung der Erde, um etwas zu tun, was dem heliozentrischen Gedanken entgegenläuft: Er stellt den Menschen nämlich wieder in die Mitte, diesmal nicht in astronomischer, sondern in philosophischer Hinsicht. Die Vernunft bekommt die zentrale Rolle, die Kopernikus der Erde gerade genommen hat.

Eine Erkenntnistheorie (Metaphysik), die tatsächlich eine kopernikanische Wende vollzieht, müsste den Menschen vom Gesetzgeber der Natur zu einem Beobachter am Rande des Geschehens machen. Den Versuch dazu unternehmen alle Philosophen und Biologen, die sich um eine evolutionär angelegte Theorie des Erkennens bemühen, indem sie das Vermögen, Wissen und Einsichten zu erwerben, als Passung an die uns hervorbringende und erhaltende Welt deuten. So wie Flossen ins Wasser und die Augen zum Licht passen, das sie empfangen können, so passt unser Erkenntnisvermögen auf die Welt, weil sich alle genannten Qualitäten und Formen im Laufe der Evolution als Anpassung an die reale Welt und ihre Strukturen herausgebildet haben. Ohne eine – wenigstens teilweise – Übereinstimmung zwischen den Strukturen des Denkens und der Realität wären die Überlebenschancen der Menschheit zu gering gewesen.

Die dem Menschen durch Kopernikus zugewiesene Randposition heißt zugleich, dass unsere Art nicht länger »im Schlamm und Kot der Welt, [...] im niedrigsten Stock des Hauses, am weitesten von Himmelgewölbe entfernt« untergebracht ist, wie es der französische Essayist Michel Montaigne (1533 – 1592), ein Zeitgenosse von Kopernikus, ausgedrückt hat. Die heliozentrische Wende hat uns Menschen in engere Tuchfühlung mit den Göttern gebracht, die sich vielleicht nun sogar bemüßigt fühlten, auf uns Winzlinge aufmerksam zu werden. Mit dieser Anmerkung soll zuletzt die Philologie ins Spiel gebracht werden, mit deren Hilfe sich ein weiterer großer Irrtum um Kopernikus klären lässt. Es wird immer wieder erzählt und steht geschrieben, die Kirche habe sein Werk verboten und es untersagt, sein 1543 erschienenes Buch über die himmlischen Umwälzungen – *De Revolutionibus Orbium Coelestium* – in den Seminaren der Hochschulen zu lesen. Kopernikus, so erfährt man scheinbar überzeugend, stand auf dem Index, und wir alle glauben dies.

Nun ist nicht zu bestreiten, dass das erwähnte Verbot tatsächlich 1616 ausgesprochen worden ist, nur hat dieser Schritt überhaupt nichts damit zu tun, dass die Lehre des Kopernikus eine Gefahr für irgendein Dogma dargestellt hätte. Die päpstlichen Hüter der Lehre – offenbar vorzüglich ausgebildete Philologen mit Liebe zu reinen Texten – waren berechtigterweise über etwas ganz anderes besorgt, nämlich die unvorstellbar große Zahl der Fehler, die sich in dem Buch fanden – lateinisch *innumerabiles errores*, wie sie es sachlich und sauber ausdrückten. Es ging also um Fehler, nicht um Irrtümer. Das Verbot war eine Sache der Philologie, nicht der Inquisition. Und die Fehlermenge des legendären und umwälzenden Buches lässt sich leicht erklären: Kopernikus erhielt das erste Exemplar nämlich erst in dem Moment, als er auf dem Totenbett lag, und da konnte und wollte er auch beim besten Willen keine Korrekturfahnen mehr lesen. Als 1620 endlich eine verbesserte Ausgabe von *De Revolutionibus* fertig war, durfte sie (fast ist man geneigt, hier »selbstverständlich« einzufügen) wieder im kirchlichen Lehrbetrieb benutzt werden. Das Buch enthielt jetzt weniger Fehler – und immer noch keine Irrtümer. Wenn überhaupt, dann sind sie bei den Lesern zu finden.

Nicht für die Schule, sondern für das Leben

So spannend die kopernikanischen Überlegungen auch sind und sosehr sie auf das Einfluss haben, was man das Weltbild – den Blick auf unseren Ort im Kosmos – nennen kann: Mit dem alltäglichen Leben auf der Erde haben die himmlischen Einsichten nicht viel zu schaffen. Diesem Alltag soll jetzt mehr Aufmerksamkeit geschenkt werden. Denn wenn allgemein die Frage gestellt wird, welche Naturwissenschaft in der Schule zu unterrichten ist, mit welchen Kenntnissen Schülerinnen und Schüler ihre jeweilige Bildungsanstalt verlassen sollen, dann kann eine mögliche Antwort darauf lauten: »Die Naturwissenschaft, die zum Leben gehört und es mit ihren Erklärungen bereichert.« Schließlich heißt es seit der Antike: *Non scholae sed vitae discimus*, »Nicht für die Schule, sondern für das Leben lernen wir.« Mittlerweile hat sich herumgesprochen, dass schon das lateinische Original auf die Missstände hinweisen sollte, die wir bis heute kennen und den Schulen vorwerfen, nämlich am Bedarf des täglichen Lebens vorbeizugehen.

Es ist im Alltag nicht zu übersehen, dass viele Informationen, die den Zeitungen, Magazinen, Büchern, Radio- und Fernsehsendungen tagtäglich rund um die Uhr zu entnehmen sind, jede Menge wissenschaftliche oder wissenschaftlich verankerte Begriffe enthalten. Und ich bin der Ansicht, dass die Schule die ihr Schutzbefohlenen in die Lage versetzen sollte, sich darin mühelos zurechtzufinden. Beispielsweise sollten sie problemlos verstehen können, was ein Diplom-Meteorologe seinem Publikum mitteilt, wenn er den Wetterbericht vorführt. Konkret gemeint sind damit Begriffe wie Kaltfront, Tiefdruckrinne und Inversionslage, die häufig fallen, wenn das Wetter von morgen vorhergesagt wird.

Leider habe ich noch nie jemanden außerhalb der Zunft der Meteorologen – welche Bedeutung steckt eigentlich in diesem Wort? – gefunden, der mir die erbetene Auskunft geben und mir erklären konnte, wie sich die Wolken bewegen. Ich halte das für einen Bildungsmangel und schlage vor, in der Schule mindestens eine Stunde Unterricht unter dem Motto »Naturwissenschaftliches im Alltag und in den Medien« durchzuführen, um solche Themen gesprächsfähig und bedenkenswert zu machen. Vielleicht fühlen sich viele Schüler zudem besser, wenn sie verstehen, was dauernd an sie herangetragen wird oder ihnen vor die fernsehenden Augen kommt.

Wer seine Ohren und Augen nicht verschließt, kommt nicht umhin, die Fülle des wissenschaftlichen Wissens zu spüren, die ihn umgibt – wobei sich aus dieser Wahrnehmung sogar etwas lernen lässt, das unser ganzes Leben erfasst. Wenn man nämlich in den Medien auf Fachausdrücke der Forschung achtet – embryonale Stammzellen, Treibhauseffekt, erneuerbare Energien, Gentests bei Präimplantationsdiagnostik (PID) und andere – und deren Häufigkeit zählt, lässt sich leicht feststellen, was die Philosophen der Technik schon länger verkünden: Die Technik selbst ist ein Medium geworden, in dem die Menschen im 21. Jahrhundert leben. Unsereiner ist längst nicht mehr von der (ersten) Natur umgeben – sie tritt höchstens als Rest in Form von Blumensträußen oder anderen Gebinden auf –, wir leben in der zweiten Natur, die wir zum einen selbst geschaffen haben und zum anderen nicht mehr abschalten können. Natürlich kann jeder Einzelne seinen Computer ausschalten oder sein Auto stehen lassen. Aber die Computertechnik und die Verkehrstechnik und alle ihre zahlreichen Schwestern laufen die ganze Zeit weiter und liefern das Medium unseres Existierens.

Und so, wie es sich früher lohnte, über die erste Natur informiert zu sein, gehört es heute zur lohnenswerten Bildung, sich über die zweite Natur klar zu sein und unterhalten zu können. Dazu muss man aber wenigstens in groben Zügen wissen, wie zum Beispiel ein Telefon funktioniert und wie es gelingen konnte, uns alle mit mobilen Apparaten, den geliebten Handys, auszustatten. Wie findet mein Anruf das Handy meiner Kinder, wenn ich deren Nummer eintippe und gar nicht weiß, wo sie gerade sind? Überhaupt: Welches Signal schicke ich auf die Reise – und wohin geht sie? –, wenn ich die Tasten auf meinem Mobiltelefon betätige?

Mit diesen Vorschlägen ist nicht gemeint, dass alle Schüler frühzeitig zu Technikern ausgebildet werden und elektronische Schaltungen und elektromagnetische Wellen im Detail verstehen sollen. Mir scheint es aber ausgeschlossen, dass sie sich überhaupt keine Gedanken über das Funktionieren ihrer Handys machen, und es kommt auch an dieser Stelle darauf an, worauf es bei der Vermittlung von Wissenschaft stets ankommt, nämlich die Menschen dort abzuholen, wo sie stehen. Könnte es nicht sein, dass einige verzweifelt darauf warten?

Immer mehr Fragen

Es gibt eine unendliche Fülle von Fragen, die sich aus alltäglichen Beobachtungen heraus stellen lassen. Jeder weiß, dass im Sommer die Lust an der Grillparty steigt und es meistens die Herren der Schöpfung sind, die dann voller Enthusiasmus das Essen zubereiten. Also – warum grillen bevorzugt Männer? (Wobei an dieser Stelle der Tipp gegeben wird, dass in der Antwort die Begriffe »Feuer« und »Fleisch« eine Rolle spielen.)

Um bei den Männern zu bleiben: In den letzten Jahren konnte man wiederholt in den Zeitungen Meldungen der Art lesen, dass etwa dann, wenn an einem Flughafen oder in einem Einkaufszentrum die Pinkelbecken der Herrentoilette nicht in reinem Weiß erstrahlten, sondern an passender Stelle mit einer Fliege, einem Smiley oder einem anderen Symbol verfeinert worden waren, die Reinigungskosten für die Pissoirs halbiert werden konnten. Die Männer zielten genauer, nachdem sie etwas hatten, auf das sie zielen konnten. Es lohnt sich sicher, dem (biologisch-evolutionären?) Grund für dieses Verhalten nachzugehen.

Bei Frauen ist im Winter zu beobachten, dass sie eher als Männer frieren. Warum? Das Antworten kann viele Aspekte erörtern, etwa die Art und Weise, wie Körper überhaupt auf das Gefühl der Kälte reagieren (die Frierenden beginnen zu zittern und mit den Zähnen zu klappern), oder die Tatsache, dass die Natur die Frauen mit Gewebe versorgt hat, das für Kälte weniger geeignet ist, dafür aber andere Aufgaben besser erfüllen kann.

Im täglichen Erleben spielen Unterschiede zwischen Frau und Mann bekanntlich eine spannende Rolle, die zu vielen Fragen führen kann. Was hat es mit dem frühzeitigen Aufkommen von Glatzen bei Männern, was mit der höheren Stimmlage der Frauen auf sich? Und wer dabei auch zu dem umstrittenen Thema der biologischen Prägung geschlechtsspezifischer Denk- und Verhaltensweisen vorstößt, kann sich und seine Umwelt fragen, warum Mädchen – von Natur aus – das Spiel mit Puppen bevorzugen, während Jungen lieber Laserschwerter schwingen. Wenn sich Jugendliche einem Verletzten zuwenden, kümmern sich die Knaben vor allem um die physischen Wunden, während die Mädchen auch die seelische Lage erkunden und Trost spenden. Wieso? Ich frage zuletzt, ob man begründen kann, was mehr Jungen dazu bringt, technische Berufe zu ergreifen, und was Mädchen so viel interessanter an Romanen finden. Antworten darauf können aus der Kenntnis der Wissenschaft gegeben werden. Sie sind auf alle Fälle spannender als das besserwisserische Herumgerate, das bei diesen Themen oft der Öffentlichkeit angeboten wird. Warum das Publikum sich Unsinn gefallen lässt, nur wenn eine als prominent eingestufte Person ihn in populären Talkshows von sich gibt, wundert mich schon länger. Kann mir jemand Auskunft geben – außer der, dass Unmündigkeit so bequem ist?

Staunen vor dem Wissen

Auch wenn sich die Schule redliche Mühe gibt, es ihnen auszutreiben, bleiben die Kinder noch in der Lage, zu staunen und sich zu wundern, so wie es der Schriftsteller und Literaturkritiker Michael Maar einmal beschrieben hat:

> Wie nehmen wir die Dinge wahr, bevor wir sie durch Begriffe verzurren? Alles, was das Kind erlebt, hat diese begriffslose poetische Kraft. Es staunt über den scheinbaren Ortswechsel von Kirchtürmen, denen es sich auf geschlängelten Wegen nähert, so wie es umgekehrt über den Mond staunen kann,

> der nicht von der Stelle rücken will und ihm hartnäckig über die Schulter schaut. Es staunt über Seerosen und die Apfelblüte, und später staunt es über den älteren Mann, der ihm zugleich einen raschen, vorsichtigen und tiefen Blick zuwirft wie ein Spion, der vor seiner Flucht noch einen letzten Schuss abfeuert.

Alle Menschen müssen dieses kindliche Staunen erlebt haben, als sie im Stadium des Heranwachsens waren.

Wer erkunden will, warum erwachsene Menschen das Staunen verlernt haben und Kirchtürme und Himmelskörper kaum noch beachten, muss beobachten, wie und wodurch sich dieses Wundern verliert und verflüchtigt. Es verzieht sich nicht zuletzt dann, wenn die Kleinen und ihre Sinnlichkeit vor den Fernsehapparaten verkümmern und ihnen kaum jemand Zeit und Aufmerksamkeit schenkt. Während René Descartes sich im 17. Jahrhundert noch darüber beklagte, dass seine Schüler weniger ins Buch der Natur selbst schauten, um in ihm zu lesen, und stattdessen ihre Nase nur in die philosophischen Schriften steckten, müsste man heute vielleicht bedauern, dass viele Menschen zu viel fern- und zu wenig »nahsehen«. Beim Fernsehen sind die Bilder zwangsläufig vorgegeben, und die Ansichten wechseln in einem Tempo, das kaum ein Einhalten und Nachsinnen erlaubt.

Während sich mein Vater noch darüber wunderte, wie sich überhaupt menschliche Stimmen mit elektrischen Apparaten und ihren Leitungen übertragen lassen und wie man durch das Wählen einer Telefonnummer Anschluss bekommt, ärgern wir uns heute, wenn wir drahtlos und mit Knopfdruck eine Verbindung vom fahrenden Zug aus nach Übersee hergestellt haben und in einem Tunnel das Netz schwach wird. Die Präsentation der ersten Batterie, mit der ein Strom fließen konnte, erregte vor zweihundert Jahren noch allgemeines Aufsehen – selbst bei königlichem Hofe und den dazugehörigen Lakaien – und gab sogar Schriftstellern Stoff an die Hand. Die Entdeckung der Röntgenstrahlen und der Radioaktivität vor einhundert Jahren löste beim breiten Publikum noch atemlose Bewunderung aus

Das Hubble Deep Field, das 1995 im Bereich des Großen Bären aufgenommen werden konnte. Dieses Himmelsbild verdankt man dem Hubble-Weltraumteleskop, das dafür eine Belichtungszeit von mehr als 20 Tagen benötigte. Eine fantastische Leistung, dank der deutlich wird, dass nur noch die Farbe Schwarz erscheint, wenn man so tief in das Weltall schaut, wie es den Menschen möglich ist.

und inspirierte bildende Künstler zu neuen Werken. Die Erzeugung des ersten Laserstrahls vor fünfzig Jahren veranlasste die Nachrichtenmacher noch zu Sondermeldungen, und sofort bemächtigten sich Filmregisseure auf spielerische und visionäre Weise des neuen Lichts.

Kurzum: Während unsere Kulturträger und andere Erwachsene früher noch gespannt auf Fortschritte der Wissenschaft reagierten, wechseln sie heute den Kanal, wenn ihnen jemand zum Beispiel zu erläutern versucht, dass es sehr viel mehr unsichtbare als sichtbare Dinge (»Dunkelmaterie«) im Kosmos gibt. Oder wir hören einfach nicht mehr hin, selbst wenn sich Fachleute über die erstaunlichsten Entwicklungen der jüngsten Vergangenheit auslassen und zum Beispiel vorstellen, wie etwa die begehrten Treibstoffe für das Auto synthetisiert werden können. Die auf Unterhaltung wartenden Menschen nehmen die Bilder, die das Weltraumteleskop Hubble zur Erde sendet, zumeist einfach hin und sind nicht im Geringsten über die technische Leistung erstaunt, die erforderlich war, um das berühmte Deep Field fotografieren zu können.

Staunen vor der Glotze

Selbst beim gemeinsamen Fernsehen mit Kindern und Jugendlichen ist Gelegenheit, sich zu wundern, nicht nur über das Programm. Zum Beispiel darüber, das bei Filmen häufig die Synchronisation zwischen Lippenbewegung und dem Gesagten der Akteure nicht richtig klappt. Das kann zu der Frage führen, wie die Synchronisation, die unser Gehirn ja auch im Alltag herstellen muss, normalerweise gelingt. Das Licht ist doch eine Million Mal schneller bei seinem Empfänger als der Schall. Das heißt, dass die akustische und die visuelle Information des Sprechens zwar nicht gleichzeitig ankommen, wohl aber so wahrgenommen werden. Was geht dabei im Kopf vor? Und wie groß darf die Zeitspanne sein, die zwischen dem Eintreffen der beiden unterschiedlichen Signale vergeht, damit sie als ein einziges Ereignis erscheinen? In der Anfangszeit des Fernsehens musste man dies erkunden, und als die Techniker diese Frage untersuchten, fanden sie eine für sie günstige Antwort: Die Natur gewährte ihnen einen Spielraum von 100 Millisekunden – einer Zehntelsekunde also. Wenn das Bild des Sprechenden und das von ihm Gesagte innerhalb dieser Frist eintreffen, synchronisiert unser Gehirn die beiden Informationen. Sonst klaffen die Eindrücke auseinander, wie es oft in schlecht synchronisierten Filmen passiert.

Zahlreiche Zeitungsleser und andere Medienkonsumenten nehmen die Leistungen der Nobelpreisträger für die Wissenschaften hin, ohne dafür auch nur ein Minimum an Zeit und Aufmerksamkeit aufbringen zu wollen. Sie finden es ganz normal, dass viele Millionen Transistoren auf einem winzigen Chip untergebracht sind und jährlich Trillionen von ihnen hergestellt werden; sie wollen nicht einmal mehr wissen, was Transistoren überhaupt sind und aus welchen Gründen Forscher sich darum bemüht haben.

Mit anderen Worten: In einem wahrhaft aufregenden Zeitalter langweilt sich ein großer Teil der Menschheit, und wenn er sich nicht langweilt, dann amüsiert er sich zu Tode. Die Menschen bemühen sich um alles – Rasenmäher, Hausdämmung, Rosinenbrötchen –, nur nicht um ihre Aufklärung und Bildung, und das wird unweigerlich Folgen haben.

Vom Wasser lernen

»Vom Wasser haben wir's gelernt«, so wurde früher auf Wanderungen im Rhythmus der Schritte gesungen, und diese Feststellung soll hier wörtlich genommen werden. Aus Schultagen wissen wir, dass Wasser aus Molekülen besteht, die sich wiederum aus einem Sauerstoff- und zwei Wasserstoffatomen zusammensetzen – H_2O, wie es als Formel im Schulbuch steht. Das Staunen über Wasser kann bei zahlreichen Phänomenen beginnen, wie sie zum Beispiel ein Kinderlied (»Wasser ist zum Waschen da, falleri und fallera, auch zum Zähneputzen, kann man es benutzen«) oder der Volksmund (»Steter Tropfen höhlt den Stein«) kennt. Das Staunen kann aber auch mit dem Nachdenken darüber beginnen, ob mit »H_2O« und »Wasser« dasselbe erfasst wird. Können Moleküle flüssig sein? Wie machen es die Einzelteile (die H_2O-Gebilde), ein geschmeidiges Ganzes zu ergeben? Und wie kommt es eigentlich, dass sich zwei Gase – nämlich Wasserstoff und Sauerstoff – zu einer Flüssigkeit verbinden können, und zwar so, dass es knallt?

Das Wundern kann weitergehen mit dem Hinweis, dass Wasser ja nicht nur als Flüssigkeit vorliegt, sondern bei ausreichender Wärmezufuhr auch verdampfen – also gasförmig werden – kann. Und an dieser Stelle kann man sich die Frage stellen, was eigentlich im Detail passiert, wenn Wasser erwärmt wird. Wenn man darüber nachsinnt, wird einem auffallen, dass warmes Wasser die zugeführte Hitze länger hält als etwa Steine oder Erde, was an Küsten zu Temperaturunterschieden zwischen dem Land und der See führt, mit vielen Konsequenzen für das Wehen der Winde.

Am anderen Ende der Wärmeskala kann Wasser den Zustand des festen Eises annehmen, der die wunderliche Eigenschaft hat, leichter als die flüssige Form zu sein. Eiswürfel schwimmen oben im Wasserglas, was der Erwartung widerspricht, dass die Wassermoleküle im Eis dichter gepackt sind als im flüssigen Zustand. Wenn die H_2O-Bausteine enger zusammenrücken, geht es offensichtlich verwickelter zu als beim Spiel mit Legosteinen, weil die Moleküle mit Ladungen bestückt sind, die gegeneinander stoßen. Die auftretenden Wechselwirkungen führen zu der immer wieder erstaunlichen Tatsache, dass Wasser seine größte Dichte bei ein paar Grad über Null hat. Von Experten wird das zwar korrekt, aber unglücklich als »Anomalie das Wassers« bezeichnet. Unglücklich ist der Ausdruck deshalb, weil er wie ein Mangel klingt, obwohl die damit bezeichnete Eigenschaft von Wasser lebensrettend ist, ja mehr als das: eine wesentliche Bedingung für das Überleben auf unserem Planeten.

Wenn es nämlich auf der Erde so kalt wird, dass stehende Gewässer zufrieren – Teiche, kleine Seen –, dann sorgt die Anomalie von H_2O dafür, dass sich das besonders dichte Wasser am Boden sammelt und dort flüssig und als Lebenselement für Fische und Kleingetier erhalten bleibt, während die Oberfläche zu Eis wird. Das gefällt den Menschen, die hier Schlittschuhlaufen wollen. Aber wieso kann man auf dem doch eher rauen Eis so schön gleiten? Wie kommt es, dass der Druck der Kufen einen Wasserfilm erzeugt, den die Eiskunstläufer nutzen, um ihre Bahnen zu ziehen und Pirouetten vorzuführen?

Der Wasserfilm, den die Schlittschuhläufer auf ihrer Bahn bewirken, friert sofort wieder zu, wenn der Druck nachlässt. Was genau läuft ab, wenn das Flüssige wieder fest wird? Die traditionelle Erklärung, die uns im Schulunterricht vorgestellt wird, spricht davon, dass die Moleküle in Kristallformen eingebunden werden und in diesem Verbund verbleiben. Das erscheint plausibel, wenn dabei auch ein kleines Problem für die Betreiber von Eisbahnen auftritt: Die Wassermoleküle müssen ihre Bewegungsenergie beim Einfrieren abgeben, und sie tun dies in Form von Wärme. Daher müssen Eisbahnen tatsächlich stark gekühlt werden, sonst verwandeln die Schlittschuhläufer die Oberfläche in einen See.

Auch die Moleküle im Wasserdampf müssen wenigstens einen Teil ihrer Bewegungsenergie abgeben, wenn sie sich als Flüssigkeit zusammenfinden wollen. Diesen Übergang – die Experten sprechen von einem Phasenübergang von gasförmig zu flüssig – haben sich Physiker genauer angeschaut, um zu verstehen, was mit den H_2O-Molekülen dabei passiert. Die traditionelle Sicht besagt, dass die im Dampf einzeln umhersausenden Moleküle beim Abkühlen (Kondensieren) näher aneinanderrücken, Kontakt miteinander aufnehmen und sich über die Wasserstoffe miteinander verbinden. Inzwischen denken aber einige Physiker, dass diesem Vorgang ein anderer Ablauf vorgeschaltet ist, bei dem einzelne Moleküle direkt mit den wachsenden Wassertropfen in Wechselwirkung treten und Wärmestrahlung abgeben. Danach sind sie in der Lage, sich so mit anderen Wassermolekülen zusammenzutun, dass die flüssige Phase des Lebenselixiers in Erscheinung tritt. Mit anderen Worten: Wasser liefert selbst heute noch und selbst für Fachleute viele Gründe zum Staunen, und sie nehmen nicht ab durch den Nachweis, dass es H_2O selbst auf der Sonne gibt; das heißt, es gibt dort Moleküle dieser Bauart, nur haben sie bei den Temperaturen auf diesem Stern keine Chance, Wasser in der Form zu bilden, die Menschen benötigen.

Wenn vom Wasser als Lebenselement die Rede ist, fällt sofort auf, dass das meiste auf der Erde in salziger Form vorliegt, was immer schon die wunderbare Frage erlaubte: »Wie kommt das Salz ins Meer?« Es kommt natürlich mit den Flüssen ins Meer, die das Salz ihrerseits aus dem Gestein herauswaschen, während ihre Wassermengen darüber hinwegfließen. Warum aber sind nur die Meere, nicht aber die Flüsse salzig, jedenfalls nicht so sehr, dass man es schmecken könnte? Dieser Unterschied hängt damit zusammen, dass die Ozeane als mehr oder weniger stehende Gewässer – jedenfalls im Vergleich zu den Flüssen – im Laufe langer Zeiträume Wasser verdunsten, während unentwegt Salz zugeführt wird, und zwar so lange, bis seine Konzentration für unsere Geschmacksnerven reicht und unsere Wahrnehmung reagiert.

»Warum das Meerwasser salzig ist« – davon handelt übrigens auch ein aus Niedersachsen stammendes Märchen. Es erzählt von einem Knaben, »der hatte weiter nichts auf Erden als eine blinde Großmutter und ein helles Gewissen«. Als er nach der Schulzeit Schiffsjunge wird und zusehen muss, wie seine Kameraden mit Münzen spielen, schenkt ihm seine Großmutter eine Mühle, die mahlen kann, was man will. Der Junge, der die Mühle auch abzustellen weiß, lässt sich erst einmal rote Dukaten mahlen und dann warme Semmeln. Irgendwann kommt natürlich ein Bösewicht in Person des Schiffhauptmanns daher, der den Jungen erst zwingt, ihm frische Hühner zu mahlen, und ihn dann über Bord wirft. Als sich der Hauptmann ans Essen machen will, fehlt ihm Salz, das er nun mahlen lässt, weil er den dazu nötigen Spruch des Jungen kennt: »Mühle, Mühle, mahle mir, weiße Salzkörner allhier.« So geschieht es, nur hat der Bösewicht vergessen, wie man die Mühle abstellen kann. Und so mahlt sie immer mehr Salzkörner, bis das ganze Schiff untergeht – mit der Folge, dass die Mühle am Meeresgrund immer weiter mahlt. Und »siehe, davon ist das Meerwasser salzig«.

Die Ozeane der Erde haben einen solchen Umfang, dass ein Reisender aus dem Weltall unseren Planeten wohl »Wasser« nennen würde und niemals auf die Idee käme, »Erde« zu ihm zu sagen. Ozeane mögen von oben – etwa aus der Sicht von Kreuzfahrtpassagieren, denen ein Sturm erspart geblieben ist – sehr ruhig und fast bewegungslos erscheinen, in ihren Tiefen finden sich jedoch ungeheure Strömungen, mit denen die Lebensbedingungen sowohl im Wasser als auch auf dem Land reguliert werden. Da lohnt das Nachdenken darüber, welche Kräfte diese gigantischen Transportbänder antreiben und global in passendem Schwung halten.

Wenn man vom Wasser im Großen zum H_2O im Kleinen geht und daran denkt, dass Menschen zum größten Teil aus Wasser bestehen, stellt sich die Frage, was das Molekül mit der Form H_2O auszeichnet, dass es diese Hauptrolle im Leben übernehmen kann. Die dazugehörigen Zellen benötigen in ihrem Inneren ein fließend flüssiges Milieu, um die organischen Bauteile und Bausteine des Lebens miteinander in Kontakt treten – sich berühren – zu lassen. Wasser muss offensichtlich in der Lage sein, die zum Funktionieren von Zellen benötigten Stoffe in gelöster Form aufzunehmen.

Dieses spannende Thema der Chemie kann hier jedoch nur gestreift werden.

Mithilfe sogenannter Wasserstoffbrücken wird eine besondere Art der Verbindung zwischen molekularen Bestandteilen geschaffen. Viele Moleküle enthalten – wie H_2O –Wasserstoffe, die nach außen ins Offene ragen und reaktionsbereit sind. Im Detail bedeutet dies, dass dort eine Art elektronischer Antenne (eine Ladung) nach einem Partner sucht. Ist der Partner gefunden, halten sich beide fest. Es kommt eine Brücke – die Wasserstoffbrücke – zustande, wie dies zum ersten Mal 1931 von dem legendären Chemiker Linus Pauling (1900 – 1994) erkannt und beschrieben worden ist.

Die Wasserstoffbrücke erwies sich bald als äußerst wichtig, und zwar nicht nur zum Verständnis des Wassers, sondern auch zum Begreifen der Verbindungen von biologisch bedeutsamen Strukturen. Beispielsweise werden die Basenpaare im Zentrum der Doppelhelix durch Wasserstoffbrücken zusammengehalten. Unter der Vorgabe dieser Bedeutung sollte man erwarten, dass die Wissenschaft genau sagen kann, wie solch eine Bindung funktioniert. Und doch streiten sich die Chemiker seit Jahrzehnten über die Frage, was eine Wasserstoffbrückenbindung ist und wie ihre Anziehungskraft zustande kommt, die auf der einen Seite stabil sein und Moleküle zusammenhalten muss, auf der anderen Seite auch rasch aufzulösen und umzuformen sein sollte.

Hinter dem anschaulich beschreibbaren und unmittelbar vorstellbaren Vorgang der Brückenbildung verbirgt sich eine komplexe Wechselwirkung, an der nach heutigem Stand des Wissens vier verschiedene Mechanismen mit unterschiedlichen Stärken beteiligt sind: die Ladung des Wasserstoffs und die seiner Partner, die Dynamik (Polarisierbarkeit) von Elektronenhüllen und die direkte Abstoßung von Teilchen mit gleicher Ladung. Es ist halt so in der Wissenschaft: Findet jemand eine gute Antwort – etwa »Die Bindung zwischen Basenpaaren kommt durch das Ausbilden von Wasserstoffbrücken zustande« –, dann geht das Fragen erst richtig los.

Je genauer man hinschaut, desto mehr Komplexität wird sichtbar: Dies gilt nicht nur für das Wasser, sondern erst recht für das Leben, das wahrscheinlich in ihm oder aus ihm entsprungen ist. Denn die Wissenschaft hat ja festgestellt, dass zum Beispiel ein Mensch aus Zellen besteht wie eine Flüssigkeit aus Molekülen. Diese grundlegende Einsicht stammt aus den ersten Jahrzehnten des 19. Jahrhunderts, als die Mikroskope ausreichend gut auflösen konnten, was man ihren Objektiven vorlegte. Seitdem wissen und lernen wir, dass das Leben aus Zellen besteht, und langweilen uns rasch über diese scheinbar schlichte Auskunft. Dabei gäbe es mindestens zwei Gründe, sich über diesen eher fantastischen Tatbestand immer wieder zu wundern.

Der erste Grund steckt in der Vielfalt der Zellen – Zellen der Haut, des Blutes, des Glaskörpers im Auge, der Knochen, des Nervengewebes unter der Schädeldecke und so vielen mehr. Sieht die Haut nicht eher aus wie eine Plastikfolie? Und der Glaskörper eben wie ein Stück Glas, nur etwas weicher? Und das Blut wie Kirschsaft? Die Haare wie Bindfäden und Knochen wie harte Röhren aus Pappe? Wie können Zellen zugleich rund und gestreckt, rot und durchsichtig, dynamisch sich teilend und ruhig verharrend sein?

Erstaunlich ist nicht nur die Vielfalt des komplett aus Zellen bestehenden körperlichen Gewebes – Zellen, die zudem alle aus einer einzigen Zelle hervorgegangen sind, nämlich der befruchteten Eizelle mit dem abschreckenden Namen Zygote. Man sollte sich auch über die Menge an Zellen wundern, die das Leben hervorbringen kann und muss. Der Körper eines erwachsenen Menschen setzt sich nämlich aus 100 Milliarden Zellen zusammen. (Und das sind nur die körpereigenen Zellen; es gibt auf oder in jedem von uns noch sehr viel mehr andere – fremde – Zellen, vor allem in Form von Bakterien.)

Die 100 Milliarden Körperzellen lassen vor allem Biologen erstaunen. Mathematiker bleiben dabei gelassen, denn sie können auf einem Schachbrett leicht größere Zahlen generieren, indem sie ein

Reiskorn auf das erste Feld setzen und von ihm aus auf die anderen springen, wobei jedes Mal die Anzahl der Körner verdoppelt wird. In der ersten Reihe bekommt man dann 1, 2, 4, 8, 16, 32, 64 und 128 Reiskörner, was zunächst immer noch nicht nach viel aussieht, sich aber sehr rasch ändert. Denn lange bevor man in der letzten Reihe ankommt – genauer gesagt, bereits im 54. Feld –, wird die Zahl der Körner so hoch, dass sie die Reisproduktion eines Jahres auf der gesamten Erde übertrifft. Diese 400 Millionen Tonnen Reis bestehen nämlich aus weniger als den 20 Billiarden (2 mal 10^{16}) Körnern, die auf Feld 54 liegen würden.

Um die Zahl der Zellen eines menschlichen Körpers zu erreichen, brauchte man nicht so weit auf dem Schachbrett zu springen. Man wäre bereits etwa in der Mitte der sechsten Reihe am Ziel.

Die Bildung der Gestalt – zum Beispiel die des menschlichen Körpers – setzt zum einen voraus, dass sich die Zellen nicht nur teilen, sondern auch ändern, um später als Haut- oder Blutzellen Spezialaufgaben übernehmen zu können. Insgesamt sind ein paar Hundert verschiedene Zellarten bekannt, die sich aus der einen Eizelle entwickelt haben, mit der alles anfängt. Und die Bildung der Form verlangt zum anderen eine Möglichkeit, den sich teilenden Zellen die Information zu geben, in welcher Weise – in welche Richtung – sie sich ändern (differenzieren) müssen, um zum Gelingen des Ganzen beitragen zu können. Es schafft nur Probleme, wenn sich Hautzellen im Blut und Blutzellen in der Haut befinden oder wenn in der Leber Haare wachsen.

Wir wissen noch nicht einmal im Ansatz, wie die Form festgelegt wird, die aus Herzzellen ein Herz und aus Augenzellen ein Auge werden lässt. Wir können natürlich annehmen, dass sich das Anlegen solcher Organe im Laufe der Evolution herausgebildet hat. Aber wo stecken die Anweisungen für den genau bemessenen Bau eines Organs in dem jeweils sich bildenden Körper? Von ihm wissen wir nur, dass er aus Zellen besteht, die ihr genetisches Material tragen und von diesen Erbanlagen versorgt werden. Wie werden die vielen Milliarden von ihnen koordiniert, wenn sich neues Leben bildet?

Was so selbstverständlich abläuft und neue Organismen mit ihren Fingern, Füßen und anderen Formen hervorbringt – also all die Verwandlungen und Wanderungen, die Zellen und Zellverbände durchlaufen und unternehmen, wenn sie sich in der Entwicklung befinden, die am Ende ein Individuum entstehen lässt –, wird von vielen erfahrenen Biologen selbst im Zeitalter des genetisch orientierten und gelingenden Zugriffs nach wie vor als »das alltägliche Wunder« bezeichnet.

Menschliche Mutationen und Mutanten

Das Wunder der Menschwerdung ist höchst gefährdet, wie nicht nur Eltern und Ärzte wissen. Auch die Genetiker können dies inzwischen abschätzen und berechnen. Die Zunft vermutet, dass jeder neu gebildete Embryo etwa einhundert Veränderungen in seinem Genom – eben Mutationen – aufweist, also Variationen, die es bei seinen Eltern nicht gab. Die meisten davon bleiben ohne direkte Auswirkung, aber einige von ihnen – vielleicht drei bis vier – werden unmittelbar die Wirkung von Proteinen (Enzymen) beeinflussen. Jeder Einzelne von uns ist also mehr oder weniger mutiert, wenn er geboren wird. Mutationen sind der Normalfall, was man auch so ausdrücken kann: Wir Menschen sind alle Mutanten.

Die Geschichte berichtet von Menschen mit gescheckter Haut, mit vollständig behaartem Gesicht, mit zwergenartigem Wuchs, mit verstümmelten Gliedern, mit verklebten Knochen, mit Ohrläppchen am Hals und vielem mehr, wobei am auffälligsten die zusammengewachsenen Paare sind, die seit dem 19. Jahrhundert im Volksmund als siamesische Zwillinge bezeichnet werden. Damals reiste das berühmte Vorbild für diesen Namen, das siamesische Paar aus den Brüdern Eng und Chang Bunker (1811 – 1874), durch die USA. Die beiden wurden einer staunenden Öffentlichkeit vorgestellt, heirateten und zeugten zusammen 22 Kinder. An Trennung haben sie erst am Ende ihres Lebens gedacht, und dann, wie es heißt, auch mehr, um ihren Frauen einen Gefallen zu tun.

Selbst wenn die meisten von uns zunächst zwei Männer vor Augen haben, wenn sie an zusammengewachsene Paare denken: Fast 80 Prozent aller siamesischen Zwillinge sind weiblichen Geschlechts, ohne dass jemand dies durch biologische (genetische) Vorgaben erklären könnte. Aus dieser Beobachtung folgt immerhin, dass es kein zufälliger Teilungsvorgang des Embryos sein kann, dessen Versagen verbundenes Leben zur Welt kommen lässt. Die wissenschaftliche Evidenz weist inzwischen auf einige biochemische Vorgänge in den ersten Wochen nach der Empfängnis hin, die bei Zwillingen unterschiedlich verlaufen können. In dieser Zeit ist aus der einen formlosen Zelle, mit der jedes Leben beginnt, ein geometrisch gestalteter Embryo geworden, bei dem man Kopf und Schwanz, Links und Rechts und Vorne und Hinten unterscheiden kann.

»Das Herz schlägt links«, wie es manchmal mit politischer Konnotation heißt. Anatomisch stimmt der Satz nicht in jedem Fall, denn die Natur bringt hin und wieder Mutanten hervor, die das Herz im wahrsten Sinne des Wortes am rechten Fleck tragen. Bei Hühnern und Mäusen sind Organismen bekannt, die mehr als ein Herz (bis zu sieben Herzen) tragen. Die sogenannten Sonderformen finden sich nicht nur in nahezu freier Wildbahn, sondern inzwischen auch im Laboratorium. Dort kennt man einen Zebrafisch, in dessen kleiner Brust zwei Herzen schlagen. Diese Mutation hat die literarische Fantasie der Genetiker geweckt und ihnen den Namen »Faust« entlockt, in dessen Brust der Dichter – ach! – zwei Herzen schlagen lässt.

Doch zurück zum Herzen am rechten Fleck, das für die Wissenschaft mindestens zwei Fragen mit sich bringt. Zum einen will sie wissen, wie das Organ da hinkommt, und zum anderen gilt es herauszufinden, ob sein Träger dadurch behindert wird. Die Antwort im zweiten Fall ist einfacher und lautet, dass Menschen mit seitenverkehrten Organen dann problemlos durchs Leben kommen, wenn deren Lage zueinander erhalten bleibt. Das heißt, konkret auf einen Menschen bezogen, dass Herz und Leber auf verschiedenen Seiten sitzen müssen (was wir jetzt einfach so hinnehmen). Die Antwort auf die erste Frage führt auf den sich entwickelnden Embryo zurück, auf dessen Oberfläche nach rund drei Wochen ein sogenannter

Primitivknoten ausgemacht werden kann. Der Embryo ist dann kaum 2 Millimeter lang, und der Knoten macht etwa 5 Prozent davon aus (er ist 50 Mikrometer lang und 10 Mikrometer tief). Auf seiner Unterseite wachsen winzige Härchen, die sich im Uhrzeigersinn drehen. Dieses mechanische Rühren verteilt die Moleküle (Botenstoffe), die das Signal zum Anlegen des Herzens tragen. Wird die Bewegung der Härchen unterbunden, verteilen sich die molekularen Informationen zufällig, und das Herz kann links oder rechts entstehen.

Die Frage liegt auf der Hand, warum die Natur die Lage des Herzens nicht dem Zufall überlässt und sich so große Mühe gibt, es nach links zu schaffen. Was lockt sie so an der Asymmetrie, die vielen Menschen gefällt, weil sie nun die starke rechte Hand auf ihr Herz legen können, wenn eine Flagge gehisst und eine Hymne gespielt wird? Das Herz, sagt der Volksmund, weiß oft mehr als der Kopf. Und das stimmt an dieser Stelle.

Die Dumpfheit der Experten

Ein Grund für das fehlende Staunen des Publikums liegt darin, dass viele Biologen und Fachleute im Allgemeinen höchstselbst das Wundern aufgegeben haben. Manche von ihnen sind nämlich merkwürdigerweise der Ansicht, längst verstanden zu haben, was bei der Entstehung des Lebens vor sich geht, und sie reden dann, wie bereits erwähnt, gerne von genetischen Programmen, die da ablaufen. Über diese naive Annahme, das Leben ließe sich als Maschine mit einer gerade modischen Metapher verstehen, darf sich zur Abwechslung auch einmal der Autor wundern, der die Ansicht vertritt, dass es um kreative Hervorbringungen von Formen geht, wenn das Leben sich selbst hervorbringt, was Computer prinzipiell nicht können.

Keine Frage – unsere Welt braucht Experten für diverse Dinge, ob Stadtreinigung, Kieferorthopädie oder Quantenmechanik. Doch das heißt nicht, dass sie unfehlbar sind. Eher im Gegenteil. Es scheint, dass Experten ab und zu von der Krankheit befallen werden, die der Psychologe C. G. Jung einmal als »psychische Inflation«

bezeichnet hat und bei der ein Gedanke sich derart im Bewusstsein breitmacht, dass er das übrige Denken lähmt.

Sogenannten Fachleuten verdanken wir folgende Vorhersagen, ob moralisch oder wissenschaftlich geleitet: Im 17. Jahrhundert galt es als ausgemacht, dass Menschen niemals mit Maschinen fliegen werden, die aus Eisen bestehen. Der Philosoph Leibniz hat sehr begrüßt, dass da »Gott einen Riegel vorgeschoben« hat, denn könnten »die Menschen auch noch durch die Luft fahren, so wäre ihre Schlechtigkeit nicht mehr zu zügeln«. Oder: Die Astronomie ist eine etablierte Wissenschaft, in der keine neuen Befunde mehr zu erwarten sind (18. Jahrhundert). Die Physik kennt alle grundlegenden Gesetze, und in Zukunft wird es nur noch um kleine Korrekturen gehen (19. Jahrhundert). Wir werden niemals wissen, aus welchen Elementen Sterne bestehen, weil wir nicht zu ihnen hinfahren können (19. Jahrhundert). Wir können die Patentämter schließen, da alles erfunden worden ist, was erfunden werden kann (1899). Die Welt braucht nicht mehr als ein paar Computer (20. Jahrhundert). Die Information fließt aus der DNA in die RNA und niemals zurück (in den 1960er Jahren). Die Molekularbiologie hat verstanden, wie das Leben funktioniert (kurz vor der Entdeckung der Gentechnik).

Staunen über die Gene

Beendet wird dieses Kapitel mit den Genen, denen oftmals mehr feuilletonistische Aufmerksamkeit zukommt, als ihnen guttut. In dem Bericht eines russischen Schriftstellers über einen Besuch im Iran konnte man zum Beispiel lesen, dass in jedem Perser »ein Stückchen Kyros und Dareios« stecke, denn »die Erinnerung an das Imperium steckt in den Genen«, wie der Poet zu wissen vorgibt. Und was die Fähigkeit des heutigen Chefs der Champagnerherstellung von Dom Pérignon angeht, so sind Leute davon überzeugt: »Das steckt wohl in der DNA« – wobei man sicher sein kann, dass nur wenige Menschen einen sinnvollen Satz über das sagen können, worauf es bei Genen ankommt.

In seinem kürzlich erschienenen Buch *Identically different* hat der in London tätige Arzt Tim Spector eine Fülle von Zuweisungen zusammengestellt, die in den Medien mit Genen passieren. Er hat daraus seine Kapitelüberschriften gezimmert: »Der Genmythos. Das Glücksgen. Das Talentgen. Das Gottesgen. Das Elterngen. Schlechte Gene. Das Sterblichkeitsgen. Das Fettsuchtgen. Das Krebsgen. Das Gen für Homosexualität. Das Treuegen. Identische Gene.« Alles in den Medien, alles in den Köpfen des Publikums, alles Unsinn – wobei dem Autor das Geheimnis bleibt, warum sich so viele Menschen so leicht für so dumm verkaufen lassen.

Es sollen wenigstens einige Beispiele für die Möglichkeit angeführt werden, über das zu staunen, was wissenschaftlich erkannt wird, wenn Gene ins Visier genommen werden. Das muss deshalb ein geheimnisvolles Spiel bleiben, weil Gene längst aufgehört haben, als fixe Größen zu einem Organismus zu gehören und sich – nicht nur in evolutionärer Hinsicht – einem permanenten Wandel unterziehen. So hat man etwa im Plankton verschiedene Arten von marinen Lebensformen aufgespürt, die sich äußerlich sehr ähnlich sehen, deren genetische Konstitutionen sich aber drastisch unterscheiden. Wer noch dachte, dass morphologische Übereinstimmungen durch vergleichbare Genanordnungen zustande kommen, darf sich jetzt etwas Neues einfallen lassen. Die Reihenfolge der Gene auf Chromosomen scheint sich zufällig – und nicht durch Anpassungen – zu ergeben und zu ändern, was die Evolutionsbiologen beschäftigt sein lässt.

Was sie und andere Biologen noch lieber verstehen möchten, findet sich in dem Wechselspiel aus Genen und Umwelt, über das sich die Öffentlichkeit gerne erregt, wenn gefragt wird, wo die Dummheit der Kinder herkommt: von den Genen der Eltern oder von den schlechten Schulen in der Nachbarschaft? Genforscher versuchen sich an einfacheren, experimentell zugänglichen Systemen, und sie haben dazu Hefezellen ausgewählt. Das Ziel bestand darin, die Effizienz zu untersuchen, mit der Hefezellen Sporen bilden, und zwar abhängig von Mutationen ihres genetischen Materials, die einen einzigen Baustein veränderten, und abhängig von den Bedingungen, unter denen die Zellen mit dem veränderten Gen wachsen konnten. Die Auswirkung einer genetischen Variante konnte auf keinen Fall allein mithilfe der Mutation vorhersagt werden. Dazu reichte nicht einmal die Einbeziehung der Umwelt. Vielmehr musste zusätzlich noch der sogenannte genetische Hintergrund beachtet werden, also der Hefestamm, den man mit der Genvariante ausgestattet hatte.

Des schönen Experiments bleibender Sinn: Das Wechselspiel zwischen der genetischen Ausstattung eines Organismus und seiner Umwelt bleibt selbst bei einfachen Zellen geheimnisvoll.

Geheimnisvoll bleibt auch der Unterschied zwischen einer Königin und einer gewöhnlichen Arbeiterin in einem Bienenstock, jedenfalls dann, wenn man beide Lebensformen auf der Ebene der DNA-Sequenzen anschaut. Dort stimmen sie nämlich vollkommen überein. Unterschiede finden sich nur in der Markierung des genetischen Materials, was genauer heißt, dass sich die Art und Weise, mit der sogenannte Methylgruppen an die DNA angehängt werden, bei Königinnen und Arbeiterinnen unterscheiden lassen. Damit schien man die Entstehung der Königin verstehen zu können – bis sich herausstellte, dass das Muster der Markierung über 500 Gene betrifft, die schön über die komplette Erbanlage verteilt liegen.

Jetzt bleibt nur zu wiederholen, was Goethes Faust beklagt, wenn er ausruft: »Da steh' ich nun, ich armer Tor, und bin so klug als wie zuvor.« Denn das unterschiedliche Verhalten und die reproduktive Qualität der Bienenkönigin bleiben so rätselhaft wie vor der Entdeckung der (epigenetischen) Methylierung. Es gilt auch hier: Je genauer man hinschaut, desto mehr Komplexität wird sichtbar.

EXKURS
100 × wichtigstes Wissen

Der *Focus* hatte in seiner Ausgabe 35/2013 »100 × wichtigstes Wissen« zum Titelthema: Zehn prominente Köpfe erklärten, was zur Allgemeinbildung gehört; die Nachrichtensprecherin Marietta Slomka etwa tat dies für den Bereich Politik, der ehemalige Telekom-Chef René Obermann für den Bereich Wirtschaft und der Regisseur Tom Tykwer für den Bereich Film. Der Autor dieses Buches musste folgende Fragen zu den Naturwissenschaften erklären:

1. Wie bewegt sich ein Mensch, der im Sessel sitzt und diese Zeilen liest?

Er befindet sich nicht in Ruhe, sondern auf der Erde, die eine Bahn um die Sonne zieht und sich um ihre eigene Achse dreht, die zudem ihre Ausrichtung im Laufe der Zeit ändert. Weiter bewegt sich das ganze Planetensystem durch die Milchstraße, die in einem expandierenden Universum eine schneller werdende Fluchtbewegung ausführt. Menschen, die dies bedenken, hat Erich Kästner als »Kopernikanische Charaktere« bezeichnet und gemeint, dass wir alle so werden sollten, auch wenn wir dabei manchmal mit dem Kopf nach unten hängen.

2. Woher wissen Menschen, dass es Atome gibt, die man doch nicht sieht?

Das Wort »Atom« ist uralt. Es stammt aus der Antike, wurde aber von den Philosophen dieser Zeit nicht wirklich ernst genommen. Sie wollten gar nicht wissen, wie viele Atome es gibt, wie groß sie sind und wie sie aussehen. Diese Fragen stellten erst die Chemiker und Physiker im 19. Jahrhundert. Im 20. Jahrhundert stellten Chemiker und Physiker zu ihrer Überraschung fest, dass Atome gar nicht unteilbar sind und auch kein Aussehen haben. Atome sind keine Dinge und stecken voller Rätsel, gerade weil wir sie nicht sehen und in die Hand nehmen können, wie es mit Äpfeln und Birnen gelingt. Viel Platz zum Staunen.

3. Lassen sich Gene zählen, etwa beim Menschen?
In der Öffentlichkeit ist viel von Genen die Rede, und die Wissenschaft legt von immer mehr Lebewesen und ihren Zellen das Erbmaterial frei, das sie Genom nennt. Man kennt seit gut zehn Jahren das Genom des Menschen und fragt seitdem, wie viele Gene ein Mensch besitzt. Die Antwort bleibt trotz vieler Zahlen offen, weil Gene nicht etwas sind, das Zellen haben, sondern etwas, das Zellen machen, und zwar in jeder Situation anders. Gene müssen so gebildet werden wie die Menschen selbst.

4. Was ist Energie – und gibt es genug davon?
Energie ist das, was das Mögliche wirklich macht. Die Wissenschaft kennt für die Energie den fast heiligen Grundsatz, dass sie weder erzeugt noch vernichtet werden kann. Energie bleibt erhalten und ist somit unzerstörbar. Daher kann kein Mensch Energie verbrauchen, auch wenn er dafür zahlen muss, und kein Politiker kann Energie erneuern, auch wenn er es glaubt. Es wird Zeit, dass wir lernen, sachlich richtig über Energie zu sprechen, damit solche Entscheidungen der Energiepolitik vermieden werden, in deren Folge die Lichter ausgehen.

5. Warum fallen Gegenstände nach unten?
Man kann Menschen mit dem Hinweis »durch die Schwerkraft« erst beruhigen und dann aufregen, wenn weiter gefragt wird, wie diese Kraft denn zustande kommt. Da ist doch nur die Erde mit ihrer Masse. Wie erzeugt so etwas eine anziehende Kraft? Durch das Gravitationsfeld, heißt die korrekte Antwort der Wissenschaft, die es noch schwerer macht. Was ist denn solch ein Feld, und wie erreicht das die Gegenstände, die dann fallen? Weiterdenken, bitte.

6. In welche Richtung weht der Wind?
Was macht der Wind, wenn er nicht weht? Eine Frage, über die sich nachsinnen lässt, wenn man verstehen will, warum man beim Radeln dauernd Gegenwind zu haben scheint und warum der Wind am Meer landeinwärts bläst. Gut verstehen kann man das Wehen am Wasser, das vor allem im Sommer länger warm bleibt als die Landmasse. Das überträgt sich auf die Luft, die mit der Hitze Druck entwickelt und als Wind vom Meer zur Küste strebt und dort die Haare der Spaziergänger am Strand zerzaust. Wind macht es wie wir. Er geht dahin, wo er Platz findet, also dahin, wo wenig Druck herrscht.

7. Warum darf man nicht durch Null teilen?
Die Null hat lange gebraucht, um in den Kulturen aufzutauchen, und wir haben bis heute Probleme, den Tag der Geburt eines Menschen als nullten Geburtstag und nicht als seinen ersten zu bezeichnen. Mit Null malnehmen gibt Null, was einleuchtet. Aber was ergibt sich, wenn man durch Null teilt? Unendlich, denkt man! Oder? Das Problem besteht darin, dass man sich der Null von den positiven und den negativen Zahlen her nähern kann und dann entweder unendlich mit Plus- oder mit Minuszeichen erhält. Das verwirrt nur. Wer durch Null teilt, verliert die Kontrolle, und deshalb ist es unzulässig.

8. Haben Bienen eine Sprache?
In Schulbüchern ist davon die Rede, dass Bienen über eine Sprache verfügen, mit der sie anderen Bienen im Stock mitteilen, wo es Blüten und damit Nahrung gibt. Bienen führen dazu einen Tanz auf – den Schwänzeltanz –, doch so schön der anzusehen ist, eine Sprache möchte man diese Kommunikation nicht nennen. Die informierten Bienen antworten nämlich nicht, sie reagieren nur, wenn auch nicht unbedingt auf den Tanz. Um ihr Ziel zu erreichen, müssen sie auf andere Bienen achten und Düften folgen. Viel Arbeit für ein kleines Hirn – und für die Forscher.

9. Woher haben E-Mails das @-Zeichen?

Elektronische Post ist uralt. Es gibt sie seit den frühen 1970er Jahren, als das erste Programm dafür geschrieben wurde. Um die elektronischen Briefe an die richtige Adresse schicken zu können, dachte man sich eine zweigeteilte Anschrift aus, die aus dem Namen der Person und aus der Bezeichnung des benutzten Computers bestand. Um beide Teile zu trennen, suchte man ein Zeichen, das nicht zum normalen Alphabet gehört, und man wurde bei dem alten Zeichen der Kaufleute fündig, mit dem sie »drei Hosen zu je 100 Mark« ausdrückten. Sie schrieben es als »drei Hosen @ 100 Mark«. Da sind E-Mails billiger.

10. Warum ist Zucker süß?

An dieser Frage lassen sich unmittelbare und weit zurückliegende (evolutionäre) Gründe unterscheiden. Die direkte Antwort lautet, dass Zucker süß ist, weil seine Moleküle auf den Nervenzellen landen, die im Gehirn die angenehmen Empfindungen auslösen, welche »süß« heißen. Die evolutionäre Antwort lautet, dass es in der Frühzeit der Menschen Mühe machte, Früchte mit dem Zucker zu finden, den ein Körper für den Stoffwechsel brauchte. Der Aufwand musste von der Evolution belohnt werden, und so schmecken die seltenen Beeren süß. Man soll sie ruhig genießen.

KAPITEL 5

Freiheit mit Gesetzen

Man kann in wahrer Freiheit leben
und doch nicht ungebunden sein.

JOHANN WOLFGANG VON GOETHE

Seit Naturgesetze entdeckt und genutzt werden, wird – nicht nur von Philosophen – heftig diskutiert, wie es denn um die (Willens-) Freiheit des Menschen bestellt ist. Ist alles menschliche Tun von den Naturgesetzen determiniert? Und ist unsere Welt durch diese Gesetze so durch und durch geprägt, dass der Zauber des Geheimnisvollen aus ihr verschwunden ist?

Hier liegt ein grundlegendes Missverständnis vor: Die Freiheit, die Menschen meinen, hat nämlich wenig damit zu tun, dass ihrem Verhalten durch Vorgaben der Natur Einschränkungen auferlegt werden, etwa biologisch bedingte. Freiheit setzt doch, im Gegenteil, den Rahmen bestimmter Festlegungen geradezu voraus. Das weiß und spürt jeder, wenn er oder sie sich an einen Lebenspartner bindet oder sich entschließt, Kinder großzuziehen. Mit den selbst gewählten Vorgaben lohnt es sich überhaupt erst, den eigenen Willen zu erkunden, mit dem man seinem Leben die gewünschte Form und den gewünschten Verlauf geben kann.

Menschen und ihre Grenzen

Unabhängig von solchen Überlegungen kann Freiheit ein elementares und überwältigendes Bedürfnis sein, etwa für einen Menschen, den Gefängnismauern daran hindern, so zu leben, wie er möchte, oder zu gehen, wohin es ihn gelüstet. Der Wunsch nach uneingeschränkter Freiheit im persönlichen Handeln gehört zu den tief liegenden Regungen von Menschen, die als Mitglieder einer biologischen Art von Philosophen zur Zeit Goethes als die ersten »Freigelassenen der Schöpfung« bezeichnet worden sind. Damit soll hier gemeint sein, dass die Menschen als Geschöpfe der Evolution zahlreiche Grenzen kennengelernt und im Laufe ihrer biologischen Entwicklung den unbändigen Wunsch entwickelt haben, diese spürbaren Grenzen zu überwinden (oder gar zu transzendieren, wie es auf einer höheren Ebene des Diskurses heißen könnte). Das macht ihre Besonderheit – ihr Menschsein – aus.

Die Menschen erkennen die Grenzen des Wassers und bauen daraufhin Brücken und Schiffe. Sie erkennen die Grenzen ihres Sehvermögens und konstruieren Mikroskope und Fernrohre. Sie erkennen die Grenzen ihres Rechenvermögens und entwerfen erst mechanische und dann elektronische Maschinen, die ihnen das Rechnen abnehmen. Die Menschen erkennen die Grenzen ihrer Reichweite zu Fuß und erfinden das Rad und damit im Laufe ihrer Geschichte immer mehr rollende Transportmittel. Die Menschen erkennen sogar die Grenzen ihrer Lebenszeit und versuchen, wie schon in frühen Erzählungen dokumentiert ist, etwas daran zu ändern. Und sie lassen eine Forschungsrichtung namens Medizin entstehen und bringen soziale Einrichtungen zustande, um in der Lebenspraxis das nach wie vor unvermeidliche Ende so weit wie eben möglich hinauszuschieben und dem Leben mehr Jahre und den Jahren mehr Leben zu geben, so gut und so viel es geht.

Insofern stellen Grenzen der elementaren Freiheit und des dazugehörigen Bewegungsdrangs nicht unbedingt einen Grund zur Verzweiflung dar. Im Gegenteil, sie sind manchmal auch ein Ansporn, etwas zu ihrer Überwindung zu unternehmen.

Umgekehrt kann es Menschen geben, denen ein Leben ohne Gefängnismauern – also in der Freiheit einer Gesellschaft mit ihren oftmals strengen Regeln und unerbittlichen Gesetzen – sehr viel mehr Mühe bereitet und Probleme macht als das ruhige Leben im übersichtlichen Strafvollzug. Als etwa Franz Biberkopf von seinem

Autor Alfred Döblin in dem Roman *Berlin Alexanderplatz* aus dem Gefängnis entlassen wird, beginnt für den Helden auf der Straße »die Strafe der Freiheit«.

Um das Leiden an der Freiheit ging es auch in der Dankesrede Swetlana Alexijewitschs, als ihr am 13. Oktober 2013 in der Frankfurter Paulskirche der Friedenspreis des Deutschen Buchhandels verliehen wurde. Sie wies darauf hin, dass zu den Folgen der Freiheit, die in den 1990er Jahren Einzug in die Postsowjetunion hielt, erstens Arbeitslosigkeit und zweitens Rechnungen für soziale Dienstleistungen, etwa die ärztliche Versorgung, gehörten, die zuvor kostenfrei waren. Sie zitierte Dostojewskis Parabel vom *Großinquisitor*, in der es heißt, der Weg der Freiheit sei schwer, qualvoll und tragisch. In den Dankesworten von Swetlana Alexijewitsch heißt es weiter: »Der Mensch muss sich die ganze Zeit entscheiden: Freiheit oder Wohlstand und gutes Leben, Freiheit mit Leiden oder Glück ohne Freiheit. Die meisten Menschen gehen den zweiten Weg.«

Das Gesetz und die Freiheit

Im normalen Leben verliert jemand vorübergehend seine Freiheit, wenn er allzu sehr mit den Gesetzen in Konflikt gerät, wie es so schön heißt. Damit ist das Wort gefallen, dem die Naturwissenschaften seit einigen Jahrhunderten ihre Wirksamkeit verdanken. Gemeint sind die vertrauten Gesetze der Natur, die seltsamerweise so heißen, ohne dass dabei unmittelbar irgendetwas Rätselhaftes auffällt. Aber mit dem Begriff der Naturgesetze stimmt etwas nicht, und zwar aus mindestens zwei Gründen. Zum einen setzen die Gesetze die von ihnen erfassten Dinge keinesfalls fest. Im Gegenteil, Gesetze bringen die Welt und ihre Teile ins Laufen und erhalten ihnen diesen erwünschten Zustand. Und zum anderen ist niemand bekannt oder auszumachen, der die Gesetze erlassen und der Natur vorgesetzt hat, weder ein Mensch noch eine Institution.

Albert Einstein hat einmal gesagt, was ihn wirklich interessiere, sei die Antwort auf die Frage, welche Freiheiten Gott bei der Erschaffung der Welt hatte. Viele können es nicht gewesen sein, wenn man dem Verständnis der Physik zutraut, das Werden des Kosmos erfassen zu können, und zwar eines Kosmos, in dem Menschen hausen, die sich solche Fragen stellen. Um Leben zuzulassen, wie es heute zu sehen ist, müssen die Naturkonstanten eng begrenzte Werte annehmen, was nicht nach einer Freiheit des Schöpfers aussieht. Zu den modernen Kosmologien gehört eine inflationäre Anfangsphase des Universums, bei der viele *Bubbles* (Blasen) entstehen können, die alle eine eigene Welt und damit ein Multiversum schaffen. Die dazugehörige Theorie – die String-Theorie – erklärt diese vielen Welten als Lösungen ihrer Gleichungen. Demnach haben wir Menschen unseren Platz zufällig gefunden oder bekommen.

An dieser Stelle gilt es anzumerken, dass, anders als bei staatlichen Gesetzen, niemand gegen die Naturgesetze verstoßen kann. Aus mindestens zwei Gründen, die noch erläutert werden, sollte man sich darüber freuen, dass es sie gibt. Leider haben Menschen im Laufe der Geschichte mehrfach die Sorge empfunden, dass ihnen die Naturgesetze der Wissenschaft (die erst für den Himmel beschrieben wurden und dann nach und nach bis zur Erde reichten) immer mehr auf den Leib rückten. Sie sahen sie als eine Einschränkung, die es ihnen nicht mehr erlaubte, ihr Dasein frei – in welcher Hinsicht auch immer – führen und gestalten zu können.

Diese Einstellung lässt sich bis in die jüngste Zeit verfolgen, in der zahlreiche methodische Fortschritte der Neurowissenschaften und ihr Zugriff auf das Gehirn die Sorge mit sich bringen, dass der menschliche Wille nicht frei ist, sondern den mannigfaltigen Naturgesetzlichkeiten seiner Nervenzellen und ihren Vernetzungen unterliegt. Wie gesagt und befürchtet wird, bestimmen deren materielle (elektrochemische und physiologische) Eigenschaften offenbar, wie und wann Menschen zu Entscheidungen und Willensakten kommen. Der amerikanische Physiologe Benjamin Libet hat Experimente unternommen und beschrieben, die zeigen, dass es in simplen Entscheidungssituationen – drückt man einen Knopf oder lässt es – ein sogenanntes Bereitschaftspotenzial des Gehirns gibt, das der anscheinend freien Handlung oder dem Entschluss dazu vorangeht. Mir scheint ein solches Bereitschaftspotenzial jedoch weniger für meine Unfreiheit als für meine Lebenssicherheit – und damit für meine Freiheit – zu sorgen. Denn selbst im Alltag einer hochentwickelten Gesellschaft können unentwegt bedrohliche Situationen auftreten, etwa durch heranbrausende Autos. Noch weitaus riskanter war das Leben in der Steinzeit, allein schon wegen angreifender Raubtiere. Hätte man seinerzeit nicht über ein Bereitschaftspotenzial zur schnellen Reaktion verfügt, wäre man rasch Opfer geworden, ohne Nachfahren zu hinterlassen. Das Bereitschaftspotenzial im Gehirn erweitert die Überlebenschancen des Menschen – und die dabei gewonnenen Freiheiten. Libets Experimente zeigen, dass die Evolution die menschliche Spezies mit einer äußerst nützlichen Fähigkeit ausgestattet hat.

Ein mathematisch formuliertes Gesetz, das zum Nachfragen reizt

»Naturgesetz« klingt ziemlich abstrakt, deshalb soll hier anhand von Beispielen konkretisiert werden, was damit gemeint ist. Dabei scheint es geraten, sich an die mathematisch formulierten Gesetze zu halten, die in der Physik – und vielleicht sogar nur hier – zu finden sind.

Ein Gesetz der Physik stellt oder hält zum Beispiel fest, dass das Volumen der Luft oder eines Gases unter anderem von der jeweiligen Raumtemperatur abhängt. Je wärmer es dort ist, desto mehr Platz beansprucht die Luft oder ein Gas wie etwa Sauerstoff, das dann, wenn es in einer Flasche eingesperrt ist, zugleich mehr Druck auf deren Wände ausübt. Die Physik kann diesen Zusammenhang mittels der mathematischen Sprache genau fassen und dann sagen, dass das Produkt aus Druck und Volumen der Temperatur proportional ist. In den Büchern ist heute dabei vom Boyle-Mariotte-Gesetz die Rede. Diese Bezeichnung erinnert an den Briten Robert Boyle und den Franzosen Edme Mariotte, die beide im 17. Jahrhundert den Zusammenhang zwischen Volumen, Druck und Temperatur untersucht und beim Betrachten ihrer Messwerte die genannte Relation bemerkt haben.

Das Gesetz von Boyle und Mariotte klingt zunächst einfach und einleuchtend, wirft bei genauerem Nachdenken jedoch jede Menge Fragen auf. Was ist zum Beispiel die – scheinbar vertraute – Temperatur? Wie entsteht sie, wie manifestiert sie sich, und wie kommt es, dass sie zunimmt, wenn man ein Gas erwärmt? Weiter kann man fragen, was diese Wärme ist, die offenbar in einem Volumen enthalten und durch die Temperatur gemessen wird. Meint man damit einen Stoff, der neben oder in dem Gas vorliegt, wie lange Zeit gedacht wurde und für den sich der Name Caloricum etablierte? (Mit einer Abwandlung wird dieser Begriff bis heute gebraucht, etwa wenn Kalorienmengen von Zucker und anderen Nährstoffen auf Verpackungen oder in Tabellen angegeben werden. So genau diese Zahlen auch sind, sie geben wenig Antwort darauf, was die Wärmeenergie ist, die mit der Nahrungsaufnahme in den Körper gelangt.) Und wie wird aus der Wärme das Fett, das sich auf Hüften sammelt und überhaupt nicht vor Kälte schützt? Wie unterscheidet man Kälte und Wärme? Und wie ist es zu verstehen, dass sie sich gewöhnlich ausgleichen? Boyle und Mariotte gelang die Aufstellung dieses Gesetzes über Gase zu einer Zeit, in der das Diktum des berühmten Italieners Galileo Galilei zu zirkulieren begann, dem zufolge es ein Buch der Natur gibt, das in der Sprache der Mathematik geschrieben ist und deshalb nur von denen gelesen werden kann, die diese Sprache beherrschen. Boyle und Mariotte konnten ihren Zeitgenossen dann tatsächlich etwas aus diesem hypothetischen Buch vorlesen, und mit ihrem Gesetz begann eine eindrucksvolle Erfolgsgeschichte der zugleich experimentellen und exakten Wissenschaften, denn in den kommenden Jahrhunderten kamen immer mehr mathematisch formulierte Naturgesetze hinzu. Dabei tat sich vor allem Isaac Newton hervor, der 1687 sein legendäres Buch über die *Mathematischen Prinzipien der Naturlehre* vorlegte und mit den darin aufgeführten Naturgesetzen über Anziehungs- und Fliehkräfte im Kosmos eine neue Weltsicht begründete. Doch davon später.

Wie oben angekündigt, gibt es zumindest zwei Gründe, die Existenz von Naturgesetzen als erfreulich zu betrachten. Der erste Grund steckt in der Verlässlichkeit der natürlichen Abläufe, an denen sich

Menschen orientieren können. Verlässlichkeit gibt es nur, wenn mit den Dingen auch irgendeine Art von Gesetzmäßigkeit gegeben ist. Der zweite Grund steckt darin, dass sich die Kräfte der Natur nur nutzen lassen, wenn man weiß, im Rahmen welcher Gesetze sie ihre Wirksamkeit entfalten. Wer etwa Maschinen bauen und Arbeit von ihnen verrichten lassen möchte, ist gut beraten, die Zusammenhänge angeben zu können, die zum Beispiel eine Kraft mit der Wärme oder eine Energie mit der Temperatur verbinden. Wer den Ertrag von Ackerboden verbessern möchte, sollte wissen, wie und durch welche Stoffe (Mineralien) das Wachsen von Pflanzen unter welchen Bedingungen gefördert wird. Und so könnte man viele Beispiele dafür anführen, warum es sich lohnt, die gesetzlichen Grundlagen für die regelmäßigen Abläufe im Naturgeschehen zu kennen. Deshalb ist es kein Wunder, dass sich viele Menschen – zunächst in Europa und dann weltweit – im Anschluss an die Renaissance immer mehr Mühe gaben, diese Naturgesetze zu erfassen. Oft wurden sie auch als Kausalgesetze bezeichnet, weil sie erkennen ließen, welche Ursachen (Kausalfaktoren) in der Welt wirkten und für deren Ablauf und Erscheinungen sorgten.

Mit ihrer Hilfe entfalteten sich nicht nur die zahlreichen technischen Möglichkeiten, die im Verlaufe der Industrialisierung kräftig genutzt wurden. Es tauchte daneben bei jedem nachdenklichen Menschen das Problem auf, »das Bewusstsein seiner eigenen sittlichen Würde in Einklang zu bringen mit seiner Überzeugung vom Walten einer strengen Gesetzlichkeit in dem gesamten Getriebe der äußeren und inneren Welt«, wie es Max Planck etwas altmodisch formuliert hat, als er 1923 das Verhältnis von »Kausalgesetz und Willensfreiheit« analysierte. Schon auf den ersten Blick wird dabei ein scharfer Gegensatz deutlich: »Auf der einen Seite der Ablauf aller Geschehnisse nach unverbrüchlichen Regeln – in der Natur wie im Geistesleben –, die Vorbedingung jeder wissenschaftlichen Erkenntnis und die Grundlage allen praktischen Handelns. Auf der anderen Seite die uns in unserem Selbstbewußtsein, also durch die unmittelbarste Erkenntnisquelle, die es geben kann, verbürgte Gewißheit, daß wir letzten Endes selber Herr sind über unsere eigenen Gedanken und Entschließungen, daß wir in jedem Augenblick die Möglichkeit haben, so oder so zu handeln, klug oder töricht, gut oder schlecht. Wie reimt sich beides zusammen?«

Die Gleichungen und ihre Unbekannten

Bevor die elementare und existenzielle Frage von Planck weiter betrachtet wird, muss eine Unterscheidung eingeführt werden, die gerne einfach unter den Tisch gekehrt wird, auf dem die Argumente liegen. Wenn von Naturgesetzen die Rede ist und deren mathematische Darstellungen gemeint sind, dann handelt es sich genauer betrachtet um Gleichungen, wie sich an der unvermeidlichen Verwendung des Gleichheitszeichens zeigt. Sämtliche Naturgesetze liegen als Gleichung vor, wie sie im Mathematikunterricht der Schule jeder kennengelernt und dabei zugleich erfahren hat, dass eine Gleichung nicht das Ende des Nachdenkens, sondern dessen Anfang ist. Gleichungen haben vor allem den Zweck, gelöst zu werden.

Wer etwa wissen will, wie teuer ein Stift ist, der erworben werden soll, und vom Händler die Auskunft bekommt, dass er mit Mine 21 Euro kostet und allein 20 Euro teurer als die Mine ist, der kann natürlich einfach mal 20 Euro raten, wie die meisten es tun, um dann falsch zu liegen. Er kann aber auch überlegen, dass es zwei unbekannte Größen gibt, den Preis für der Stift – abgekürzt S – und den Preis für die Mine – abgekürzt M –, die durch zwei Gleichungen verbunden sind, nämlich $M + S = 21$ und $S - M = 20$. Die letzte Gleichung kann man auch schreiben als $S = M + 20$, und wenn man diese in die erste Gleichung einsetzt, bekommt man $M + M + 20 = 21$. Daraus folgt dann $2 \times M = 1$, was die Lösung liefert und bedeutet, dass die Mine 50 Cent und der Stift somit 20,50 Euro kostet.

Das Rechnen mag umständlich erscheinen, liefert aber das korrekte Ergebnis (wobei es an dieser Stelle nicht interessieren soll, warum der gesuchte Preis so leicht zu erraten schien und dabei doch verpasst wurde). An dieser Stelle gilt es vielmehr zu beachten oder zu erinnern, was zumindest in meiner Schulzeit noch eingebläut wurde: dass sich nämlich Gleichungen nur lösen lassen, wenn es von ihnen nicht weniger als von den Unbekannten gibt, die sie verbinden. Eine Gleichung mit einer Unbekannten ($x - 1 = 2$) lässt sich ebenso gut lösen wie zwei Gleichungen mit zwei Unbekannten, wie oben vorgeführt. Aber eine Gleichung mit zwei Unbekannten macht ratlos. Wenn $x - y = 2$ sein soll, dann kann man zwischen beliebig vielen Kombinationen auswählen, und weder für die eine noch für die andere unbekannte Größe ergibt sich ein fester Wert, den man als Lösung betrachten könnte. Kurzum – nur wer über nicht weniger Gleichungen als Unbekannte verfügt, kann auf eine Lösung hoffen.

Der Schritt von den abstrakten Gleichungen der Mathematik zu den konkreten physikalischen Gesetzen der Natur soll hier durch einen Hinweis erfolgen: Zwar sind es die Gleichungen, die es erlauben, dem Naturgeschehen seine Regelmäßigkeit anzusehen; man muss diese Gleichungen aber lösen, um damit vorhersagen zu können, was in der Wirklichkeit abläuft. Es sind nicht die Gleichungen, die das Naturgeschehen – wenn überhaupt – determinieren, es sind ihre Lösungen. Und diese gibt es nur, wie erläutert, wenn die Zahl der Gleichungen mindestens so groß wie oder größer ist als die Zahl der Unbekannten, die es zu berechnen gilt. Diese Situation kommt so gut wie nie vor – was nicht allzu oft betont und gerne übersehen wird. Die Zahl der physikalischen Gesetze (Gleichungen) reicht selten oder nie an die Zahl der unbekannten Größen heran, wie sich leicht an Beispielen zeigen lässt. Den Anfang kann und muss man dabei mit Newton machen, der das berühmte Gesetz von der wirkenden Schwerkraft aufgestellt hat. Damit lassen sich sehr viele Dinge und Tatbestände erläutern – unter anderem das Fallen von Gegenständen, das Auftreten von Ebbe und Flut, die Form der Planetenbahnen, die Abflachung der Erde an den Polen und einige andere Phänomene, die der Beobachtung zugänglich sind.

Keine Frage, das Gravitationsgesetz von Newton stellt einen großen Triumph des wissenschaftlichen Denkens dar, aber es legt nicht in einer deterministischen Weise fest, was am Himmel und auf Erden passiert. Es ist nämlich nur ein Gesetz, also eine Gleichung, und mit der müssen mehrere – sehr viele – Unbekannte berechnet werden. Wie viele unbekannte Größen es gibt, kann man leicht zählen, wenn man sich ein einfaches System vornimmt, etwa die Erde, die um die Sonne kreist – genauer: die Erde, die sich auf einer elliptischen Bahn um die Sonne befindet. Zur Erde gehört ein Mond, was insgesamt drei Körper ergibt, die sich in Abhängigkeit voneinander bewegen. Zur Beschreibung dieser kosmischen Dynamik benötigt ein Physiker den Ort und die Geschwindigkeit von Sonne, Mond und Erde. Da sich das Trio im Raum aufhält, der sich durch drei Dimensionen auszeichnet – vorne und hinten, oben und unten, rechts und links –, gilt es, drei Komponenten für den Ort und drei Komponenten für die Geschwindigkeit zu berechnen, was bei drei Himmelskörpern sechs mal drei, also 18 unbekannte Größen ergibt.

Und diesen steht das eine Gesetz von Newton gegenüber; diese Gleichung reicht aber nicht mehr aus, wenn sich *drei* Körper mit- und umeinander bewegen, und selbstverständlich bietet der Himmel Platz für sehr viel mehr Planeten und Trabanten und Sterne.

Mit anderen Worten: Zwar wird das kosmische Geschehen durch die Naturgesetze überschaubar und regelmäßig, es wird dadurch aber auf keinen Fall für alle Zeit determiniert; dieser Sachverhalt war Newtons Aufmerksamkeit nicht entgangen. Um dem Weltall trotzdem so etwas wie eine durchgängige – ewige – Stabilität zu geben, erlaubte sich Newton den Gedanken, Gott einzuschalten, der ab und zu einmal nach dem Rechten sah und wieder einrenkte, was vielleicht aus den Fugen zu geraten schien.

Wer das Gleichungssystem, das wegen seiner Regelhaftigkeit auch als Newton'sches Uhrwerk bezeichnet wird, vom Himmel auf die Erde holen will, kann unter keinen Umständen an der offensichtlichen Tatsache vorbeigehen, dass die Zahl der zu berechnenden Unbekannten ins Unermessliche steigt, wenn menschliche Körper und Verhaltensweisen ins Spiel kommen. Und selbst wenn man einräumt, dass es längst ein paar Gesetze mehr als das oder die von Newton gibt, so wird niemand annehmen, dass ihre Zahl größer ist als die Anzahl an Komponenten, die in einem Leben zusammenwirken und es ermöglichen. Natürlich erlauben die Naturgesetze viele Berechnungen von vielen Phänomenen, aber dass die Welt dadurch determiniert und insofern starr wird und keinen Spielraum für Freiheit mehr bietet, braucht niemand zu befürchten. Die Gesetze der Natur sind in dieser Hinsicht wie die der Menschen: Sie geben dem Ganzen Halt, ohne das Einzelne unnötig einzuschränken.

Das Gesetz der Gravitation

Das Gesetz der Gravitation besagt, dass zwei Körper (deren Massen oft M1 und M2 genannt werden), die in einem Abstand voneinander aufhalten, der gerne als R bezeichnet wird, sich mit einer Kraft anziehen, die proportional zum Produkt der Massen und umgekehrt proportional zum Quadrat ihres Abstandes ist. »Proportional« kann mit »verhältnisgleich« ausgedrückt werden; der Begriff meint, dass die Verdopplung (Verdreifachung) der Massen zu einer Verdopplung (Verdreifachung) der Kraft führt, und »umgekehrt« verlangt, dass nicht multipliziert, sondern dividiert wird. Mathematisch wird all dies durch einen konstanten Faktor erfasst, der in diesem Fall »Gravitationskonstante« heißt und mit dem griechischen Buchstaben γ (Gamma) bezeichnet wird. Also lautet das Gesetz: $K = \gamma \cdot M1 \cdot M2 / R^2$.

Man kann darüber staunen, dass es so weniger Symbole und Zeichen bedarf, um eine ganze Welt zu erfassen und vorzustellen. In dieser Verdichtung stecken viele offene Fragen. Eine lautet zum Beispiel, wie denn der Abstand R zwischen zwei Massen gemessen wird. Eine zweite lautet, ob die Form der Körper, die sich anziehen, eine Rolle spielt, wenn sie sich festhalten. Die Antworten darauf führen letztlich zu dem Hinweis, dass das physikalische Gesetz von Newton nur für Massenpunkte gilt. Der Vorteil liegt darin, dass jetzt der Abstand kein Problem mehr darstellt, den haben zwei Punkte im Raum eben. Der Nachteil liegt darin, dass es in der Wirklichkeit keine Punkte gibt. Es gibt nur ausgedehnte Massen, auch wenn sie noch so klein sind, was bedeutet, dass das Gesetz der Gravitation eine Erfindung von Newton – und keine Entdeckung – ist.

Und nun scheinen höchst präzise Messungen der Gravitationskonstante sogar darauf hinzuweisen, dass sich ihr Wert ändert, dass es sich also gar nicht um eine Naturkonstante handelt. Der Gedanke einer abnehmenden Gravitationskonstante ist schon vor Jahrzehnten dazu benutzt worden, die Kontinentalverschiebungen, durch die sich im Lauf von Jahrmillionen die Gestalt der Erdoberfläche gebildet hat, im physikalischen Rahmen verständlich zu machen. Damals nahm man an, die Konstante würde schwächer. Jetzt sieht es so aus, als ob γ zunimmt – so als ob sich die Dunkelmaterie jetzt auf der Erde selbst zeigt. Es wird zurzeit viel gemessen und gerechnet, und es bleibt spannend, auf Ergebnisse und Konsequenzen zu warten.

Die Tatsache, dass die Bewegung weniger Himmelskörper ausreicht, um sie einem deterministischen Zugriff von Naturgesetzen zu entziehen, erzwingt den Schluss, dass das Zusammenspiel immens vieler Körperbausteine nur minimale Schranken durch die wenigen Gleichungen bekommt, die Forschern zur Verfügung stehen. Mit anderen Worten: Im Rahmen naturwissenschaftlicher Betrachtungen bleibt Freiheit eine Möglichkeit.

Diese grundsätzliche Offenheit des individuellen Vorgehens und Handelns konnte in jüngster Zeit auch durch eine Richtung der physikalischen Wissenschaft bestärkt und gefestigt werden, die durch das Schlagwort der Chaosforschung populär geworden ist und den berühmten Schmetterlingseffekt ins Spiel gebracht hat. Damit ist gemeint, dass der Flügelschlag eines Schmetterlings etwa im brasilianischen Dschungel über komplexe und dramatische Kausalketten, deren Wirkung sich aufschaukelt, zu einem Unwetter über dem amerikanischen Kontinent und konkret in New York führen kann. Das ist tatsächlich möglich, kann jedoch auf keinen Fall im Rahmen einer Physik erklärt werden, die von Uhrwerken handelt, wie es Newtons Gleichungen unternehmen.

Die entscheidende Beobachtung dieser Physik, die sich der Komplexität der Natur stellt, besteht in Folgendem: Die vielfältigen Verzweigungen und Zusammenhänge der materiellen Dinge führen dazu, dass die Festlegung (Determiniertheit) der physikalischen Abläufe – anders, als gemeinhin erwartet – *keine* Prognosen künftigen Geschehens erlaubt. Im Gegenteil: Es gilt, sorgfältig zwischen der Vorhersagbarkeit eines Ereignisses und seiner Abhängigkeit (Determiniertheit) von Naturgesetzen zu unterscheiden. Auf diese Weise stehen der Freiheit wieder viele Türen offen.

Das Wort Chaos bezeichnet dabei kein Durcheinander, sondern weist darauf hin, dass in der Wirklichkeit der Dinge Ausgangssituationen, die ungefähr gleich sind, nicht zu ähnlichen Ergebnissen führen, selbst wenn sich die betrachteten Dinge ähnlich entwickeln. Der Philosoph Karl Popper hat deswegen vorgeschlagen, die Welt nicht als Uhrwerk, sondern als Wolke zu betrachten. In ihr geht sicher alles mit rechten physikalischen Dingen zu, aber das Ergebnis kann sich auf höchst unterschiedliche Weise präsentieren, ohne dass dabei Beliebigkeit um sich griffe. Das Wetter bietet dafür ein gutes Beispiel: Obwohl ihm sicherlich einfache Gesetze der Naturwissenschaften zugrunde liegen, entzieht es sich trotz einer zunehmenden Anzahl von Wetterstationen und immer leistungsfähigerer Computer der präzisen Vorhersagbarkeit. Es ist eben komplex, was sich in der Atmosphäre abspielt, und wenn auch alles nach Naturgesetzen abläuft, so kann doch niemand genau wissen, was herauskommt.

Selbstverständlich hatte Max Planck im Jahr 1923 noch keine Vorstellung von der komplexen Chaosforschung unserer Gegenwart; dennoch gingen seine Gedanken in eine vergleichbare Richtung, als er den Zusammenhang von »Kausalgesetz und Willensfreiheit« zu analysieren versuchte. Planck wies nämlich unter anderem darauf hin, dass es eine Mär ist, wenn behauptet wird, die Naturgesetze seien von der deterministischen Art. Diese Vorstellung galt nur ganz am Anfang der physikalischen Wissenschaft – also bei Newton und seinen Zeitgenossen. Im 19. Jahrhundert gewann die Idee der Wahrscheinlichkeit an Bedeutung, und mit ihr die Suche nach statistischen Gesetzen. Tatsächlich gaben die meisten Naturgesetze nur Auskunft über Mittel- oder Durchschnittswerte einer großen Zahl von vergleichbaren Vorgängen, ohne irgendetwas über einen Einzelfall zu sagen (mal abgesehen von einer bestimmten Wahrscheinlichkeit, dass er tatsächlich vorliegt).

Wenn es überhaupt Gesetze der Abläufe im lebendigen Körper gibt, dann handelt es sich dabei um Auskünfte der statistischen Art, die ein Einzelner zur Kenntnis nehmen kann, ohne damit in allen Belangen festgelegt oder in einen gesetzlichen Rahmen eingesperrt zu sein.

Selbstverständlich bleibt damit der Grundgedanke kausaler Wirkketten erhalten. Ohne sie könnte gar keine Wissenschaft betrieben werden. Aber es zeigt sich auch die Richtung, in der sich ein Punkt in der »unermeßlichen Natur- und Geisteswelt [finden lässt], welcher jeder Wissenschaft und daher auch jeder kausalen Betrachtung nicht nur praktisch, sondern auch logisch genommen unzugänglich ist und für immer unzugänglich bleiben wird«, wie Planck überzeugt war, und »dieser Punkt ist das eigene Ich«. Wer nämlich »als erkennendes Subjekt auftreten« will, muss »auf eine Beurteilung [seines] gegenwärtigen Ich Verzicht leisten«. Damit gibt es laut Planck eine Stelle, »wo die Willensfreiheit einsetzt und ihren Platz behauptet, ohne sich durch irgendetwas verdrängen zu lassen. Bei uns selbst dürfen wir an die unbegrenzten Möglichkeiten, an die stärksten und seltsamsten schlummernden Kräfte, an jedes Wunder glauben, ohne je fürchten zu müssen, dass wir einmal mit dem Kausalgesetz in Konflikt geraten können.«

Planck hat sich 1936 in Leipzig ein weiteres Mal zu dem Thema geäußert und »Vom Wesen der Willensfreiheit« gesprochen, nachdem er bemerkt hatte, dass namhafte Kollegen der Ansicht waren, »man müsse, um die Willensfreiheit zu retten, das Kausalgesetz zum Opfer bringen«. Es entbehrt nicht einer gewissen Ironie, dass viele Neurophilosophen es heute umgekehrt versuchen und bereit sind, das Kausalgesetz überall und durchgängig zu etablieren, um die Willensfreiheit zu opfern und als illusionär hinzustellen. Planck erinnert an die Schwierigkeiten, die beim Beobachten der eigenen Willenshandlungen auftreten, und er fragt, »inwieweit sind wir imstande, eine eigene Willenshandlung in ihrer kausalen Bedingtheit zu begreifen?« Und er antwortet sich selbst: »Offenbar gibt es dafür keine andere Möglichkeit, als daß wir unser Ich in zwei Teile zu spalten suchen: das erkennende Ich und das wollende Ich, und dem ersten die Rolle des Beobachters, dem zweiten die Rolle des Beobachteten zuweisen.« Er erläutert dann weiter, dass in dem Augenblick, in dem wir »bewußt eine Entscheidung treffen«, »die beiden Ich miteinander verschmolzen« sind, was »eine vollkommene Einsicht in die eigenen gegenwärtigen Willensmotive und mit ihr ein kausales Verständnis für die eigene Zukunft für immer unerreichbar« macht. Kurzum: »Von außen, objektiv betrachtet, ist der Wille kausal gebunden; von innen, subjektiv betrachtet, ist der Wille frei«, und dies ist es, was Menschen spüren.

EXKURS
Ein romantischer Vorschlag

Im Laufe der Geschichte – nicht nur der Wissenschaft, sondern auch der Philosophie – sind Newtons Name und sein Uhrwerk mit Ruhm und Ehre überschüttet worden, was viele Disziplinen und ihre Vertreter neidisch gemacht hat und ihren Ehrgeiz anstachelte, einen Newton hervorzubringen oder einer zu werden. Von einem »Newton des Grashalms« (Immanuel Kant) war im 18. Jahrhundert die Rede, es gab Versuche der Wirtschaftstheoretiker, ein Newton'sches Grundgesetz für Angebot und Nachfrage zu formulieren, und viele Mühen mehr. Dieses Verlangen besteht bis heute und findet sich aktuell formuliert in dem Buch *Kooperative Intelligenz*. Darin versucht der interdisziplinär orientierte Wissenschaftler Martin A. Nowak biologische Beobachtungen mit mathematischen Methoden zu erklären, um zu verstehen oder zu begründen, warum Menschen einander benötigen, um erfolgreich zu sein. Kein Zweifel ein löbliches Unterfangen, die Egotrips vieler Zeitgenossen durch ein Kooperationsangebot zu unterlaufen.

Doch dann stellt der Autor Behauptungen auf, die eher altmodisch und überholt wirken und möglicherweise unnötige Ängste wiederbeleben: »Die Mathematik kann die Art, in der wir Menschen zusammenarbeiten, ebenso klar beschreiben wie den Fall des Apfels vom Baum, der Newton einst zur Formulierung des Gravitationsgesetzes inspiriert haben soll.« Nowak zeigt sich felsenfest davon überzeugt, dass es sowohl so etwas wie ein »Gesetz des gegenseitigen Kampfes« als auch ein »Gesetz der gegenseitigen Hilfe« gibt (von denen bereits zu Beginn des 20. Jahrhunderts der russische Fürst und Anarchist Pjotr Kropotkin geschwärmt hat). Nowak meint auch, dass Gesetze den gesamten Kosmos »regieren« und somit die Menschen »objektiv und handfest« im Griff haben.

Aber da hat er seinen Planck nicht gelesen und auch die romantische Revolution übersehen, die starre und einseitige Gedanken dieser Art bereits im frühen 19. Jahrhundert überwunden und sich kreativer gezeigt hat.

Es gab sie einmal, die Angst vor einer durchgehenden Gesetzmäßigkeit und damit Prognostizierbarkeit der Dinge und Abläufe, die keinen Freiraum ließen und ein Leben vorbestimmt und vorhersehbar machten. Es gab diese Angst im Verlauf des 18. Jahrhunderts, als immer deutlicher wurde, wie gut die Newton'schen Gesetze etwa die Gezeiten begründen und sogar die abgeflachte Form der menschlichen Heimat im Kosmos, also der Erde, ziemlich genau berechnen konnten. In Newtons Licht sah die Welt durchgängig determiniert aus, doch dann entdeckten die Menschen, dass es nicht allein leuchtet und es dazu ein Gegenlicht gibt.

Romantiker wie Novalis und phantastische Autoren wie E. T. A. Hoffmann betrachten Newtons Kugel zwar beeindruckt, inszenieren dann aber einen Riss durch sie, wie es der Literaturwissenschaftler Peter von Matt in seiner Abschiedsvorlesung »Newtons Licht und Hoffmanns Nacht« ausdrückt. Die Geschichten der Romantik zeigen den Sprung in Newtons Uhrwerk dabei »als die Erfahrung einzelner Menschen«, »als ein vielfaches Menschenschicksal, das Schicksal seiner Helden, seiner vielen stolpernden dahinhühnernden Jünglinge, aber auch einiger junger Frauen«. Diese Geschichten enthalten und zeigen das »bedrohliche« Wissen, dass Newtons geschlossener Kosmos »nicht das Ganze sei, sondern nur ein Entwurf vom Ganzen, eine grandiose Spekulation, und dass es ein Anderes geben könnte, was immer das wäre und wie immer man dazu sagen würde«.

Die Romantiker betonten, dass Werte – anders als Tatsachen – nicht erkannt, sondern geschaffen werden, und zwar von jeder Person in ihrem eigenen Bereich und für ihre eigenen Entscheidungen. Mit dieser selbst gewählten Orientierung können Individuen dann ihren Willen in schöpferische Taten umsetzen und dabei sowohl die Natur der Dinge als auch sich selbst – ihr Leben – hervorbringen und somit erschaffen. Die Naturwissenschaften fügen sich hier ihrem heutigen Selbstverständnis nach nahtlos ein. Man muss ihnen nur zugestehen, dass ihre Vertreter kreativ sind und ihre Theorien als freie Erfindungen vorstellen, mit denen sie der Welt eine Form geben, die sich verstehen und vermitteln lässt. Davon soll im Folgenden die Rede sein.

KAPITEL 6

Die romantische Dimension

Im geistigen Natur-System muß man [die Ideen] überall zusammensuchen, jedem seinen eigenthümlichen Boden, sein Klima, seine beste Pflege, seine eigenthümliche Nachbarschaft geben, um ein Ideen-Paradies zu bilden: dies ist das ächte System.

NOVALIS

Wer von Geheimnissen spricht, meint etwas, das in irgendeinem Dunkel bleibt und von dort aus seine besondere Dimension entfaltet. Und wer sich solch einer Schattenseite des menschlichen Geistes zuwendet, entfernt sich aus dem strahlenden Gedankengebäude, das die als Aufklärung bekannte Richtung des Denkens errichtet und mit dem schönen Licht der Vernunft ausgeleuchtet hat, das sie für sich reklamiert. Wer der Flamme der Rationalität den Rücken zukehrt, wendet sich dabei den Ideen zu, die sich im Anschluss an die Aufklärung und als Reaktion auf ihre Rationalität gezeigt haben; sie werden gewöhnlich mit dem schmückenden Beiwort »romantisch« versehen.

Wer Geheimnisse liebt und sich ihrer eindringlichen Dunkelheit öffnet, zeigt seine romantische Ader, und zu den Überzeugungen des Autors und den Thesen dieses Buches gehört die Behauptung, dass die Naturwissenschaften ihren Lebenssaft und ihre Qualität nicht zuletzt aus dieser Blutversorgung beziehen, selbst wenn das vielen abwegig erscheinen mag.

Auf die tiefe Verbindung der Naturwissenschaft zur Romantik ist im Kapitel »Mysterien der modernen Wissenschaft« bereits hingewiesen worden, als bei dem spekulativen Dunkellicht der Physiker eine »Sonne der Nacht« zur Sprache kam und der Satz zitiert wurde, dass »im Lichte der schwarzen Sonne die weiße Sonne verblassen kann«. Vorgetragen hat ihn der Literaturwissenschaftler Peter von Matt, als er in seiner bereits zitierten Abschiedsvorlesung an der Universität Zürich romantische Erzählungen und physikalische Theorien in ein angemessenes kulturelles Verhältnis setzte und ihre Verbindung erkundete.

Natürlich schreiben sich die Anhänger der Aufklärung gerne die unübersehbaren Erfolge der Naturwissenschaften auf die eigenen Fahnen, und beigetragen hat ihr mutiger Einsatz des eigenen Verstandes und der kritischen Vernunft auf jeden Fall zu ihren Triumphen, auch wenn es zwischendurch immer wieder Irrtümer und Sackgassen gab. Aber ein genaueres Hinschauen auf die dazugehörige historische Entwicklung lässt eine Fülle von romantischen Elementen etwa in der Physik erkennen, und zwar sowohl bei dem Vorgehen ihrer Vertreter als auch bei den Ergebnissen. Um beide Bereiche soll es auf den folgenden Seiten gehen. Den Anfang macht das, was die Physik zwar zu verstehen und dem Vernehmen nach aufgeklärt zu haben scheint, was aber trotzdem höchst geheimnisvoll bleibt, wenn man weiter nachfragt.

Drei Grundannahmen der Aufklärung

Bevor die romantischen Elemente der die Wirklichkeit verzaubernden Naturwissenschaften im Detail zur Sprache kommen, lohnt ein Blick auf die Grundannahmen, die aus der Epoche der Aufklärung stammen und nach wie vor von vielen geteilt werden. Zwar scheinen die Prinzipien auf den ersten Blick problemlos zu sein und Geheimnissen keinen Raum zu lassen. Beim zweiten Hinschauen aber fordern die aufklärerischen Vorgaben ihr romantisches Gegenstück geradezu heraus. Die aus dem Alltag vertraute Aufzählung des ersten und zweiten Blicks hat einen kulturhistorischen Ausgangspunkt: Es gehört nämlich zu den Grundgedanken etwa in den Dichtungen E.T.A. Hoffmanns – nicht zuletzt in der Novelle *Der goldene Topf* oder in dem Roman *Die Elixiere des Teufels* –, dass Menschen nicht nur über ein Augenpaar für das Licht des Tages verfügen und mit ihm auf die Welt sehen und in ihr etwas erblicken. Vielmehr ist ihnen ein zweites Betrachten mit einem anderen Augenpaar möglich, und mit diesem wird das schwarze Licht wahrgenommen, dem nicht mit Wellenlängen beizukommen ist. Erst wenn die inneren Augen aufgehen, beginnt das eigentliche Sehen, wie die Romantiker zuerst gesagt haben. Das Unsichtbare ist das Wichtige, und das Eigentliche bleibt unsichtbar. Doch das kann erst sagen oder aufnehmen, wer die Aufklärung durchlaufen und mit ihrem Licht gesehen hat.

Was die Grundannahmen der Aufklärung angeht, so folge ich dabei einer Aufzählung des in Riga geborenen Philosophen Isaiah Berlin (1909 – 1997), der lange Jahre in Oxford gelehrt hat. In seinem Buch *Die Wurzeln der Romantik* schlägt er überzeugend vor, sich die Aufklärung als eine Geisteshaltung zu vergegenwärtigen, die auf drei Prinzipien beruht.

Das erste Prinzip klingt ziemlich einfach, indem es besagt, dass »es auf alle sinnigen Fragen auch eine Antwort gibt«. Gemeint sind Fragen der Art, wie sie schon zahlreich gestellt worden sind: Was macht Licht, wenn es dunkel ist? Warum haben Menschen einen Blinddarm? Warum weisen die Augen asiatischer Landsleute eine sichelförmige Hautfalte auf? Warum setzen Männer am Bauch und Frauen an den Hüften und Oberschenkeln Speck an? Und so weiter in alle Richtungen, in denen sich wissenschaftliche Disziplinen angesiedelt haben. Bei der Vielzahl der möglichen Themen, meinte Max Weber, kann es natürlich passieren, dass nicht jeder Mensch jede Antwort kennt, aber das stört nicht, da es ja irgendwo die Fachleute oder Eliten gibt, die zuverlässig und verständlich Auskunft geben können.

Die zweite Grundannahme lautet Isaiah Berlin zufolge, »dass alle diese Antworten [auf die sinnigen Fragen] gefunden werden können, … dass es Techniken gibt, mit deren Hilfe sich erlernen und vermitteln lässt, wie man herausfindet, woraus die Welt besteht« und wie sie funktioniert. Wenn dann alle wissen, warum sie Grippe vornehmlich im Winter bekommen, warum ihr Magen knurrt, wenn sich der Hunger meldet, und warum das Gähnen des Sitznachbarn so ansteckend wirkt, dann kann mit der Fülle der wohllautenden Erklärungen die vollends aufgeklärte Welt entstehen, an der Theodor W. Adorno in *Dialektik der Aufklärung* sein Mütchen gekühlt hat, indem er sie als »unheilvoll« charakterisierte.

Neben den beiden genannten Überlegungen gibt es noch eine wichtige, wenn auch oft übersehene dritte Grundannahme. Sie lautet, »dass all diese Antworten miteinander vereinbar sein müssen [sich also nicht widersprechen dürfen], weil ansonsten Chaos die Folge und auf nichts Verlass wäre«.

Mit diesen drei überschaubaren und harmlos klingenden Vorgaben dachten einige Leute im Jahrhundert des Philosophen Kant daran, die ganze Welt aufzuklären. Sie hielten für möglich, künftig für den höheren Bereich von Moral und Politik das zu erreichen, was Newton im niederen Bereich der Physik gelungen war. Der künftige Weg der Menschen schien damit in einem rational gedachten Sinn klar vor den Gesellschaften zu liegen und für ihre Mitglieder berechenbar zu sein, so wie es für die Bahnen von Planeten oder die beiden Drehungen der Erde bereits gelungen war.

Doch dann tauchten plötzlich die ersten Angriffe auf die Aufklärung auf, unternommen von Romantikern, die ihr individuelles Leben nicht unter ein allgemeines Gesetz stellen wollten. Vielmehr wollten sie das eigene Dasein selbst gestalten und fragten vernünftig nach den Grenzen der Vernunft. Sie fanden diese Grenzen dort, wo Menschen Werte schaffen und sich für oder gegen bestimmte Weisen des Verhaltens entscheiden. Denn Fragen wie »Wie soll man leben?« oder »Was ist eine gute Handlung?« sind im Sinne der aufklärerischen Prinzipien keineswegs eindeutig und ohne Widerspruch zu beantworten.

Was genau ist eigentlich gemeint, wenn in diesem Text und Kontext das Wort »romantisch« verwendet und operativ eingesetzt wird? In seinem erkenntnis- und zitatenreichen Buch *Romantik* (2009) stellt der Philosoph Rüdiger Safranski auch den berühmten Satz des früh verstorbenen Poeten Novalis vor. Dieser Satz gilt vielfach als »die beste Definition des Romantischen« und soll hier deshalb als

Ausgangspunkt weiterer Überlegungen dienen. Novalis legt noch im 18. Jahrhundert schreibend fest, was er unter »romantisieren« verstehen will. Es empfiehlt sich, den Satz erst langsam und dann mehrfach zu lesen und seine Worte auf sich wirken zu lassen:

> Indem ich dem Gemeinen einen hohen Sinn, dem Gewöhnlichen ein geheimnisvolles Ansehen, dem Bekannten die Würde des Unbekannten, dem Endlichen einen unendlichen Schein gebe, romantisiere ich es.

Wer von diesen vier Handlungsmöglichkeiten liest und überlegt, wo und wie man sie im eigenen Dasein einsetzen kann, der wird zwar an viele Bereiche des Alltags denken, aber *einen* Zugang zu unserer Welt höchstwahrscheinlich unbeachtet lassen – nämlich den der Naturwissenschaften. In den Bereichen von Physik, Chemie, Biologie und all den anderen Disziplinen erwarten Menschen ein systematisches Vorgehen, eine rationale Analyse und damit verwandte Methoden – wo soll bei diesem exakten Tun mit sauberer Methodik und quantitativen Resultaten um Gottes willen so etwas wie Romantik auftauchen und eine Rolle spielen?

Nichts könnte weiter von der Wahrheit entfernt sein als dieses Vorurteil, wie im Folgenden gezeigt werden soll. Die Naturwissenschaften romantisieren die Welt genau so, wie es die Worte von Novalis beschreiben. Novalis bezog sich seinerzeit auf eine Geisteshaltung und Denkweise, die im ausgehenden 18. Jahrhundert aufgekommen war und um das Jahr 1800 besonders wirksam wurde. Der Ausdruck »romantisieren« lässt an die Möglichkeit von kreativen Personen denken, die Welt durch die *verdichtete Form* zu verstehen, die sie ihr geben. Tatsächlich versteht ein Naturwissenschaftler die Natur ebenso durch die *Form*, die er ihr mit seinen Theorien gibt, wie sich bei Albert Einstein lernen lässt, der physikalische Theorien als freie Erfindungen des menschlichen Geistes bezeichnet hat.

Die Würde des Unbekannten im Bekannten

Im Folgenden sollen die vier Kriterien von Novalis einzeln betrachtet und geprüft werden, wobei mit der dritten Aussage begonnen werden soll. Ihr zufolge trägt jemand zur Romantisierung der Welt bei, wenn er »dem Bekannten die Würde des Unbekannten« geben kann. Es mag beim ersten Lesen zwar überraschend klingen, aber genau darin besteht ein wesentlicher Aspekt des Unternehmens, das wir als Naturwissenschaft kennen. Warum dies der Fall ist, hat unter anderem Karl Popper beschrieben. Der Philosoph des kritischen Rationalismus hat in seinen wissenschaftstheoretischen Schriften mehrfach darauf hingewiesen, dass die Tätigkeit von Naturwissenschaftlern merkwürdigerweise darin besteht, etwas, das man sieht – das Bekannte –, durch etwas zu erklären, das man nicht sieht – das Unbekannte.

Rufen wir uns dazu nochmals das leicht zugängliche Beispiel in Erinnerung, das von zur Erde fallenden Gegenständen handelt: Das (sichtbare) Fallen eines Steines oder jedes anderen Gegenstandes wird seit Isaac Newton durch die (unsichtbare) Gravitation erklärt, die von der Erde ausgeht und bei aller Berechenbarkeit mysteriös bleibt. Newton hat um 1700 ganz allgemein verstanden, dass Kräfte der anziehenden Art zustande kommen, wenn sich irgendwo Massen befinden. Allerdings hat er den Menschen nicht gesagt, wie das geschehen soll und was dazu passieren muss. Diese Fragen konnten erst im 20. Jahrhundert in Angriff genommen werden, als Albert Einstein eine für die meisten Mitbürger bis heute unverständliche Form der Kosmologie entwerfen konnte, die als Allgemeine Relativitätstheorie bekannt geworden ist. Einsteins Einsichten zufolge üben Massen Einfluss auf die Geometrie des Raumes aus. Materie krümmt den Raum, und die dabei entstehenden Verwerfungen ziehen die Bewegungen nach sich, die beobachtet und einer Schwerkraft zugerechnet werden.

Ein Kenner der Relativitätstheorie kann nun behaupten, er habe das Fallen von Gegenständen verstanden. Aber als normaler Mitbürger dieses Fachmanns kann man nur feststellen, dass das Geheimnis offen geblieben oder eher tiefer geworden ist und einen unheimlichen Zusammenhang zwischen der Materie und dem Raum erkennen lässt.

Die Erklärungen der Schwerkraft, die sich in Lehrbüchern finden, operieren damit, dass von einem Schwere- oder Gravitationsfeld gesprochen wird, das Massen wie die der Erde, die der Sonne oder die anderer Himmelskörper erzeugen und in alle Welt aussenden, und zwar bis in die hinterste Ecke, falls es so etwas gibt. Solch ein Feld aber präsentiert sich mehr als geheimnisvolle Idee und weniger als eine physikalische Lösung, mit der alles klar wird.

Der Gedanke eines Feldes ist den meisten im Zusammenhang mit dem (unsichtbaren) Feld eines Magneten vertraut, das bekanntlich für das (sichtbare) Ausrichten einer Kompassnadel sorgt. Da auch die Erde über ein solches (unsichtbares) Magnetfeld verfügt, können die Himmelsrichtungen festgelegt werden – was alles gut und schön ist, bis einem klar wird, dass der Forschung so verborgen wie am ersten Tag bleibt, wie unser rotierender Planet zu seinem Magnetfeld kommt oder es durchgehend hervorbringt. Natürlich versteht ein Physiker längst, dass er Magnetfelder erzeugen kann, wenn er dafür sorgt, dass sich elektrische Felder zeitlich ändern, wie es etwa bei einem Strom passiert, der ein- und ausgeschaltet wird. Aber er weiß nicht, woher das Magnetfeld eigentlich kommt, da es doch noch nirgendwo zu finden war, bevor sich das elektrische Geschehen änderte. Noch kann niemand sagen, wie Strom es schafft, um sich herum ein elektrisches Feld aufzubauen. Ein Physiker kann alle Abläufe bis in jede Einzelheit berechnen, ansonsten aber nur über sie und ihre Möglichkeiten staunen.

Wie bereits erwähnt, geht die Idee der magnetischen und elektrischen Felder auf das englische Multitalent Michael Faraday zurück. Dessen große Zeit fällt in das frühe 19. Jahrhundert, also genau in die Phase, die als Romantik bezeichnet wird, wenn von Musik, Malerei und ähnlichen kreativen Tätigkeiten von Menschen die Rede ist.

Dass es so etwas wie romantische Dichtung und Philosophie gibt, wissen viele, auch ohne dass sie dies im Detail etwa an der Definition des Novalis festmachen können. Dass auch ein Wissenschaftler romantisch vorgehen und dabei Erfolg haben kann, nehmen die meisten jedoch kaum zur Kenntnis. Zum Romantischen gehört – in Einklang mit und in Ergänzung zu den Worten von Novalis – die Überzeugung, dass es auf der einen (dunklen) Seite sogenannte Urphänomene gibt, die den Erscheinungen (Phänomenen) der realen (hellen) Welt im wahrsten Sinne des Wortes zugrunde liegen. Ein Feld ist solch ein Urphänomen, in dem eine Einheit der Natur zum Ausdruck kommt, die nicht nur Romantikern gefällt. Ein Urphänomen operiert dabei nach dem Gesetz der Polarität, weshalb es als Magnetfeld und elektrische Variante auftritt, die sich beide gegenüberstehen.

Apropos gegenüber: Das Gesetz der Polarität verlangt im Denken der Romantik, dass es zu jeder Kraft und jedem Stück eine Gegenkraft oder ein Gegenstück gibt. Als Beispiele werden gerne das Wachen und Schlafen und damit die Tag- und Nachtseiten des Denkens angeführt. Die Romantiker waren zudem davon überzeugt, dass es neben dem sichtbaren auch das unsichtbare Licht geben muss, und sie haben es gefunden – als infrarote oder ultraviolette Strahlung, die wärmen oder die Haut bräunen oder gefährden kann. Und vom unsichtbaren Licht ist es nur noch ein kleiner Schritt zum unbewussten Denken, das sich in Träumen offenbaren kann, wie ebenfalls seit den Tagen der Romantik diskutiert und verstanden wird.

Bei Faraday kann man die romantische Lust nach Spiegelsymmetrie ganz konkret in seinem Experimentieren und wissenschaftlichen Suchen finden. Denn nachdem 1809 entdeckt worden war, dass ein elektrischer Strom ein Magnetfeld produziert, versuchte Faraday das Gegenstück zu erreichen, das heißt mit einem Magnetfeld einen elektrischen Strom hervorzurufen. Zwar musste er lange probieren, aber 1831 hatte er endlich Erfolg, und seitdem wissen Menschen, wie man Strom generiert, nämlich durch elektromagnetische Induktion, und sie tun dies bis in unsere Tage. Wer heute ein Licht oder einen Computer einschaltet, nutzt eine romantische Entdeckung, und es wäre schön, wenn er oder sie sich wenigstens beim Ausschalten für diesen Gedanken erwärmen könnte.

Die angeführten Beispiele zeigen, wie unmittelbar die Wissenschaft dem Bekannten die Würde des Unbekannten verleiht und es damit romantisiert, auch wenn die fraglichen Phänomene quantitativ vollkommen beherrscht werden und sich von Ingenieuren technisch um- und einsetzen lassen. Und wer sich in der Physik umsieht, kann in jeder Richtung solche Beispiele finden.

Das geheimnisvolle Ansehen im Gewöhnlichen

Es wird Zeit, sich einer weiteren Forderung an das Romantische von Novalis zu widmen. Man wird dabei staunen, wie leicht es mit naturwissenschaftlichen Erfahrungen möglich ist, dem Gewöhnlichen ein geheimnisvolles Ansehen zu geben. Getan hat dies am Beispiel des Lichts Albert Einstein in seinem Wunderjahr 1905, wie wir bereits gezeigt haben. Die erste – und von ihm selbst als revolutionär betrachtete – Arbeit, die Einstein damals vorlegte, machte deutlich, dass Licht nicht nur als Welle zu deuten ist, wie es das gesamte 19. Jahrhundert getan hatte und was als unverrückbare und ewig wahre Kenntnis der Physik angesehen wurde. Mit anderen Worten: Einstein hat »dem Gewöhnlichen« – dem Licht des Tages – »ein geheimnisvolles Ansehen« gegeben; er hat gezeigt, dass Licht bei aller wissenschaftlichen Durchleuchtung sein Geheimnis bewahrt.

Es ist eine schöne Übung, sich an selbst gewählten Beispielen klarzumachen, welche Geheimnisse das scheinbar Gewöhnliche birgt. An dieser Stelle soll dazu nicht direkt im Alltag, sondern eine Stufe tiefer angesetzt werden, auf der chemische Bindungen zu finden sind. Es ist wohl den meisten Menschen bekannt, dass sich etwa Wasserstoffatome und Sauerstoffatome zu Wassermolekülen verbinden. Oder Kohlenstoffatome sich miteinander verketten können und dabei stabile Wahlverwandtschaften entstehen, wie man noch zu Zeiten Goethes sagte (der damit den Titel eines Romans gefunden hatte). Chemische Bindungen gibt es in Hülle und Fülle, was die Frage hervorbringt, was sie so leicht ermöglicht und festigt.

Als die Physiker in der zweiten Hälfte der 1920er Jahre zum ersten Mal über die belastbare Theorie der Atome namens Quantenmechanik verfügten, machten sich einige daran, die Bindung von zwei Wasserstoffatomen zu einem Molekül – H_2 – zu untersuchen. Sie kamen zu dem Ergebnis, dass die Bildung des Duos und seine Stabilität mit der Eigenschaft von Elektronen zu tun haben, die als Spin bezeichnet wurde und bei aller scheinbaren Einfachheit etwas Verwunderliches hat. Der Spin eines Elektrons erfasst nämlich das, was in wenigen Worten als eine klassisch (anschaulich) nicht zu verstehende Zweiwertigkeit beschrieben werden kann, die den Dingen auf der atomaren Bühne zukommt. Man muss das nicht verstehen und kann das wahrscheinlich auch gar nicht. Man kann es aber berechnen und sich freuen, damit die chemische Bindung erklären zu können – mithilfe des Spins, der unvorstellbar und damit geheimnisvoll bleibt.

Der unendliche Schein im Endlichen

Nach diesen beiden Bedingungen für das Romantisieren geht es nun um die Forderung des Novalis, »dem Endlichen einen unendlichen Schein« zu geben. Auch diesen Anspruch können die Naturwissenschaften erfüllen, wie erneut am Beispiel des Lichts gezeigt werden soll. Diesmal geht es weniger um seine Natur als um seine Bewegung und seine Wechselwirkung mit der Materie.

Jeder Mensch hat schon beobachtet, wie Sonnenstrahlen von einem Spiegel reflektiert werden, und niemanden überrascht die Auskunft, dass dabei physikalische Gesetze gelten. Eines von ihnen besagt, dass der Winkel des Lichtstrahls, mit dem er den Spiegel verlässt, mit dem Winkel übereinzustimmen hat, unter dem er eingetroffen ist. Einfallswinkel ist gleich Ausfallswinkel, wie es in der Schule heißt. Doch so öde und banal das klingt und so ewig lang das Übereinstimmen der Winkel schon bekannt ist: Zu verstehen, warum das Licht sich so verhält, wenn es auf einen Spiegel oder eine andere Oberfläche trifft, hat die Physiker viel Zeit gekostet und ihnen noch mehr Mühe bereitet.

Wirklich gelungen ist ihnen die dazu nötige Erklärung erst in den Jahren nach dem Zweiten Weltkrieg, und zwar im Rahmen einer Theorie, die den Namen Quantenelektrodynamik (QED) trägt. Mit dem dazugehörenden theoretischen Handwerkszeug kann ein Physiker genau zeigen, was passiert, wenn das Licht – mit seiner Doppelnatur, siehe oben – auf eine feste Oberfläche trifft, die zwar glatt aussieht, vom Standpunkt ihres atomaren Aufbaus aber keineswegs derart beschaffen ist. Wenn die Lichtteilchen auf die keinesfalls glatten Atome und Elektronen des Materials treffen, aus dem ein Spiegel besteht, dann ist das nicht so wie bei einer Billardkugel, die gegen eine Bande prallt. Es ist eher so, als ob ein Tischtennisball auf ein Kopfsteinpflaster auftrifft. Und das heißt, dass überhaupt nicht klar ist, in welche Richtung er zurückspringt. Von einer Gleichheit zwischen Einfalls- und Ausfallswinkel kann also auf den ersten Blick keine Rede sein.

Es muss also einen zweiten Blick geben, der die eben betrachtete Oberfläche durchschaut. Das Licht agiert nach dem erwähnten Reflexionsgesetz. Das wirft die tiefer gehende Frage auf, wie dies vom atomaren Standpunkt aus zustande kommen kann. Die Antwort liefert die besagte Theorie QED, und sie tut dies auf eine höchst romantische Art und Weise. Sie erlaubt den Lichtteilchen nämlich, alle möglichen – also unendlich viele – Wege zu gehen, um von der Quelle ins menschliche Auge zu gelangen. Wer dies im Detail verstehen und nachvollziehen will, sei auf das Buch des amerikanischen Physikers Richard Feynman hingewiesen, das den Titel *QED* trägt. Feynman hat mit zur Entwicklung dieser Quantenelektrodynamik beigetragen und ist dafür mit dem Nobelpreis für sein Fach ausgezeichnet worden. Seine QED-Theorie kann ebenfalls erklären, wie die äußeren Bedingungen dafür sorgen, dass die innere Unendlichkeit der Möglichkeiten von Photonen nur Schein bleibt: Ihre Anteile heben sich gegenseitig auf. Zu jedem möglichen Weg eines Photons findet sich ein Gegenweg, der die Wirkung des ersten aufhebt – mit einer einzigen Ausnahme, und das ist der Pfad, der am Ende aller Rechnungen übrig bleibt und von einem Beobachter schließlich gesehen wird.

Übrigens kann die Physik der Atome »dem Endlichen einen unendlichen Schein« ganz allgemein verleihen. Denn in der als Quantenmechanik bezeichneten Theorie der Mikrowelt geht es weniger um vorgefundene Wirklichkeiten als um ihr philosophisches Gegenstück, nämlich die auszulösenden und umzusetzenden Möglichkeiten, und von denen gibt es schlicht und einfach beliebig viele. Dadurch steht den Menschen die ganze Unendlichkeit des Werdens zur Verfügung, die ihre Zukunft so offen macht wie die Fenster, an denen die Menschen auf romantischen Bildern so gerne stehen, um in die Richtung ihrer Sehnsucht zu schauen. Sie wollen an einen anderen Ort und geben sich mit der Möglichkeit zufrieden, von ihm und seiner Erreichbarkeit zu wissen. Die Physiker wissen allerdings, dass sie an dem dazugehörigen Ziel nur ankommen, wenn sie es rational planen und systematisch vorgehen – mit allem Gerät, das dafür von Menschen entwickelt worden ist. Ohne ihr technisches Gegenstück nützt alle Romantik den sehnsuchtsvoll Blickenden nichts.

Zu den erstaunlichen Errungenschaften der mathematisch angeleiteten Naturwissenschaften des 20. Jahrhunderts gehört die Konzeption von Gebilden, die sich nicht der einfachen Dreiteilung in ein-, zwei- oder dreidimensionale Formen unterwerfen lassen, also nicht einfach als Linie, Fläche oder Volumen zu verstehen sind. Die Dimensionen eines Gebüschs zum Beispiel oder einer Berglandschaft sollten irgendwo zwischen zwei und drei liegen, denn beide erfüllen zwar den Raum, aber nicht so ganz, und beide stellen eine Fläche dar, aber eben eine sehr zerklüftete. Um solche Strukturen zwischen den Dimensionen (auch »gebrochene Dimensionen«) im wissenschaftlichen Kontext erfassen und berechnen zu können, hat der Mathematiker Benoît Mandelbrot den Begriff des Fraktals eingeführt. Wolken erweisen sich unter diesem Aspekt als ebenso fraktale Gebilde wie Küstenlinien, wobei Mandelbrot berühmt wurde mit der Frage, wie lang die Küste von Großbritannien ist. Wer meint, das ließe sich leicht in einem Atlas ablesen oder bei britischen Behörden erfragen, übersieht, was Mandelbrot bemerkt hat. Wenn nämlich die Küste ein fraktales Gebilde ist, kann sie nur durch eine Linie gezeichnet werden, die an keiner Stelle gerade ist. Mit anderen Worten: Die Länge der

Küste von Großbritannien ändert sich mit der Auflösung, mit der die fraktale – immer wieder ihre Richtung ändernde – Küstenlinie betrachtet wird. Eigentlich gibt es keine feste Zahl, die man ihr zuordnen kann – außer man sagt, die Küste von Großbritannien ist unendlich lang. Und schon hat die Wissenschaft es erneut geschafft, dem Endlichen einen unendlichen Schein zu geben.

Der hohe Sinn im Gemeinen

Die Aufforderung des Novalis, »dem Gemeinen einen hohen Sinn« zu geben, haben wir uns nicht zufällig bis zuletzt aufgehoben. Denn »Sinn« ist ein schwieriger Begriff, den die Naturforschung gerne meidet. Sie bemüht sich lieber um kausale und objektive Erklärungen der Dinge und versucht möglichst lange, das tätige Subjekt und seine Bewertungen von ihren Theorien fernzuhalten. Ein Biologe etwa fragt höchstens nach der (evolutionären) Herkunft eines genetischen Moleküls – einer DNA-Sequenz – und nicht nach seinem oder ihrem Sinn. Er versucht natürlich, die Aufgabe oder Funktion der von ihm analysierten Struktur mit der dazugehörigen Information zu erfassen, aber von Sinn spricht man in seinen Kreisen eher weniger, und zwar nicht nur wegen methodischer Erwägungen; Sinn ist einfach schlecht zu messen. Für einen Naturforscher findet sich nämlich erst dann ausreichend Anlass, über den Sinn zu sprechen, wenn das Ganze, dem er seine Aufmerksamkeit widmet, bekannt und verstanden ist. Wer von einem oder gar *dem* Sinn spricht, verknüpft die Sache, um deren Sinn es geht, mit der Absicht, diesen Sinn herzustellen. Das klingt zwar leicht, macht einem Naturwissenschaftler aber Sorgen, weil er nicht sicher sein kann, die Sache so ganz und so gut zu kennen, wie es für die Suche nach dem Sinn sein sollte. Ihm scheint, dass sie manchmal allzu leichtfertig unternommen und abgeschlossen wird.

Trotzdem kann man annehmen, dass dies fallweise gelungen ist. Zum Beispiel dann, wenn man als Historiker die Wissenschaft selbst betrachtet und dabei nicht nur ihre Leistungsfähigkeit, sondern auch die Absicht erkennt, aus der heraus sie entstanden ist und betrieben wird. Die Naturwissenschaften sind in ihrer modernen Form bekanntlich im 17. Jahrhundert aufgekommen, und das Vorhaben ihrer frühen Vertreter bestand darin, die Lebensbedingungen der menschlichen Existenz zu erleichtern. So lässt Brecht es seinen Helden im *Leben des Galilei* sagen, und so dachten viele der damaligen Wegbereiter der Wissenschaft von Francis Bacon über Johannes Kepler bis zu René Descartes. Konkret beschäftigt waren die Herren mit gemeinen Dingen – Glas schleifen, Erbsen zählen, Berechnungen anstellen, Volumen messen, Entfernungen bestimmen, Pulsschläge zählen –, tatsächlich geschaffen haben sie etwas Sinnvolles, nämlich die westliche Wissenschaft, die Europa auf seinen historischen Sonderweg und über ihn zu dem Wohlstand gebracht hat, den Menschen im Westen schon länger genießen.

In der Geschichte der Naturwissenschaften lassen sich weite Teile als Prozesse deuten, bei denen es gelingt, »dem Gemeinen einen hohen Sinn« zu geben. Das Forschen besteht ja zu einem großen Teil darin, Daten zu sammeln und Messungen vorzunehmen, die anschließend in einem theoretischen Rahmen ihre Bedeutung bekommen und ein als sinnvoll erlebtes Weltbild liefern. Das Beobachten von Tieren und Pflanzen und die Auflistung ihrer geografischen Verteilung haben zum Gedanken der Evolution geführt, ohne den die Wissenschaft vom Leben keinen Sinn ergibt. Und die Analyse des Lichts, das Elemente (Gegenstände) aussendet, hat zu einem Verständnis von Atomen geführt, das dem ganzen Tun der Physiker eine neue Richtung – einen neuen Sinn – gab. Das Sammeln der Daten führt offenbar in der Wissenschaft immer wieder zu einem hohen Sinn, wenn das Nachdenken zeitig genug einsetzt und niemand in einer Informationsflut untergeht.

Das agierende Subjekt in der Romantik und der Wissenschaft

Wer den entscheidenden Zusammenhang von Romantik und Wissenschaft verstehen will, kann auf die Darstellung zurückgreifen, die Isaiah Berlin dieser Epoche unserer Kultur gegeben hat. Sie ist sowohl in seinem Werk über *Die Wurzeln der Romantik* als auch in seinem Buch *Wirklichkeitssinn* zu finden. Berlin geht es in seinen Schriften weniger um naturwissenschaftliche als um ethische Fragen. Entscheidend ist für ihn, dass zu Beginn des 19. Jahrhunderts die traditionelle Überzeugung aufgegeben wurde, der zufolge man – etwa mit den Mitteln der Ethik – herausfinden kann, was die menschliche Natur genau ist, um ihr anschließend – mit den Mitteln der Politik – angemessen Rechnung zu tragen. Es war genau die Zeit der Romantik, in der einige Intellektuelle die entscheidende Umkehrung im Denken vollzogen, die zu der korrekten Ausgangsposition führt, dass Fragen nach dem rechten Handeln ohne eindeutige Antwort bleiben können und es weder objektive noch subjektive Gründe für entsprechende Entscheidungen gibt. Die Romantiker erkannten, dass sich sittliche Werte widersprechen können, ohne dass dabei Alternativen zu erkennen wären. Und genau diesen Schritt haben die Physiker im Gefolge von Einstein zweihundert Jahre später in der Sphäre ihrer Zuständigkeit vollzogen, als sie zum Beispiel erkannten, dass Fragen nach der Natur des Lichts ohne eindeutige Antwort bleiben können.

Zu den Geburtshelfern der von Berlin skizzierten romantischen Wende gehört Immanuel Kant, der in seinen Schriften fragte, was der Mensch tun soll, und ihm die Freiheit der Wahl gibt. Kant machte den Menschen auf diese Weise zum Urheber seiner Wertvorstellungen. Bei ihm ist ein Wert etwas, das sich ein Mensch gezielt vorgibt, und nicht etwas, über das er zufällig stolpert. Wertvorstellungen sind keine Naturprodukte, die eine Wissenschaft – etwa die Ethik oder die Soziologie – studieren könnte, sondern Ausdruck freien Handelns und damit des menschlichen Schöpfertums.

Diesen letzten Schluss hat aber nicht Kant gezogen, sondern das taten die Denker der Romantik. Ihre philosophischen Vertreter erhoben die Sittlichkeit zum schöpferischen Vorgang, und sie orientierten sich bei diesem Vorgehen am Modell der Kunst. Kreatives Tun – Schöpfung – ist in den Augen der Romantik die durchgängig selbstbestimmte Aktivität des Menschen. Hierbei gelingt ihm die Selbstbefreiung von den kausalen Gesetzen der Physik und den Mechanismen der äußeren Welt. Indem die Romantiker den Blick auf die Kunst richteten und das Wesen des Menschen in seiner selbstbestimmten Tätigkeit sahen, zerstörten sie die alten Werte der europäischen Sittlichkeit. Wir sind nicht dadurch wir selber, dass wir logisch agieren oder uns der Natur fügen. Wir sind erst dann wir selber, wenn wir etwas kreieren und uns selbst hervorbringen. Die Natur ist – in diesem romantischen Modell – nicht mehr Mutter oder Gebieterin, sondern das Gegenstück zum menschlichen Tun und Denken. Menschen können der Natur ihren Willen aufzwingen, indem sie ihr eine Form verleihen.

Genau diesen Schritt konnten zu Beginn des 20. Jahrhunderts die Quantenphysiker gehen, als sie sich der Einsicht beugten: Die Bahn eines Elektrons in einem Atom entsteht erst dadurch, dass jemand sie beschreibt. Zum ersten Mal hat sich Werner Heisenberg, wie bereits erwähnt, im Jahr 1925 in dieser Klarheit ausgedrückt. Seitdem bekommen die Gegebenheiten auf der atomaren Bühne – man darf nicht mehr von »Gegenständen« sprechen und man scheut sich auch, »Mitspieler« zu sagen – ihre Qualitäten erst durch einen Beobachter und durch den Vorgang der Beobachtung. Das agierende Subjekt findet vor allem, wonach es gefragt hat; und so steckt in der Physik der Atome von Anfang an genau das, was bereits in dem Distichon zu lesen ist, das Novalis im Mai 1798 im Rahmen der Vorarbeiten zu seinem Roman(-fragment) *Die Lehrlinge zu Sais* geschrieben hat und in dem er die bekannte Hebung des Schleiers nicht im Tod enden lässt: »Einem gelang es – er hob den Schleyer der Göttin zu Sais – Aber was sah er? Er sah – Wunder des Wunders – Sich selbst.«

Dies haben auch die Atomphysiker gesehen, die bei dem Versuch, den Aufbau und das Aussehen der Atome zu beschreiben, in das Innerste der Materie vordringen mussten. Als sie dort ankamen, bemerkten sie, dass es dort nur die Formen gab, die von ihnen geschaffen worden waren. Es muss für Physiker, die am Anfang des 20. Jahrhunderts die Quantentheorie entworfen haben, ein wundersames Erlebnis gewesen sein, als sie merkten, dass sie zwar immer tiefer in die Atome – und damit in das Innere der Welt – eindringen konnten, bei dieser Reise zuletzt aber nicht mehr auf objektive Gegebenheiten oder mathematische Strukturen trafen, sondern auf sich selbst, auf ihre eigene Geschichte. Sie machten die Erfahrung, die Novalis in der Antwort auf die Frage »Wo gehen wir denn hin?« gegeben hat: »Immer nach Hause.«

An dieser Stelle drängt sich der Gedanke an Novalis' Roman *Heinrich von Ofterdingen* auf. Heinrich vertraut sich darin einem Bergmann an und folgt ihm in eine Höhle. Im Inneren dieser konkreten Welt treffen die Suchenden – wie die Quantenmechaniker – auf keine abstrakte Leere, sondern auf eine persönliche Fülle. Konkret treffen sie auf einen Einsiedler, der ein Buch bei sich hat, »das in einer fremden Sprache geschrieben war«. Als Heinrich sich das Buch und seine Bilder näher anschaut, »entdeckte er seine eigene Gestalt ziemlich kenntlich unter den Figuren. Er erschrack und glaubte zu träumen, aber beym wiederhohlten Ansehn konnte er nicht mehr an der vollkommenen Ähnlichkeit zweifeln.«

Es scheint, dass an dieser Stelle die Quantenmechanik ihre poetische Form gefunden hat – mehr als zweihundert Jahre, bevor sie eine mathematische Fassung erhielt; von der im Übrigen anzumerken ist, dass sie ohne imaginäre Dimensionen (im mathematischen Sinne) nicht auskommt. Die Realität lässt sich nur unter einem imaginären Blickwinkel erfassen – eine Einsicht, die außerhalb der Physik nur wenig bedacht und genutzt wird.

Wer Atome verstehen will, sollte seine romantische Ader anzapfen. Es geht um eine Welt, die er selbst geschaffen hat. Die Beobachter geben einem Elektron die Bahn, auf der es sich bewegen kann. Sie berechnen (formen) seinen Weg und entwerfen auf diese Weise die Gestalt eines Atoms und dann die aller Elemente, die das Periodische System ausmachen. Die Wissenschaftler bestimmen sogar deren Bindung und damit den Zusammenhang der Welt. Sie entwerfen die Natur, die sie selbst sind. Wir sind *natura naturans* (schaffende Natur) und *natura naturata* (geschaffene Natur) in einem, ganz so, wie es den Denkern der Romantik vertraut war. Laut Isaiah Berlin ist das auch die Quintessenz der romantischen Bewegung: »der Wille und der Mensch als eine Form der Tätigkeit, als etwas, das unbeschreiblich ist, weil es in einem fort schöpferisch tätig ist; man muss nicht einmal behaupten, dass es sich selbst erschafft, denn es gibt kein Ich, es gibt nur Bewegung.« Diese Doppeltätigkeit eines Menschen nennt man Bildung. Sich um Bildung zu bemühen, heißt, auf dem Weg zu sich selbst zu sein.

EXKURS
Das romantische Atom

Der Gedanke, dass die Welt aus Atomen besteht, zirkuliert bekanntlich seit den Tagen der Antike. Ende des 19. Jahrhunderts bemerkten die experimentellen Forscher, dass Atome aus Teilen bestehen – was nicht gleichbedeutend mit dem Satz ist, dass sich Atome teilen lassen. Diese Fähigkeit sollten die Chemiker und Physiker erst am Ende der 1930er Jahre erwerben. Damals stand der Zweite Weltkrieg kurz vor der Tür, an dessen Ende es eine Atombombe gab, wobei hinzuzufügen ist, dass der Ausdruck »Atombombe« älter ist als die Konstruktion. Er ist sogar deutlich älter, nämlich inzwischen fast hundert Jahre alt, und er stammt auch nicht von einem Wissenschaftler, sondern von einem Schriftsteller. Gemeint ist der Engländer H. G. Wells (1866 – 1946), der mit Arbeiten des schottischen Chemikers William Ramsey, des englischen Chemikers Frederick Soddy und des neuseeländischen Physikers Ernest Rutherford vertraut war und deren Ideen rein spekulativ weiterführte. In einem Zukunftsroman lässt er angesichts der ungeheuren Zerstörungskraft der Atombombe (die in zahlreichen Kriegen eingesetzt wird) die Welt zur Einsicht kommen, dass der Planet Erde nur durch internationale Kontrolle und Nutzbarmachung atomarer Energie von dieser Bedrohung befreit werden kann. Nur noch der »Weltstaat« kann den Rückfall in die Barbarei verhindern. *The World Set Free* (die deutsche Ausgabe *Befreite Welt* ist 1985 erschienen) heißt der Roman, mit dem 1914 das Wort »Atomic Bomb« in die Welt kommt, um nicht mehr aus ihr zu verschwinden.

Als zum ersten Mal von einer Atombombe zu lesen war, wussten die Physiker nicht, wie sie überhaupt funktionieren konnte. Es gab nicht einmal eine Wissenschaft namens Atomphysik. Sie ließ allerdings nicht mehr lange auf sich warten und konnte jüngst ihren hundertsten Geburtstag feiern. Im Juli 1913 stellte der dänische Physiker Niels Bohr seine Überlegungen zum Aufbau von Atomen vor, die als Bohrsches Atommodell nicht nur Eingang in sämtliche Lehrbücher gefunden haben. Vielmehr dominiert deren bildliche Darstellung bis heute die Vorstellung eines Atoms, wenn sich Menschen darüber unterhalten, die nicht als Physiker ausgebildet worden sind.

Als sich Bohr vor hundert Jahren an die Arbeit machte, wussten die Physiker, dass ein Atom trotz seines Namens aus Teilen besteht, und zwar solchen, die verschieden geladen sein mussten, da das ganze Gebilde neutral war. Zum Ende des 19. Jahrhunderts war das Elektron mit seiner negativen Ladung bemerkt worden, und 1911 zeigten Versuche, dass die positiven Gegenladungen eine Art Kern bildeten, um den die Elektronen kreisten, wie Planeten es um die Sonne tun. Das Atom schien somit wie ein Planetensystem en miniature gebaut zu sein, was allerdings einem genauen Blick nicht standhielt. Wenn nämlich die damals bekannte Physik stimmte, dann musste eine Ladung, die in einem elektrischen Feld eine Kreisbahn durchläuft, Energie abstrahlen, was es einem Elektron in einem Atom unmöglich machte, einen stabilen Kurs zu halten.

Als sich Bohr dem Thema zuwandte, musste er zwischen den neuen Versuchsergebnissen und der alten Physik wählen. Während wahrscheinlich die meisten von uns nach Fehlern in den Experimenten gesucht hätten, versuchte Bohr, die klassische Physik zu erweitern, um den Atomen zu ermöglichen, wie ein Planetensystem auszusehen und Elektronen kreisen zu lassen. Die Möglichkeit dazu bot eine Idee, die Max Planck zur Jahrhundertwende eingeführt hatte.

Planck wollte erklären, wie sich die Farbe von Gegenständen (das Licht, das sie aussenden) ändert, wenn sie erwärmt werden und etwa erst rot und dann gelb leuchten. Er bemerkte im Laufe seiner Arbeiten, dass die Physik die dazugehörigen Vorgänge erklären kann, wenn sie der strahlenden Materie erlaubt, ihre Lichtenergie in diskreten Päckchen abzugeben. Planck nannte diese, wie bereits ausgeführt, *Quanten der Wirkung*. Kaum jemand interessierte sich für diese Sprünge, bis Bohr 1913 merkte, dass er damit sein Atom stabilisieren konnte. Er wies den Elektronen erst auf die herkömmliche Weise Bahnen um einen Kern zu und verlangte dann, dass sich ihre Energie nur durch einen Quantensprung ändern könne. Es ist so, als ob die Elektronen erst ein Hindernis überwinden müssten, um ihre Position im Atom zu ändern, und solange ihnen dazu die Energie fehlte, konnten sie sich auf ihrer Bahn halten. Das Atom blieb dank des nötigen Quantensprungs stabil, und Bohrs mutiger Ansatz feierte Triumphe, auch wenn ihn niemand so recht verstand.

Als Bohr sein Modell vorstellte, konnte er damit sowohl erläutern, warum Atome stabil sind, als auch, wie sie es schafften, das Licht auszusenden, das sich genau messen und berechnen ließ. Ihn überkam das Gefühl, mit diesem Ansatz vielleicht den gesamten Aufbau der Materie verstehen und die Ordnung des periodischen Systems der Elemente vom Wasserstoff bis zum Uran rekonstruieren zu können. Damit beschäftigte er sich in den kommenden Jahren. In ihrem Verlauf wurde aber nicht klarer, wie ein Atom auszusehen hatte, sondern eher unklarer, vor allem dann, wenn magnetische Felder ins Spiel kamen und dem Licht, das von den Atomen abgegeben wurde, neue Farben verliehen.

Etwa ein Dutzend Jahre nach Bohrs Triumph von 1913 erkannten jüngere Physiker mit seiner Hilfe, dass das Problem des Modells in seiner Anschaulichkeit lag, und der Gedanke kam auf, dass die Bahn eines Elektrons vielleicht nur existiert, wenn Menschen sie beschreiben. Als die Versuche Erfolg brachten, das Atom ausschließlich mithilfe von beobachtbaren Größen zu beschreiben – gemeint ist etwa die Frequenz des Lichtes, das sie aussenden – und ohne die unsichtbaren Bahnen auszukommen, entstand die bis heute gültige Wissenschaft der Quantenmechanik. Sie bringt ein Bild vom Atom mit sich, das nahezu nichts mehr mit dem Atommodell von Bohr gemein hat. In der aktuellen Physik sind Atome überhaupt keine Dinge mehr, die sich zeichnen und zeigen lassen wie Objekte des Alltags. Atome sind vielmehr Gegebenheiten, deren Aussehen erst von Menschen geschaffen wird, und Bohr war der Erste, der sich voller Mut an diesen kreativen Akt gewagt hatte. Er konnte dabei nicht ahnen, was seine Schüler zuletzt bemerkten, dass Atome nämlich überhaupt keine Form haben, die sich festhalten lässt. Atome existieren nur als Bewegung. Vielleicht wirken sie deshalb für viele Menschen unheimlich. Schließlich leben sie in einer Welt, die aus ihnen besteht.

KAPITEL 7

Das Geheimnis von Kunst und Wissenschaft

Es gibt zwei Arten von Wahrheit: Die Wahrheit, die den Weg weist, und die Wahrheit, die das Herz wärmt. Die erste Wahrheit ist die Wissenschaft, und die zweite ist die Kunst. Keine ist unabhängig von der anderen oder wichtiger als die andere.

RAYMOND CHANDLER

Auf die Frage, warum so viele Menschen in Stadien strömen, um bei Fußballspielen zwischen zwei Mannschaften zuzusehen, hat Sepp Herberger, der legendäre Bundestrainer der Weltmeistermannschaft von 1954, einmal geantwortet: »Weil sie nicht wissen, wie das Spiel ausgeht.« Auf die Frage, warum so viele Menschen in Museen streben, um Kunstwerke, zum Teil aus längst vergangenen Jahrhunderten, anzusehen, von denen sie einige bereits mehrfach und ausführlich angeschaut haben, könnte man ähnlich antworten: »Weil sie nicht wissen, wie die Gemälde auf sie zum Zeitpunkt des Betrachtens wirken und was sich aus ihnen noch so alles erschließen und lernen lässt.« Kunstwerke – Gemälde, Gedichte und andere Formen des künstlerischen Schaffens – lassen sich ständig neu deuten und daher immer wieder mit Gewinn und Genuss betrachten, weil sie offenbar ein Geheimnis bewahren, dem sich Menschen nicht entziehen können. Diese besondere Qualität sprechen die Verkünder einer durch die Wissenschaft entzauberten Welt der Naturforschung und ihren Ergebnissen ab, da sie angeblich keinen Spielraum mehr für eine individuelle Interpretation öffnet oder zulässt.

Natürlich gibt es Auskünfte etwa der Physik, an denen nichts zu deuteln ist, wenn es zum Beispiel in den Lehrbüchern heißt, dass eine gegebene – konstant bleibende – Menge an Gas ihren Druck erhöht, wenn es wärmer wird. Doch solche Eindeutigkeiten kennt auch die Dichtung, wie jeder an den eigenen Kenntnissen oder bei der Lektüre von Romanen erproben kann. Aber wie es im Rahmen der Kunst Auskünfte oder Ansichten gibt, die mindestens doppeldeutig sein können, so kennt auch die Wissenschaft Ergebnisse, die der Interpretation bedürfen.

Das vielleicht bekannteste Beispiel dafür ist die »Kopenhagener Deutung« der Atomphysik. Sie handelt vom Einfluss des Beobachters auf das Ergebnis einer Messung, die im Bereich der Atome nicht mehr so objektiv gelingen kann, wie es im Rahmen der klassischen Physik gedacht worden war. Zwar stellt die Wissenschaft für die Atome eine millionenfach erprobte Mathematik namens Quantenmechanik zur Verfügung, auf die schon mehrfach hingewiesen worden ist. Doch bekanntlich verliert das Mathematische seine Zuverlässigkeit, wenn es auf die Wirklichkeit bezogen wird, wie Einstein gerne betont und sich und seinen Kritikern und Bewunderern immer wieder klargemacht hat. Mathematik ist nur dann sicher, wenn sie im Reich ihrer Symbole verharrt. Und das heißt, dass sie gedeutet werden muss, wenn sie ihren Eigenraum verlässt und etwas über die wirkliche Welt aussagen will. Was die Physik der Atome angeht, so stehen der ursprünglichen Kopenhagener Deutung inzwischen andere Interpretationen gegenüber, von denen eine den attraktiven Namen »Vielweltentheorie« trägt. Grob gesagt nimmt sie ernst, dass ein Beobachter mitbestimmt, was er beobachtet. Er schafft dabei immer wieder eine neue Welt, wenn man so sagen will, und zwar bei jedem Zugriff. Das hat den Gedanken von Multiversen hervorgebracht, über den man staunen kann und über den sich trefflich streiten lässt.

»Die Kopenhagener Deutung der Quantentheorie beginnt mit einem Paradox«, wie es Werner Heisenberg einmal formuliert hat, der maßgeblich zu dieser Interpretation beigetragen hat. Sie stammt aus den späten 1920er Jahren, bleibt bis in die Neuzeit umstritten und hat ihr Geheimnis bewahrt. Das Paradox besteht darin, dass zwar Begriffe aus der Alltagssprache – Teilchen, Impuls, Ort – benutzt werden müssen, um die Ergebnisse von Experimenten zu beschreiben, diese Begriffe im Bereich der Atome jedoch nur eingeschränkt zutreffen, und zwar durch die sogenannten Unbestimmtheiten, die Heisenberg 1927 präzisieren konnte. Objekte aus der atomaren Zone des Wirklichen verfügen nicht über Eigenschaften, die Physiker und andere Personen im Alltag anführen – Ort und Geschwindigkeit zum Beispiel – und die gut verstanden werden. Mitwirkende auf der atomaren Bühne nehmen diese Eigenschaften erst an, wenn jemand ihrem Spiel zusieht. Der Beobachter bestimmt, was von Natur aus unbestimmt ist. Das heißt, es gibt keinen festen und kodifizierten Text, der die Deutung festlegt. Diese Lücke hat ihren historischen Ursprung in der Tatsache, dass sich die beiden Schöpfer der Kopenhagener Deutung nie einig waren, was sie meinten und erfassen wollten – wie es sich für Interpretationen ja auch gehört.

Der zweite Beitrag zur Kopenhagener Deutung stammt von Niels Bohr, der unter anderem darauf verwiesen hat, dass seine Wissenschaft nicht von der Natur selbst handelt, sondern von dem spricht, was sie von der Natur weiß. Dabei wird sie durch experimentelle Evidenz gezwungen, etwa für das Licht Begriffe zu benutzen – Welle und/oder Teilchen –, die sich zwar widersprechen, die aber nur zusammen das Phänomen erklären können, um das es geht. Bohr sprach von komplementären Bildern und Konzepten und drückte damit seine Überzeugung aus, dass es zu jeder Beschreibung der Wirklichkeit eine zweite gibt, die gleichberechtigt mit der ersten ist und zusammen mit ihr das Gesamtbild ermöglicht, um das sich die Wissenschaft bemüht.

Wenn man eine knappe Formel sucht, kann man sagen, dass die Kopenhagener Deutung der Quantenwelt – genauer: der Theorie dieser Welt mit Quantensprüngen – als eine Kombination der beiden Ideen zustande kommt, die als Unbestimmtheit und Komple-

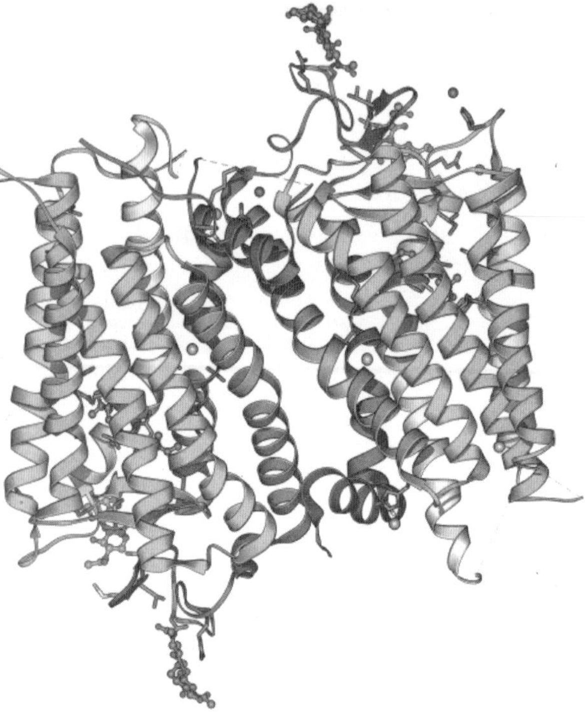

Es gehört zu den großen Leistungen der Biowissenschaften, die Moleküle, die das Leben von Zellen und Organismen ermöglichen, in wunderbaren Details erkundet zu haben. Die Modelle lassen diverse Ringe, einzelne Bausteine, raffinierte Windungen und ansprechende Faltungen erkennen, denen in den Fachblättern zudem schöne Farben zugeordnet werden. Man meint, die Moleküle des Lebens mit Händen greifen zu können – und kann sie trotz der eleganten Darstellung doch nicht begreifen. Man starrt die Bilder an und sieht einfach nicht, wie die gezeigten Strukturen funktionieren und das Leben in Gang halten. Ihre Ästhetik läuft ins Leere. Den Bildern fehlt der fruchtbare Moment. Man würde ihn gerne kennenlernen (hier die Proteinstruktur des Sehpigments Rhodopsin in der Retina).

mentarität das Geheimnisvolle ansprechen, das im Innenleben der Welt steckt. Sie gefällt vielen Leuten bis heute nicht. Aber das haben Deutungen so an sich.

Als ein anderes Beispiel für die Notwendigkeit von Deutungen in den Naturwissenschaften kann man die Modelle anführen, die man in der modernen Biologie von Enzymen (Proteinen) oder anderen Makromolekülen macht, die das chemische Geschehen in Zellen ermöglichen und in Gang halten. Diese Modelle zeigen zwar punktgenau die präzise Position jedes Atoms, das mit zum Aufbau des Proteins gehört. Sie zeigen aber nicht, wie dynamisch und flexibel diese künstlichen Strukturen in der natürlichen Umwelt der Zelle tatsächlich vorliegen und dabei ihre Funktion erfüllen, während sie für andere biochemische Signale erreichbar bleiben und regulierfähig sind. Man kann das Modell einer Proteinstruktur als Kunstwerk bewundern, vor allem deshalb, weil das Geheimnis der Arbeitsweise seines realen Vorbilds offen bleibt, auch wenn einem dabei fast alles vor den Augen zu liegen scheint. Aber vielleicht sollte man ihr tatsächliches Aussehen und ihre konkrete Anfertigung Künstlern überlassen, die wissen, was ein fruchtbarer Moment ist, und ihn deshalb darstellen.

Ein fruchtbarer Moment spielt in der Kunst dann eine Rolle, wenn in der von ihr geschaffenen Form keine Zeit fließen kann – wie in einem Gemälde oder einem starren Modell – und das anvisierte Protein in einem einzigen Zeitpunkt eingefangen wird. Dieser sachliche Augenblick muss nun so gewählt werden, dass der Betrachter mit seinem persönlichen Augenblick erkennen kann, was zuvor passiert ist und nachher geschehen wird oder kann. Wenn Molekülstrukturen auf diese fruchtbare Weise anschaulich und in ihrer Wirksamkeit einsehbar gezeigt würden, fesselten sie den neugierigen Blick. Nun kann er sich mit dem Geheimnis beschäftigen, das in den mikroskopischen Strukturen mit ihren zellulären Wechselwirkungen liegt. Am Ende langer Ketten ermöglichen sie das Leben, das Menschen führen.

Ein Mangel an Kultur

So offensichtlich es ist, dass Wissenschaft und Kunst zusammengehören, so wenig Verbreitung findet dieser Gedanke hierzulande in einigen intellektuellen Kreisen. Es gehört zu den Peinlichkeiten in der öffentlichen Rede zur Kultur, dass immer noch die Frage aufgeworfen werden kann, ob die Naturwissenschaften zur Kultur gehören und zur Bildung von Menschen beitragen. Noch im 21. Jahrhundert und selbst in Blättern, hinter denen man kluge Köpfe vermuten darf, denken einige Schlauberger angestrengt darüber nach, ob die Naturwissenschaften ihr Gebiet – die Natur – zur Kultur machen oder ob ihre Disziplinen dazu beitragen. Es gibt verrückterweise sogar Leute, die ernsthaft auf solch eine Frage antworten, ohne zu merken, wie blamabel das dazugehörige Geschwätz nur werden kann und wie sehr sie dabei genau das aus dem Kreis der Kultur entfernen, das sie bekenntnisreich vorgeben, hineinholen zu wollen.

Die öffentliche Rede ist durchsetzt mit wissenschaftlich geprägten Ausdrücken. Quantensprung, Schwarzes Loch, Urknall, Programmierung, Atomisierung, Energie, Evolution, Reflexion, Selbstorganisation, Netzwerk, Regelkreise, Digitalisierung, Algorithmus, Software, Ordnung und Chaos – sie werden gerade dann benutzt, wenn es nicht um wissenschaftliche Fragen geht, sondern um ein Verständnis der Gegenwart allgemein, in der ohne Wissenschaft schon längst nichts mehr läuft. Unentwegt hört man von Stammzellen, Krebsgeschwüren, genetischen Abhängigkeiten und DNA-Analysen, um nur ein paar Beispiele anzuführen, und keine Minute einer Nachrichtensendung vergeht, ohne dass statistische Daten angeführt werden – 30 Prozent Chance auf Regen am Nachmittag zum Beispiel –, und die schöngeistigen Bezweifler der naturwissenschaftlichen Kulturzugehörigkeit bemerken nicht, dass sich an diesen Stellen das naturwissenschaftliche Denken als Teil der Sprechkultur und damit der Kultur allgemein zeigt.

In der zwar unscheinbaren, aber durchgängigen Verbreitung der wissenschaftlichen Sprechweise und der gleichzeitigen Leugnung ihrer Kulturfähigkeit steckt wahrscheinlich kein tiefes Geheimnis, sondern nur das Rätsel, warum es im »Land der Dichter und Denker« immer noch die seit Jahrzehnten bemerkte Trennung der zwei Kulturen gibt, die als philosophisch-literarische und mathematisch-naturwissenschaftliche Kultur unterschieden werden (wobei man hierzulande nach wie vor besonders dann an Reputation gewinnen kann, wenn man sich zu der ersten bekennt und sich von der zweiten abwendet).

Der kürzlich verstorbene und sicherlich rühmenswerte Literaturkritiker Marcel Reich-Ranicki hat naturwissenschaftliche Schriften selbst von Goethe nicht nur nicht gelesen, sondern überhaupt nicht lesen wollen. »Das interessiert mich nicht«, wie er so schön und laut sagen konnte, und so haben es ihm viele Intellektuelle nachgemacht.

Doch wie lohnend etwa das Wechselspiel von *Literatur und Quantentheorie* ist, zeigt zum Beispiel Elisabeth Emter in einem 1995 erschienenen Buch mit diesem Titel. Es geht der Autorin um die Rezeption der modernen Physik in Schriften zur Literatur und Philosophie deutschsprachiger Autoren zwischen 1925 und 1970, und sie findet wunderbare Quellen dazu. Etwa ein Interview mit dem Romancier Wolfgang Koeppen (1906–1996), in dem er 1974 geäußert hat: »Sie fragten nach literarischen Vorbildern und Einflüssen auf mich – jetzt möchte ich Ihnen sagen, dass die neuen Erkenntnisse der Physik, besonders der modernen Physik, einen Einfluss auf meine Entwicklung gehabt haben …« Koeppen nennt die Physik »die bedeutendste geistige Erscheinung unserer Tage«.

Mit der modernen Form der genannten Wissenschaft meint Koeppen natürlich die Atomtheorie namens Quantenmechanik mit der dazugehörigen Welle-Teilchen-Dualität als Teil der Wirklichkeit, wie sie oben in der Kopenhagener Deutung zur Sprache kam. Sie taucht verschiedentlich unmittelbar im literarischen Diskurs auf, etwa in Anne Michaels' Roman *Fluchtstücke* (1996), in der ein Jakob die Hauptrolle spielt, ohne dass hier auf die dramatische Handlung des Romans eingegangen werden soll.

Eben dieser Jakob sagt auf einer Party, auf der jemand über die Dualität von Partikeln und Wellen spricht: »Vielleicht ist es einfach so, daß das Licht, wenn es vor einer Wand steht, gezwungen ist, sich zu entscheiden.« Alle lachen und hören nur den Laien, doch die Erzählerin weiß, was er meint: *Der Partikel ist der säkulare Mensch; die Welle der Gläubige. Und ob man mit der Lüge lebt oder mit der Wahrheit, ist gleichgültig, solange man nur die Wand überwindet.* Später sagt Jakob noch: »Vielleicht ist ein Elektron weder ein Partikel noch eine Welle, sondern etwas ganz anderes, etwas Komplizierteres – eine Dissonanz –, wie der Kummer, dessen Schmerz die Liebe ist.«

Ein literarisch lohnendes und wissenschaftlich spannendes Thema der Quantentheorie steckt in der Frage, wie das Beobachtete vom Beobachter abhängt. Dazu finden sich zum Beispiel Passagen bei keinem Geringeren als Bertolt Brecht. In dem Fragment *Der Messingkauf* heißt es:

> Die Physiker sagen uns, daß ihnen bei der Untersuchung der kleinsten Stoffteilchen plötzlich ein Verdacht gekommen sei, das Untersuchte sei durch die Untersuchung verändert worden. Zu den Bewegungen, welche sie unter dem Mikroskop beobachten, kommen Bewegungen, welche durch die Mikroskope verursacht werden. Andererseits werden auch die Instrumente, wahrscheinlich durch die Objekte, die auf sie eingestellt werden, verändert. Das geschieht, wenn Instrumente beobachten, was geschieht erst, wenn Menschen beobachten?

Dieser Frage geht der britische Dramatiker Michael Frayn in seinem Theaterstück *Kopenhagen* nach, das deshalb nach der dänischen Hauptstadt benannt ist, weil sich hier im Herbst 1941 die beiden Begründer der Kopenhagener Deutung, Bohr und Heisenberg, getroffen haben, um ... Ja, was wollten die beiden, die in den 1920er Jahren die besten wissenschaftlichen Freunde waren und sich jetzt als politische Gegner wiedersahen, miteinander besprechen, nachdem die Physiker und Chemiker kurz vor Ausbruch des Zweiten Weltkriegs erkannt hatten, dass sich Atombomben bauen lassen? Was wollte Heisenberg in Kopenhagen, das von deutschen Truppen besetzt war? Warum ist er zu seinem Lehrer Bohr gefahren, der ihn doch jetzt als Feind betrachten und bei allen Gesprächen Vorsicht walten lassen musste?

Die Wissenschaftshistoriker können keine redliche Auskunft geben, weil die geeigneten Quellen fehlen. Aber nach Jahrzehnten der Spekulation und Gerüchte hat sich ein Dichter die Freiheit genommen, die Frage nach der historischen Wahrheit auf der Bühne zu klären. Sein Stück *Kopenhagen* gewinnt seine Qualität dadurch, dass der gut informierte und physikalisch versierte Autor seine Helden Heisenberg und Bohr aus dem Jenseits operieren lässt und ihnen die Aufgabe gibt, selbst herauszufinden, was sie damals gesagt haben. Mehrere Versionen werden auf der Bühne durchgespielt, und auf diese wunderbare Weise wird das Beobachterproblem der Quantenphysik selbst dem Publikum unterhaltsam und nachvollziehbar vorgeführt. Am Ende bleibt auch unter den Zuschauern die Unbestimmtheit oder Unsicherheit, die zu den großen Entdeckungen Heisenbergs für den Bereich der Atome gehört und der zufolge Atome gar keinen bestimmten Zustand einnehmen, solange es niemanden gibt, der ihn bestimmt (beobachtet) hat und von ihm etwas wissen will.

Eine Frage der Vermittlung

Ein Grund für die Leichtfertigkeit, mit der auch gutmeinende Journalisten oder andere Kulturschaffende die Naturwissenschaften von den höheren Weihen ausschließen, liegt vermutlich auch darin, dass es trotz zahlreicher – ebenfalls gutgemeinter – Bemühungen nicht wirklich gelungen ist, die Einsichten der modernen Wissenschaft, die sich zunehmend von anschaulichen und erlebbaren Eindrücken entfernt haben, einem allgemeinen Publikum näherzubringen. Während lässig behauptet wird, dass etwa Pablo Picasso, Rainer Maria Rilke und Arnold Schönberg zur Allgemeinbildung gehören, sucht man selbst mehr als einhundert Jahre nach der Einführung des Begriffs von Quantensprüngen vergeblich nach einem Weg, dieses grundlegende Verstehen von Welt und Wirklichkeit einem breiten Publikum vorzustellen, gleich ob es sich um junge Schülerinnen und Schüler oder um reife Semester handelt. Eine entscheidende Frage lautet: Wie lassen sich die Fortschritte der Naturwissenschaft so vermitteln, dass sich zuletzt auch hier einstellen kann, was in der Kunst gelungen und als Kennerschaft bekannt ist?

Natürlich wird niemand bestreiten, dass Wissenschaft im Detail vorangebracht wird, und darüber kann uns die herkömmliche Berichterstattung der Medien informieren. Bei diesen Bemühungen entsteht aber offenbar nicht automatisch das, was offiziell »public understanding of science« heißt (und sich dabei feigerweise hinter der englischen Sprache versteckt, weil die Zuständigen eher Verständnis für und weniger Verstehen von Wissenschaft anstreben, wobei im ersten Fall mehr Geld gemeint ist).

Meiner Ansicht nach können Menschen das als Wissenschaft bekannte Forschungsabenteuer allgemein nur begreifen, wenn sie es als Ganzheit erfahren können. Wer Wissenschaft aber in dieser Form erfassen will, muss eine Verbindung zur Mutter der Vermittlung, der Kunst, herstellen, wie Goethe in seiner Abhandlung *Zur Farbenlehre* notiert hat, in der es heißt: »So müssen wir uns die Wissenschaft notwendig als Kunst denken, wenn wir von ihr irgend eine Art von Ganzheit erwarten.«

In der täglichen Praxis bedeutet dieser Satz unter anderem, dass »man keine der menschlichen Kräfte bei wissenschaftlicher Tätigkeit ausschließen« darf. Dazu zählt Goethe scheinbar widerstrebende Qualitäten wie die »mathematische Tiefe« und eine »liebevolle Freude am Sinnlichen«. Wissenschaft kommt schließlich nicht nur aus dem Kopf, sondern auch aus dem Herzen, und was liegt näher, als die beiden sich ergänzenden Quellen unseres Erkenntnisvermögens auch dann einzusetzen, wenn es darum geht, die Wissenschaft so zu vermitteln, dass etwas zu verstehen ist. Selbst wenn es den meisten Menschen schwerfällt, etwa Alberts Einsteins kosmologische Theorien mit dem Kopf zu erfassen, sollte der Versuch unternommen werden, sie ihrem Herzen näher zu bringen. Es geht schließlich um das Universum, in dem wir Menschen leben – um unseren Platz in der Welt.

Der Klang der Zeit

In seinem vielbeachteten Roman *Der Klang der Zeit* (2004) verknüpft der amerikanische Schriftsteller Richard Powers auf überzeugende Weise beide Erlebnissphären – die Schönheit der Musik und die Schönheit der Physik mit all ihren philosophischen Implikationen. Die Protagonisten dieses Romans sind ein deutsch-jüdischer Physiker, seine schwarze Ehefrau und deren musikalisch überaus begabte Söhne. Bei den Rezensionen, etwa in der *Zeit*, der *Neuen Zürcher Zeitung* oder der *Frankfurter Rundschau*, fällt auf, dass diese besondere und für den Roman wesentliche Komponente der Verknüpfung von Musiktheorien und naturwissenschaftlichen Theoremen kaum erwähnt wird, sondern vor allem die Passagen über das »Wesen der Musik« und über den Rassismus der 1960er Jahre in den USA gewürdigt werden.

Generell greift Powers in seinen Romanen aktuelle wissenschaftliche Diskussionen auf, etwa in *Das Echo der Erinnerung* (2006), hier vorrangig aus dem Bereich der Neurologie und Psychologie. Er thematisiert darin beispielsweise Fragen nach der Konstitution des menschlichen Ich und der Willensfreiheit des Menschen.

Eine bessere Welt

Was haben Wissenschaft und Kunst als gleichberechtigte Teile unserer Kultur miteinander gemein? Mit dieser Frage befasst sich etwa der aus Wien stammende Physiker Viktor Weisskopf in seinen 1991 auf Deutsch erschienenen Lebenserinnerungen. Während die deutsche Übersetzung den wenig originellen Titel *Mein Leben* trägt, heißt das amerikanische Original *The Joy on Insight*. Ein Kapitel dieses Buches trägt die Überschrift »Mozart, Quantenmechanik und eine bessere Welt«, und der gut Klavier spielende Autor erzählt darin von dem Glückgefühl, das jemand erfahren kann, der, wie er, sowohl mit Mozarts Musik als auch mit der Quantenmechanik umgehen kann.

Viele Menschen werden das Glücksgefühl in Verbindung mit Mozarts Musik leicht nachvollziehen können, jedoch eher verblüfft sein, wenn die Physik in Zusammenhang mit Glück erwähnt wird. Wie soll mit der abstrakten Theorie der Quantenmechanik dasselbe Erlebnis möglich sein, das Mozarts sinnlich fassbare Musik bereitet?

Das ist die entscheidende Frage, und sie lässt eine zentrale Stelle sowohl der Kultur von Wissenschaft als auch ihrer Vermittlung erkennen. Gemeint ist ein Gedanke, der als Komplementarität bekannt ist. Unüberhörbar steckt in diesem Wort das lateinische Wort *completum*, das auf das Ganze hindeutet, um das es geht.

Mit dem etwas vertrackten Kunstwort Komplementarität ist zunächst die Erfahrung der Atomphysik gemeint, dass sich nur mit widersprüchlichen Bildern erfassen lässt, was zum Beispiel Licht ist. Was Menschen wärmt und ihnen leuchtet, kann sich sowohl als Welle als auch als Teilchen zeigen (das hängt von der Fragestellung bzw. der Messapparatur des Beobachters ab). Diese beiden Vorstellungen stoßen zunächst als scheinbar unvereinbar aufeinander. Erst bei wiederholten Berührungen finden sie immer besser zueinander, und zuletzt gehören und halten sie sogar zusammen. Der Gedanke der Komplementarität drückt dies in seiner speziellen Formulierung aus. Er besagt, dass nur erfasst werden kann, was Licht wirklich ist, wenn man die beiden sich zwar gegenseitig ausschließenden, zugleich aber ergänzenden Bilder Welle und Teilchen heranzieht.

In einer allgemeinen Formulierung meint die Idee der Komplementarität, dass es zu jeder Beschreibung von Wirklichkeit eine zweite gibt, die der ersten zwar entgegenläuft, die aber gleichberechtigt mit ihr ist. Als Beispiele kann man sich die Farbenlehren von Goethe und Newton vorstellen; man kann weiter an die Beschreibung der Natur als »Mutter Erde« oder als Quelle von Rohstoffen denken und damit die Möglichkeiten nutzen, etwas kühl mit dem Kopf oder leidenschaftlich mit dem Herzen zu erfassen.

Auf ebenso witzige wie kluge Weise hat übrigens die Kölner A-cappella-Band Wise Guys diese zwei Betrachtungsweisen der Wirklichkeit in ihrem Lied »Romanze« thematisiert und in Töne umgesetzt. Es handelt von Mann und Frau, die sich am Strand »kurz vor dem Sonnenuntergang« treffen. Während sie die Darbietungen der Natur – ob rote Rosen, den Mondschein oder die Sternenpracht – romantisch deutet, erklärt er sie wissenschaftlich (und zerstört damit die Atmosphäre, weshalb sie ohne ihn nach Hause geht).

Menschen verfügen stets über beide Möglichkeiten der Wahrnehmung und können die Wirklichkeit nur als Summe von komplementären Beschreibungen verstehen. Dieser Gedanke lässt sich aus dem Bereich des Erkennens herausholen und auch auf die Lebensführung übertragen, bei der wir stets zwischen rationalen Erwägungen und irrationalen (emotionalen) Neigungen abzuwägen haben. Der Gedanke der Komplementarität legt den Vorschlag nahe, die Balance zwischen den beiden Polen zu halten, um nicht zu einer Seite abzustürzen (was leider auch zur Rationalität hin passieren kann, wie einer Welt nicht erklärt werden muss, die den Abwurf von Atombomben erlebt hat).

Eine bessere Welt wird möglich, wenn sich Menschen daran erinnern, dass es zu jeder Ansicht eine andere gibt, die ihr auf Augenhöhe widerspricht und damit ebenso Gültigkeit beanspruchen kann. Die bessere Welt ist die Welt des Dialogs von komplementären Gegenübern – und Kunst und Wissenschaft gehören dazu.

Die traditionelle Trennung

Ich denke, dass es heute eine bessere Welt gäbe, wenn sich die Idee der Komplementarität allgemein verbreitet und durchgesetzt hätte und nicht das Gegenstück dazu so populär geworden wäre, nämlich die Rede von den getrennten zwei Kulturen. Sie kam am Ende der 1950er Jahre durch den britischen Romancier und Physiker Charles P. Snow auf. Snow störte sich an der Überheblichkeit vieler Intellektueller gegenüber industriellen Abläufen. Sie zeigten weder Verständnis noch Interesse für technische Abläufe. In diesem Zusammenhang fiel Snow an der Universität Cambridge ein seltsames Ungleichgewicht auf, das er auf eine griffige Formel brachte, indem er die Sonette Shakespeares neben den Zweiten Hauptsatz der Thermodynamik stellte. In diesem Zusammenhang verwies er darauf, dass es in bestimmten Kreisen der Gebildeten zum guten Ton gehöre, den erwähnten Hauptsatz der Wärmelehre für überflüssig und belanglos zu halten, während man zugleich jeden verachte, der sich nicht mit den

Sonetten des elisabethanischen Dramatikers vertraut zeige. Tatsächlich zählt auch bei uns als ungebildet, wer Shakespeare nicht kennt, während es vielen Menschen keineswegs peinlich ist, nie vom Zweiten Hauptsatz der Thermodynamik gehört zu haben.

Diese Asymmetrie durchzieht weite Bereiche der abendländischen Debatte um die Bildung. Sie erstreckt sich besonders auf das, was in Quizsendungen unter der Rubrik »Was man weiß, was man wissen sollte« zu finden ist. Jeder weiß, dass er etwas von Picassos »Rosa Periode« oder vom »Blauen Reiter« und seinen Malern wissen sollte. Aber kaum jemand meint, dass es sich lohnt, ebenso über die Struktur der Doppelhelix, die Theorie der chemischen Bindung oder die Wirkungsweise von Antibiotika informiert zu sein und zu wissen, wem wir die dazugehörigen Einsichten verdanken. Wer Friedrich Nietzsche nicht kennt oder nicht von ihm gehört hat, gilt als ungebildet. Wer hingegen Ludwig Boltzmann nicht unterbringen kann, macht sich über diese Lücke keine Sorgen – und niemand hierzulande wird ihm dies übelnehmen. Und dieses Gegenüberstellen könnte man bis zum Ende aller Seiten ausführen, da noch im Jahr 1999 ein Buch, das »alles, was man wissen muss«, aufzählt, zu einem Beststeller wurde, obwohl oder gerade *weil* es die Naturwissenschaften gezielt ausgeschlossen hat.

Allerdings muss hier etwas angemerkt werden: Es trifft meiner Erfahrung nach nämlich überhaupt nicht zu, dass – auf die Öffentlichkeit bezogen – jeder die Sonette und niemand die Hauptsätze kennt. Wer es böse ausdrücken möchte, könnte behaupten, dass dem allgemeinen Publikum weder etwas zu den zahlreichen Gedichten noch zu den wenigen Gesetzen einfällt. Dass man von Shakespeares Sonetten gehört hat, heißt noch lange nicht, dass man diese erstaunlichen Texte auch genauer kennt und versteht – womöglich eher noch weniger als den Zweiten Hauptsatz der Thermodynamik (dem zufolge eine physikalisch messbare Größe namens Entropie nur zunehmen kann, wie weiter unten noch näher ausgeführt wird).

Wenn von Kunst gesprochen wird, fällt auch der Name des Künstlers. Bei der Wissenschaft ist das anders: Weder bei der Quantenmechanik noch bei der Thermodynamik ist von den handelnden Personen die Rede, obwohl sie es verdient hätten.

Wer so etwas akzeptiert, der verschließt seine Augen mutwillig vor den kreativen Prozessen, die für viele naturwissenschaftliche Entwicklungen konstitutiv sind. Denn sie bestehen ja, wie bereits erwähnt, keinesfalls aus schlichten Entdeckungen (im Sinne von Aufdeckungen bereits vorhandener Gegebenheiten), sondern erweisen sich bei näherem Hinschauen als ebenso freie Hervorbringungen des menschlichen Geistes, wie es Kunstwerke sind.

Trotzdem: Noch denken wir bei den Naturwissenschaften eher an Inhalte (Quantenmechanik) und bei der Kunst eher an Menschen (Mozart). Da es nun zu den Eigenheiten von Menschen gehört, sich eher für Personalfragen als für Sachprobleme zu interessieren – ein aus der Politik vor allem in Wahlkampfzeiten leider allzu bekanntes Phänomen –, entsteht der Eindruck, wir wüssten über die Kunst (via den Künstler) besser Bescheid als über die Forschung, die sich nur über ihre nicht immer leicht zu öffnenden Gedankengebäude erschließt.

Wenn Wissenschaft die Popularität der Kunst im Rahmen der allgemeinen Bildung erlangen will, muss sie es erreichen, ihre Protagonisten ebenso bekannt und zu Stars zu machen, wie es die Künstler bereits sind. Es gehört zu den wenig beachteten, aber trotzdem spannenden Fragen, warum es – mit der einen Ausnahme von Albert Einstein – Wissenschaftlern nicht einmal im Ansatz gelingt, den öffentlichen Bekanntheitsgrad zu erreichen, der für Künstler (Schriftsteller, Maler, Musiker, Schauspieler) selbstverständlich ist.

Auf diese Weise bleiben die beiden Kulturen in der öffentlichen Meinung getrennt, obwohl wir sie als komplementäre Aktivitäten ansehen sollten. Schließlich finden wir in beiden Feldern das kreative Individuum, das die Mehrheit der anderen Künstler überragt, und eine Riesenzahl von handwerklich oft nicht weniger geschickten Menschen, die sich ebenfalls um ihre Produktion (ihr Werk) bemühen, ohne besonders aufzufallen oder besonders zu gefallen.

Übrigens könnte es auch sein, dass die Antwort auf die Frage, warum sich die öffentliche Aufmerksamkeit und Verehrung so sehr auf eine bestimmte Person wie Mozart konzentrieren, komplementäre Aspekte zu beachten hat. Erstens versteht man die Leistung eines Einzelnen nur im Kontext des kulturellen Umfeldes, das ihn und das er bildet. Zweitens muss man hier die vermittelnde Position berücksichtigen, die der Komponist Hans Zender Mozart bescheinigt: »Mozart scheint lächelnd im windstillen Zentrum jenes gewaltigen Hurrikans zu stehen, den das Ringen dieser Kräfte [zwischen dem alten barocken und dem neuen modernen Europa] entfacht hat. In seinem Werk blitzt einen Moment lang die Harmonie jener großen, gegenläufigen Bewegung auf, die Europa als Kultur charakterisiert: das Alte zu bewahren und doch nicht vor der äußeren Umwälzung zurückzuschrecken; das Neue am Alten zu messen, aber auch das Alte immer wieder auf veränderte Weise zu sehen.«

Das Phänomen der Zeit

»Was ist denn die Zeit?«, lässt Thomas Mann seinen Protagonisten Hans Castorp im Roman *Der Zauberberg* fragen. »Den Raum nehmen wir doch mit unseren Organen wahr, mit dem Gesichtssinn und dem Tastsinn. Schön. Aber welches ist denn unser Zeitorgan? Willst du mir das mal eben angeben? [...] Aber wie wollen wir denn etwas messen, wovon wir genau genommen rein gar nichts, nicht eine einzige Eigenschaft auszusagen wissen! Wir sagen: die Zeit läuft ab. Schön, soll sie also mal ablaufen. Aber um sie messen zu können ... warte! Um meßbar zu sein, müßte sie doch *gleichmäßig* ablaufen, und wo steht denn das geschrieben, daß sie das tut? Für unser Bewußtsein tut sie es nicht, wir nehmen es nur der Ordnung halber an, daß sie es tut, und unsere Maße sind doch bloß Konvention.«

Menschen erleben Zeit als etwas, das aus einer Vergangenheit kommt und an ihnen im Augenblick vorbeizieht, um in oder für die Zukunft offen zu stehen. Von der Physik aus gesehen – gemeint sind hier Einsteins Theorien der Relativität – kann die Zeit nicht an einer eindeutig festzulegenden Gegenwart, einem definierten Augenblick, vorbeiziehen; denn Beobachter an entfernten Orten im Kosmos, die mit unterschiedlichen Geschwindigkeiten unterwegs sind, konstruieren verschiedene Momente als ihr Jetzt.

Tatsächlich bemühen sich die Sonette von Shakespeare und der Zweite Hauptsatz der Wärmelehre um eine gemeinsame Sache, nämlich um die Zeit und unser Verständnis für diese Dimension. Während Shakespeare zur Sprache bringt, dass er versucht, den Dingen Dauer zu verleihen und die Zeit anzuhalten, drückt der Zweite Hauptsatz die unabänderliche physikalische Tatsache aus, dass dies in der sogenannten Wirklichkeit nicht möglich ist. Die Zeit bleibt nicht stehen, und rückwärts läuft sie erst recht nicht. Sie eilt nur nach vorne und uns davon. Nur im Kunstwerk, etwa in Gedichten, kann man die Zeit anhalten. Shakespeare sagt dies ausdrücklich in seinem Sonett XVIII: »Dir soll dein Sommer ewig nicht vergehn,/ nie, was die Schönheit je verheisst,/ niemals wirst du in Todes Schatten stehn,/ wenn meine Schrift dich deiner Zeit entreisst./ Solange Menschen leben, stirbt sie nie,/ unsterblich ist dein Liebreiz so durch sie.« Und das Sonett LXXXI schließt mit den Zeilen: »Denn meine Kunst verleiht dir Ewigkeit,/ Auf dass dich fernste Nachwelt einst noch kennt,/ bricht sie die Allmacht der Vergänglichkeit,/ schafft allen Sterblichen ein Monument./ Solange schenkt dir Dauer mein Gedicht,/ wie Menschen atmen, eine Zunge spricht.«

Im Gegensatz zum dichterischen Wollen läuft die physikalische Zeit stets weiter, was die Physiker durch den Zweiten Hauptsatz der Thermodynamik ausdrücken. In dessen Mittelpunkt steht der oft missbrauchte Begriff der Entropie.

Die Idee zur Entropie tauchte nach 1850 auf, als einige Ingenieure versuchten, die Leistungsfähigkeit der Maschinen zu beschreiben, die sie mit einem möglichst hohen Wirkungsgrad funktionieren lassen wollten. Sie merkten bald, dass das Konzept der Energie nicht ausreicht, um Maschinen theoretisch zu erfassen, denn es gab Energie, die in Arbeit umgewandelt werden konnte, und es gab Energie, die sich nicht dazu eignete. Die erste Form der Energie nannte man die »freie Energie«, und sie unterschied sich von der

Gesamtmenge durch eine Größe, die man mit dem ähnlich klingenden Wort »Entropie« bezeichnete.

Die Physiker hatten kurz vor 1850 ein grundlegendes Gesetz der Natur gefunden, als sie beobachtet hatten, dass Energie weder gewonnen werden noch verloren gehen kann und in allen Prozessen nur umgewandelt wird – von Bewegungsenergie in Wärmeenergie, von Wärmeenergie in chemische Energie, und so weiter. Sie fassten diese Einsichten in einem ersten Hauptsatz der Thermodynamik zusammen, dem zufolge die Energie der Welt konstant (unzerstörbar) ist. Als es um 1870 gelang, nicht nur mit der Energie, sondern auch mit der Entropie eine Gesetzmäßigkeit zu formulieren, konnte dies als Zweiter Hauptsatz in die Lehrbücher aufgenommen werden. Er besagt, dass die Entropie der Welt im Verlauf physikalischer Vorgänge immer nur zunimmt, und zwar so lange, bis sie das Maximum erreicht hat.

Das Besondere an diesem Gesetz der Physik besteht darin, dass mit ihm die Zeit eine Richtung bekommt. Zeit läuft in unserer Welt so ab, dass die Entropie wächst, wodurch die Frage »Was ist Entropie?« dringend eine allgemeinverständliche Antwort braucht. Wir suchen sie bis heute, obwohl es viele Vorschläge dazu gibt. Da ist zum Beispiel von einem »Maß für die Unordnung« in einem System die Rede; man denkt bei Entropie an einen »Vorrat an Zufälligkeit«; und da wird vom »Grad der Unkenntnis« gesprochen, den Physiker nie ganz zum Verschwinden bringen können. Entropie wird oft und gerne als Gegenteil oder Gegenstück zur Information verstanden – als die Information, die nicht verfügbar ist.

So verdienstvoll all diese Vorschläge sind, in dem wundersam erfolgreichen Konzept der Entropie stecken stets noch andere Aspekte, die es immer noch offenzulegen gilt – was erneut zeigt, dass die Wissenschaft selbst da, wo sie Gesetze formulieren kann, geheimnisvoll bleibt. Wir sollten uns darüber nicht ärgern, sondern eher freuen, denn so bleibt auch das Phänomen der Zeit rätselhaft und etwas, über das sich nachzudenken lohnt. Anders als die Entropie kann die Zeit zwar leicht gemessen werden – nämlich mit Uhren –, aber daraus folgt nicht, dass wir sie durchschauen.

Die Wissenschaft, das »verkehrte Wesen«

Das Problem der neuen Physik besteht darin, dass ihre Lehren und Einsichten am besten in einer Sprache zu formulieren sind, die vom Publikum weder geschätzt noch gesprochen wird. Gemeint ist die Mathematik, deren Beherrschung zu den ursprünglichen Zielen der Wissenschaft gehört, wie sie zum Beispiel von Galileo Galilei aufgestellt worden sind. Doch genau an dieser Stelle haben viele Menschen, die mehr poetisch als analytisch begabt waren, ihren Einwand erhoben. Berühmt sind die Verse, die Novalis für spätere (unvollendet gebliebene) Passagen seines Romans *Heinrich von Ofterdingen* vorgesehen hatte. Ihre ersten und letzten vier Zeilen lauten:

> Wenn nicht mehr Zahlen und Figuren
> Sind Schlüssel aller Kreaturen,
> Wenn die, so singen oder küssen
> Mehr als die Tiefgelehrten wissen,
> […]
> Und man in Märchen und Gedichten
> Erkennt die wahren Weltgeschichten,
> Dann fliegt von einem geheimen Wort
> Das ganze verkehrte Wesen fort.

Was die Wissenschaft hervorbringt, kommt vielen künstlerisch empfindenden (oder sich so gebenden) Menschen tatsächlich oft als »verkehrtes Wesen« vor. Ein berühmtes Beispiel liefert Alfred Döblin, der die Welt nicht mehr verstand, als Einstein mit dem Kosmos das Gegenteil gelang. Der Autor von *Berlin Alexanderplatz* protestierte in den Jahren der Weimarer Republik lautstark und öffentlich, als er erfuhr, dass die Allgemeine Relativitätstheorie beziehungsweise die damit verbundenen Gleichungen der Gravitation den Kosmos und seine raumzeitliche Wirklichkeit offenbar besser beschreiben konnten als alle physikalischen Ansätze zuvor, die mit Isaac Newton begonnen hatten und gewöhnlich mit seinem Namen verbunden geblieben sind.

Das Newton'sche Universum präsentierte den Raum als einen riesengroßen Schuhkarton mit geraden Linien und rechten Winkeln, den eine gleichmäßig träge fließende Zeit durchströmte, ohne irgendeine Wechselwirkung mit ihm eingehen zu können. So etwas konnte man sich leicht vorstellen und anschaulich vor Augen führen. Doch mit Einsteins Universum ging dies nicht mehr. Mit ihm tauchten seltsame Verzerrungen und Krümmungen in diesem Karton auf, den es erstens gar nicht mehr ohne Schuhe geben konnte, der zweitens gerade durch seinen Inhalt aus der vertrauten Rechtwinkligkeit gerissen wurde und der drittens auch mit dem Strom der Zeit ins Gehege kam und ihn umleitete und verzögerte.

Döblins Problem steckte nicht in dieser Akrobatik der vertrackten Anschauung, der zufolge Raum und Zeit nicht bloß entleert werden, sondern selbst verschwinden, wenn man versucht, die Dinge aus ihnen zu entfernen. Seine Klage richtete sich vielmehr gegen die Tatsache, dass Einstein sein Wissen und seine Kenntnisse über den Kosmos mithilfe komplizierter mathematischer Verfahren gewonnen hatte, in denen es unter anderem um Kovarianz, Tensoranalysis und Differentialgleichungen ging – also um Hervorbringungen des analytischen Verstandes, die für Döblin und die meisten Menschen unverständlich blieben und unzugänglich bleiben. Für sie gab und gibt es in dieser so abstrakt wirkenden Formelwelt nichts zu verstehen; der offenkundige Skandal steckt darin, dass sie damit verurteilt zu sein scheinen, in einem Kosmos zu leben, der nur noch den wenigen Eingeweihten zugänglich ist, die genügend mit der Sprache der höheren Mathematik vertraut sind. Döblin protestierte dagegen, dass der Erfolg des Forschers den Dichter vom Verständnis der Welt ausschloss, in der doch beide gemeinsam lebten. Wieso konnte es einem großen Teil der Menschen verwehrt sein, etwas über die Strukturen ihrer Welt – über die Geometrie ihres Universums – zu wissen?

Gewöhnlich bedauert man an dieser Stelle die Schwierigkeiten der mathematischen Sprache und weist auf die vielen populären Darstellungen hin, die sich mutig an die Allgemeine Relativitätstheorie wagen und dabei versuchen, mit ihren gebogenen Räumen und gedehnten Zeiten fertigzuwerden. Tatsächlich findet der Interessierte in der entsprechenden Literatur viele unmittelbar anschauliche Darstellungen der vierdimensionalen Raumzeit und ihrer gekrümmten Geometrie, in der wir nach Einsteins Theorie leben. Doch können die Leserinnen und Leser damit wissen, was Einstein gewusst hat?

Wer versucht, diese Frage zu beantworten, wird feststellen, dass das Hauptproblem im Nachsatz steckt. Wissen wir überhaupt, was Einstein gewusst hat? Wir wissen, wie seine Formel in Lehrbüchern aussieht, und wir wissen aus Experimenten, dass damit bessere Vorhersagen über den Ausgang von Messungen in den kosmischen Weiten des Weltraums zu machen sind, als alle konkurrierenden Theorien dies können. Aber wissen wir deshalb, was Einstein verstanden hat?

Einsteins Ziel bestand primär sicher nicht darin, eine Formel zu finden. Er wollte vielmehr etwas über die Raumzeitstruktur der Welt wissen, und er hat dies mithilfe seiner Formel bewerkstelligt. Aber wenn wir nun so einfach sagen, dass Einstein etwas über das Universum durch seine Gleichung weiß, dann sollten wir uns darüber im Klaren sein, wie tiefgreifend und verstörend eine solche neue Erkenntnis sein kann. Werner Heisenberg hat dies in seiner Autobiografie *Der Teil und das Ganze* beschrieben. Er stellt dort den Augenblick (!) dar, in dem einige (andere) mathematische Zeichen auf einem Blatt Papier ihm plötzlich ihre Bedeutung offenbaren und er in ihnen die Grundgesetze der Atome erkennt, und zwar auf die folgende Art und Weise: »Ich hatte das Gefühl, durch die Oberfläche der atomaren Erscheinungen hindurch auf einen tief darunter liegenden Grund von merkwürdiger innerer Schönheit zu schauen, und es wurde mir fast schwindlig bei dem Gedanken, dass ich nun dieser Fülle von mathematischen Strukturen nachgehen sollte, die die Natur da vor mir ausgebreitet hatte.«

Es ist wichtig, sich klarzumachen, was Heisenberg bei diesem Erlebnis eigentlich erblickt. Vor ihm auf dem Papier befinden sich doch nur einige mathematische Formeln und Strichgebilde, und aus diesen Zahlen und Figuren kann nur dann das viele Wissen werden, das Heisenberg erregt, wenn die Zeichen den Charakter von Symbolen annehmen.

Dies gilt natürlich auch für Einstein, denn auch ihm sagen die mathematischen Gebilde nur etwas über die Welt – den Kosmos –, wenn er sie nicht bloß als Abkürzungen für real gegebene Größen versteht, sondern sie als Symbole wahrnimmt und deutet. Diese Symbole sprechen nicht nur seine rational ausgerichteten Fähigkeiten an, sie verschaffen ihm auch durch Gefühle Wissen über die Welt, genau wie Heisenberg es beschrieben hat. Und kennen wir nicht alle ein Wissen, das nur durch Gefühle möglich wird?

Mathematische Formeln sind eben nicht das Wissen selbst, um das es geht, sondern sie liefern nur den symbolischen Schlüssel dazu, und es ist nicht nur anzunehmen, sondern wird hier sogar behauptet, dass es noch andere Schlüssel zu demselben Wissen gibt.

Worauf es bei der Weitergabe von wissenschaftlichem Wissen ankommt, lässt sich mit einfachen Worten nun so ausdrücken: Man muss dafür sorgen, den entsprechenden Schlüssel für Menschen (wie den Dichter Döblin) zu finden, die in mathematischen Formeln keine Symbole entdecken können. Da ihnen diese Begabung fehlt, muss man Bilder oder andere Symbole finden, die ihnen das Wissen über die Wirklichkeit verschaffen. Einstein und Heisenberg bekommen das Wissen über die Wirklichkeit dadurch, dass sich für sie die mathematischen Zahlen und Figuren in Symbole verwandeln. In beiden Fällen – sei es durch Metaphern oder durch mathematische Figuren – können schließlich die inneren Bilder entstehen, die zum Verstehen führen und die Erinnerung werden, die wir zuletzt als Wissen kennen. Wir können alle dasselbe wissen, müssen aber nicht versuchen, dies mit denselben Symbolen zu erreichen.

Albert Einstein hat einmal in einem Gespräch mit einem Psychologen erzählt, dass sein wissenschaftliches Denken mit Bildern beginnt, die in ihm weitere Bilder generieren und zu einem Strom werden lassen, den er dann – mühsam genug – in Worte und Formeln übertragen muss, um sie kommunizieren zu können. Diese Erfahrung haben viele Naturforscher gemacht, wie derjenige feststellen kann, der sich auf ihre Biografien einlässt.

Der Beitrag der Bilder zum Wissen ist schon bei Einsteins berühmtem Vorgänger Johannes Kepler zu erkennen, der im 17. Jahrhundert nicht nur die drei nach ihm benannten Planetengesetze entdeckt, sondern auch beschrieben hat, wie seinen Erfahrungen zufolge Wissen überhaupt entsteht. Für Kepler kommt Erkennen durch Bilder zustande, genauer durch Bilder, die ein Betrachter in sich zur Deckung bringt. Das ihm von außen durch die Sinne Zugeleitete verwandelt seine Wahrnehmung in Bilder, die dann mit anderen Bildern (Imaginationen) verglichen werden, und zwar denjenigen, die in seinem Inneren entstanden sind. Kepler vermutet, dass beide Bilderströme an der Stelle zueinander finden, die man früher Seele nannte. Wenn eine Passung gelingt, wird man wach, und die Seele leuchtet auf (was in moderner Sprache heißt, dass Zufriedenheit empfindet, wer etwas erkennt).

Wir wissen also dann etwas über die Welt, wenn wir sie uns durch Bilder zu eigen gemacht haben, wenn wir sie uns also – im Wortsinne – »ein«gebildet haben. Das alte lateinische Wort für diesen Vorgang der Ein-Bildung heißt *informatio*. Es ist unschwer zu erkennen, dass davon zum einen zwar der Begriff der Information abgeleitet ist, den sich die moderne Gesellschaft gerne als Vornamen gibt, dass zum anderen aber die heutige Verwendung dieses Wortes nichts mehr mit dem Bild zu tun hat, um das es eigentlich geht. Wer heute informiert ist, hat vielleicht viele Daten auf seiner Festplatte oder einige Nachrichten auf der Mailbox, aber keine Bilder mehr im Kopf. Informiert im sinnvollen und Wissen anstrebenden Gebrauch dieser Idee ist aber nur der »ein«gebildete Mensch. Seine Bilder stellen die humane Ebene des Wissens dar, sie sind seine primäre Form.

Mit anderen Worten: Wenn Döblin sich beklagt, dass er den Kosmos nicht verstehen kann, weil er mit den mathematischen Begriffen nicht zurechtkommt, dann versucht er ein grundlegendes Bedürfnis durch ein unpassendes Argument zu rechtfertigen. Man muss ihm keinen Nachhilfeunterricht in Tensoranalysis geben. Man muss ihm ein Symbol oder ein Bild vorlegen, das seine Wahrnehmung anspricht, und zwar so, dass dabei das Bild des Kosmos entsteht, das Einstein versteht.

Solch ein Bild oder Symbol zu finden, ist keine Aufgabe, die sich nebenbei erledigen lässt. Man könnte sie Wissenschaftsgestaltung nennen, und für diese Formung des Wissens braucht man mindestens so viel Geschick wie für die Wissenschaft selbst. Bedarf an Wissenschaftsgestaltung besteht in unserer Gesellschaft genug, denn schließlich wollen wir alle die Welt so verstehen wie Einstein den Kosmos.

Die historische Hilfe

Als Alternative der gezielten Gestaltung einer geeigneten Symbolsprache, die erst in der Zukunft gelingen kann, bietet sich der Blick in die Vergangenheit unserer Kultur an. Er hilft, wenn dabei die Naturwissenschaft nicht ausgespart bleibt, wie es leider zu oft passiert. Seit Längerem ist Historikern aufgefallen, dass sich die Künste und die Wissenschaften zu Beginn des 20. Jahrhunderts gemeinsam bewegt haben und modern geworden sind, wie man sagt. Nicht nur ist eine neue Physik entstanden. Gleichzeitig mit ihr häutet sich auch die Malerei, wie Picassos Weg zum Kubismus oder Kandinskys Schritt zu den abstrakten Kompositionen zeigen, um nur zwei Beispiele zu nennen. Daneben entsteht eine neue Musik mit einer eigenwilligen Harmonielehre: Arnold Schönbergs Komposition mit zwölf Tönen und dem Traum, zuletzt keine freie Note mehr zu haben. Zugleich verlässt die Poesie ihre alten Sphären – etwa in der Person Rainer Maria Rilkes –, und damit haben wir nur die bekanntesten und auffälligsten Entwicklungen benannt.

Wie führende Köpfe der Naturwissenschaften, Medizin, Bildenden Kunst und Literatur um 1900 bei der Wiener Moderne zusammengewirkt und sich wechselseitig beeinflusst haben – es verband sie die Auffassung, dass die Wahrheit »unter der Oberfläche liegt« –, untersucht der Nobelpreisträger Eric Kandel eingehend und überaus anschaulich in seinem Werk *Das Zeitalter der Erkenntnis. Die Erforschung des Unbewussten in Kunst, Geist und Gehirn von der Wiener Moderne bis heute* (erschienen 2012).

Vielleicht kann eine vergleichende historische Analyse helfen, die Modernisierung eines Bereichs – der Physik zum Beispiel – durch die Erneuerung eines anderen Bereichs – der Malerei – verständlich zu machen, wobei sich dieses Vorhaben am Grundsatz der Komplementarität orientiert. Dabei nutzen wir die historische Tatsache, dass die beiden größten Genies des 20. Jahrhunderts – Einstein und Picasso – nicht nur fast gleichaltrige Zeitgenossen waren, sondern ihre kreativen Sprünge in denselben Jahren vollbracht haben.

Zwar haben sich Einstein und Picasso nicht im Raum, wohl aber in der Zeit getroffen, was aber im Rahmen der Relativitätstheorie kaum ins Gewicht fällt. Denn dort werden die beiden getrennt scheinenden Grundgrößen unserer Wirklichkeit zu einem Gebilde namens Raumzeit verwoben, was beide gleichberechtigt werden lässt.

Die erste zeitliche Überschneidung der Weltlinien vollzieht sich in dem als Wunderjahr bekannten 1905, in dem der damals 26-jährige Albert Einstein von Bern aus die Physik revolutioniert, wie er selbst findet, und in dem der 1881 geborene Pablo Picasso in Paris anfängt, kubistisch zu malen. Die zweite Überschneidung kommt in den Jahren nach 1912 zustande, als Picasso seinen Bildern eine neue Wendung gibt und dem analytischen Kubismus eine synthetische Variante folgen lässt, wie es Kunsthistoriker ausdrücken. In dieser Malweise werden Gegenstände nach Eindrücken komponiert, die man zu verschiedenen Zeiten von ihnen haben kann. Einstein kommt in diesen Jahren mit der (selbst gestellten) schweren Aufgabe zurecht, seiner sogenannten Speziellen Relativitätstheorie aus dem Jahr 1905 eine allgemeine Form zu geben. Sie erlaubt Betrachtungen über die Welt als Ganzes, und ihr verdanken wir seit 1915 das, was man ein neues Weltbild nennen kann. Gemäß der Allgemeinen Relativitätstheorie dürfen wir uns den Kosmos als etwas vorstellen, das zugleich endlich und unbegrenzt ist. Dieser Gedanke wird möglich, weil unter anderem Raum und Materie nicht mehr unabhängig voneinander sind. Die Materie krümmt vielmehr den Raum, der ihr umgekehrt die Dynamik verleiht, die wir beobachten, wenn sich Massen gegenseitig anziehen.

Was Einstein damals zeigen konnte, macht bis heute all denen viel Mühe, die seine Weltsicht verstehen wollen und sich dazu nicht auf die schwierige Mathematik einlassen können. In einer ersten Annäherung ist es möglich, die Quintessenz von Einsteins Einsichten in die drei Wörter »Alles ist Geometrie« zu fassen. Sie drücken nicht nur aus, was Einstein erkannt hat, sie bahnen zugleich auch den Weg zurück zu Picasso. Denn das Attribut seines Malens zur Zeit der Relativität – es lautet kubistisch – leitet sich vom lateinischen Wort für Würfel, *kubus*, ab, der als pars pro toto für die Aufgabe steht, Bilder aus geometrischen Grundformen zu gestalten. Dieser Gedanke geht auf Paul Cézanne zurück, der in Briefen um 1904 einem jungen Maler empfohlen hat, in der Natur Zylinder, Kugel und Kegel – also geometrische Grundstrukturen – zu sehen und diese Formen geeignet in der richtigen Perspektive darzustellen.

Wenn Motive nach diesem Vorschlag malerisch gestaltet werden, sprechen Kunsthistoriker von kubistischen Bildern, und es ist von Anfang an aufgefallen, dass einige von ihnen die Betrachter trotz aller Abstraktion ungewöhnlich fesseln können. Die hohe und unverbrauchte Attraktivität kubistischer Bilder bringt den in Paris weilenden Rainer Maria Rilke in den Jahren des Ersten Weltkriegs zu der Vermutung, dass ihre geometrischen Formen sehr tief reichen, dass sie »die Bildstruktur gewissermassen bloßlegen« und »das subcutane Netz unter der Bildhaut an's Licht schälen«. Denn »unter ihrem blühenden Gesicht sind natürlich alle Bilder irgendwie kubistisch gewesen in ihren Grundlagen und Geweben«, wie er im August 1917 an Elisabeth Taubmann geschrieben hat. Seine Worte klingen für naturwissenschaftlich geschulte Ohren so, als meinten sie die Bildstruktur, die Menschen beim Sehen in ihrem Kopf anfertigen, und die moderne Neurobiologie kann und wird das bestätigen.

Wenn es erlaubt ist, Rilkes Anmerkung, dass »alle Bilder irgendwie kubistisch« seien, in einem schlichten Satz zusammenzufassen, dann könnte er lauten: »Alles ist geometrisch darstellbar.« Oder noch einfacher: »Alles ist Geometrie«, womit sich eine Brücke zur Physik Einsteins und seinen kosmologischen Theorien bauen lässt. Wer den Mut hat, sie zu betreten – etwa unter der Anleitung meines

Buches *Einstein trifft Picasso und geht mit ihm ins Kino* –, wird nach einigen Schritten in der Lage sein, Einstein mit dem Herzen zu verstehen und dabei Picasso neu zu entdecken.

Die Geometrie – Weltvermessung – als gemeinsame Grundlage stellt nur einen Aspekt der Gemeinsamkeit von Einstein und Picasso dar. Ein anderer besteht in dem Wechselspiel von Raum und Zeit, das beide inszenieren.

Es ist Wissenschaftlern bekannt, dass Einstein mit der seit Newton bestehenden Vorstellung aufräumt, es gäbe einen – von Gott geschaffenen, aus ihm ausströmenden – absoluten Raum, durch den, gänzlich unberührt und unabhängig, eine ebenso absolute Zeit strömt. Einstein macht Ernst mit der Beobachtung, dass der Blick in den (kosmischen) Raum immer auch ein Blick in die Zeit ist. Wer die Sterne am Himmel sieht, erfährt nicht, wie sie jetzt aussehen, sondern wie sie ausgesehen haben, als sie das Licht aussendeten, das wir jetzt empfangen. Kosmische Entfernungen messen wir durch die Zeit, die das Licht braucht, um sie zu durchmessen (»Lichtjahre«), und allen Eindrücken des gesunden Menschenverstandes zum Trotz hängen Raum und Zeit so eng zusammen, dass wir uns an den Gedanken gewöhnen sollten, in einer Raumzeit zu leben.

Wenn schon die Physik Raum und Zeit verbindet und das eine in das andere verwandeln kann, wird sich auch die Kunst dazu in der Lage zeigen, und Picassos erstes großes kubistisches Gemälde führt es uns vor Augen. Gemeint sind *Les Demoiselles d'Avignon,* die ab 1905 konzipiert und zwei Jahre später vollendet wurden.

Wir sehen fünf Damen, die sich sowohl klassisch als auch modern zeigen. Klassisch ist die Art, wie sie stehen (Standmotiv), modern ist sowohl die Betonung der inneren Geometrie als auch das Einbeziehen der äußeren Zeit. Die Geometrie betrifft dabei die Figuren und den Hintergrund, der gar nicht als solcher in Erscheinung tritt und sich eher eigenständig zwischen die Menschenformen drängt. Man kann fast sagen, dass der Raum diese Formen vorgibt oder bewirkt, und damit beschreibt man eine Grundeinsicht der Relativitätstheorie. Der Raum gibt sogar ein wenig von seiner Farbe (Blau und Weiß) an die Personen weiter, die zum Teil merkwürdig

Les Demoiselles d'Avignon von Pablo Picasso. Die Dame unten rechts kann so – von vorne und hinten zugleich – nur gesehen werden, wenn man um sie herumgeht. Sonst bricht ihr Genick. Das Gehen benötigt Zeit, die in einem Gemälde nicht auftaucht. Sie steht auf Bildern still. Malen galt als Raumkunst, bis Picasso eine Kunst der Raumzeit daraus machte – zu der Zeit, als Albert Einstein die Raumzeit in die Physik einführte. Auf dem Gemälde von Picasso sieht man mit Augen, was Einstein im Sinn hatte.

verdreht erscheinen. Damit kommt die Zeit ins Bild, die ja nur eine äußere Dimension meinen kann. Im Bild selbst vergeht sie nicht, es gibt hier nur einen Augenblick, wobei dieses Wort auch bezeichnet, wie ein Betrachter das Bild ansieht: mit und in einem Augenblick. Was wir auf dem Bild gleichzeitig sehen – die verdrehten Körper –, zeigt sich uns im Raum der Wirklichkeit durch eine Bewegung in der Zeit. Die Zeit wird in Picassos Bild zum Raum.

Wer das physikalisch ausdrücken will, kann sagen, das Bild wird zu einem Körper, auf den sich Raum und zugleich Zeit beziehen. Es zeigt jetzt zwar etwas, das es in der physikalischen Wirklichkeit nicht gibt. Aber im Hinblick auf die Dimension der Zeit unterscheiden sich Kunst und Wissenschaft diametral, denn während die Physik konstatieren muss, dass die Zeit vergeht, versucht der Künstler sie festzuhalten – in seinem Werk. In gewisser Weise macht dies auch der Wissenschaftler, der Gesetze aufstellt. In ihnen steht – oder sitzt – die Zeit ebenfalls fest.

Noch etwas zu Picassos Arbeitsweise, die eckige Linien, scharfe Umrisse, kantige Stücke und zahlreiche Zergliederungen zeigt. Das Bild besteht auf jeden Fall aus vielen Teilen, die aber höchst deutlich einen Gesamteindruck bewirken, der immer stärker wird und zur Frage führt, ob es überhaupt die Teile gibt, die man zu sehen meint. Der Raum und die Dinge hängen sehr eng zusammen. Wer versucht, die Gegenstände aus dem gezeigten Zimmer zu entfernen, würde den Raum mitnehmen. Genau das sagt Einstein über die Welt. Wir sehen es hier im Bild.

In den Jahren, in denen *Les Demoiselles d'Avignon* entsteht, hat sich Picasso sehr für ein damals neues Medium namens Film interessiert. Er ist häufig in die ersten Kinos gegangen, die in Paris eingerichtet wurden, und es muss ihn fasziniert haben, als er miterleben konnte, wie die Bilder laufen lernten und dabei eine neue Dimension bekamen, nämlich die der Zeit. Und er wird sich Gedanken über die Frage gemacht haben, ob und wie es ihm als bildendem Künstler gelingen kann, ebenfalls die Stadien einer Bewegung festzuhalten, und zwar auf der einen Fläche, die ihm zur Verfügung steht – wir nennen sie Leinwand und sie kann eigentlich nur den Raum zeigen.

Picasso löste diese Aufgabe, indem er sich in *Les Demoiselles d'Avignon* nicht um die Bewegung eines Gegenstandes oder einer porträtierten Person kümmerte, sondern sich auf die zeitlichen Möglichkeiten eines Beobachters – also seine eigenen – konzentrierte. Er selbst konnte sich doch bewegen und dabei im Gedächtnis festhalten, wie das Gesehene unter verschiedenen Blickwinkeln wirkte. Picasso stellte sich also vor, wie er etwa um einen Menschen herumgeht und dessen Kopf anvisiert. Die einzelnen Strukturen, die ihm dabei auffallen – ein Nasenloch von rechts oder links, eine Ohrmuschel von unten oder oben, ein Auge aus der Nähe und der Ferne –, trägt er als Markierung seiner Erinnerung auf die Bildfläche auf.

Mit anderen Worten: Picasso verwandelt Zeit in Raum. Aus seiner Zeit in der Welt wird der Raum auf seinem Bild. Oder etwas genauer: Picasso macht aus dem zeitlichen Nacheinander, das ein Beobachter in der Wirklichkeit registrieren kann, das räumliche Nebeneinander, das der Betrachter auf einer kunst- und liebevoll angefertigten Szene vor Augen hat.

Und während Picasso im Kino und im Kopf mit Raum und Zeit spielte und sich bemühte, die beiden auszutauschen und dadurch zu verbinden, unternahm Einstein am wissenschaftlichen Ende der Kultur dasselbe – nur mit anderen Mitteln, mit anderen Vorgaben und anderen Folgen. Er fügte Raum und Zeit derart fest zusammen, dass sie allein gar nicht mehr existieren konnten. Durch Einsteins Gedankenarbeit entstand eine Raumzeit, und wenn seine physikalischen Einsichten zutreffen, dann leben wir in solch einer zusammengefügten Welt, die notwendigerweise vier Dimensionen hat (was besondere Probleme – vor allem bei der Vermittlung dieser Einsicht – mit sich bringt, ohne dass wir dies hier im Detail ausführen können).

Vom Aussehen der Welt

Es ist eine merkwürdige Welt, die damals sichtbar wird, und dabei haben wir einen wesentlichen Aspekt der Zeit um 1900 noch gar nicht erwähnt. In den Jahren zwischen 1895 und 1900 entdecken die Physiker die Röntgenstrahlen und die Radioaktivität, sie vermessen die kosmische Höhenstrahlung und produzieren elektromagnetische Wellen. Als Einstein und Picasso erwachsen werden, bildet sich als merkwürdige Gewissheit die Einsicht heraus, dass die Welt anders ist, als sie aussieht. Wenn man diese Aussage umdreht, entsteht eine höchst spannende und schwierige Aufgabe. Denn wenn jetzt jemand die Welt so zeigen will, wie sie (wirklich) ist, dann darf er sie auf keinen Fall so vorführen, wie sie aussieht.

Aus diesem Grunde hört Picasso auf, das zu malen, was er sieht. Er malt lieber, was er denkt. Und dieselbe Freiheit nimmt sich Einstein, wenn er darauf besteht, dass Theorien freie Erfindungen des menschlichen Geistes sind. Er versteht nicht die Welt, die er sieht, sondern die Welt, die er sich ausdenkt. Die Entdeckungen der Physik lassen damals den Gedanken aufkommen, dass man trotz vieler Mühen noch gar nicht gelernt hat, die Welt zu sehen, wie es etwa Rainer Maria Rilke in seinem von ihm als »Prosabuch« bezeichneten Werk *Die Aufzeichnungen des Malte Laurids Brigge* (erschienen 1910) thematisiert. Möglicherweise müssen wir immer noch lernen, die Welt zu sehen. Und möglicherweise kommen wir am Ende zu der Ansicht oder Einsicht, dass die Welt gar kein Aussehen, sondern nur ein Ein-Sehen hat, also die Gestalt zeigt, die wir ihr auferlegen und in sie hineinlegen.

Was immer die Wissenschaft untersucht, trägt eine Komponente der menschlichen Fantasie in sich, und sie zu entdecken wird zu einer Abenteuerreise zu sich selbst, die, als Erlebnis verstanden, die Menschen mit der Wissenschaft versöhnen und auf vertraulichen Fuß setzen kann. Die Faszination, die von der modernen Kunst ausgeht, kann genutzt werden, um zu verfolgen, auf welchen Wegen auch die Wissenschaft ins Innere gelangt ist. In Picassos Bildern steckt das neue Verständnis von Raum und Zeit, das die Kosmologie seiner Zeit entwickelt und um das er mit seiner Wahrnehmung als Künstler weiß. In den Bildern von Kandinsky steckt das Verschwinden des Gegenstandes, das zeitgleich die Atomphysiker erfahren mussten, als sich ihnen die als Bausteine gedachten Grundelemente der Materie entzogen. Sie ließen und lassen sich nur durch die Form erkennen, die ihre mathematischen Symbole auszurechnen und grafisch darzustellen vermögen.

Wissenschaft und Kunst hängen sehr eng zusammen, und sie tun dies von dem letzten großen Anfang an, der uns alle angeht.

Gemeint ist die Geburt der modernen Wissenschaft zu Beginn des 17. Jahrhunderts. Wissenschaft konnte erst erfunden werden, nachdem der Mensch erfunden worden war. Wem aber verdanken wir »die Erfindung des Menschlichen«? Nicht zuletzt dem Dichter William Shakespeare, der den Menschen auf die Bühne brachte und sowohl seinen Zustand als auch seine Entwicklungsfähigkeit auf diese Weise erkennbar und der Wahrnehmung zugänglich machte.

Mit dieser riskanten Vermutung lässt sich sagen, dass die Gegenüberstellung von Shakespeares Sonetten und dem Zweiten Hauptsatz der Thermodynamik tiefer reicht, als sein Urheber Snow erwartete. Vermutlich wird eine Kultur nur dann eine Wärmelehre entwickeln und in ihr Gesetze aufstellen, wenn in ihr vorher ein Shakespeare gelebt und geschrieben hat. Und vermutlich wird eine Wissenschaft nur dann in die abstrakten Dimensionen der Quantenphänomene vorstoßen, wenn es vorher jemanden wie Mozart gegeben hat, dessen Musik von anderen Sphären kündet. Wir können nur beides haben – die Sonette und die Thermodynamik, Mozart und die Quantenmechanik. Wenn wir das wissen und verbreiten, öffnet sich der Weg zu der besseren Welt, in der wir den Anderen und das Andere erwarten und uns darauf freuen. Mit ihm geht es weiter, denn alles bleibt im Fluss – panta rhei –, auch wir selbst.

EXKURS
Studiengang Wissenschaftsgestaltung – ein Vorschlag

Wer erst einmal auf den Gedanken gekommen ist, dass Kunst und Wissenschaft zusammenarbeiten – weil sie zusammengehören und dabei die Humanität ermöglichen, um die es Menschen geht, wie bei Alexander von Humboldt nachzulesen ist –, der findet einige Aufgaben, die vermutlich nur im Wechselspiel angepackt werden können. Zum Beispiel die, einen Quantensprung zu zeigen oder sich eine Vorstellung vom wuseligen Innenleben einer Zelle zu verschaffen. Solch eine Kooperation setzt unter anderem voraus, dass Menschen mit künstlerischen Fähigkeiten und Ambitionen grundlegende Kenntnisse über die Einsichten der Naturwissenschaften vermittelt bekommen – was etwa in einem Studiengang geschehen könnte, der hier als Wissenschaftsgestaltung vorgestellt werden soll.

Wissenschaftsgestaltung dient der Vermittlung von Naturwissenschaft und benötigt insofern die Kenntnisse der Wissenschaft und die Fähigkeit zur Gestaltung (Formbildung). Viele Fortschritte der Wissenschaft sind längst nicht mehr in den Begriffen der Forschung nachvollziehbar, auch wenn man einem Publikum das Gegenteil suggeriert, indem man ihm in unterhaltsam inszenierten Magazinen bunte Bilder vorsetzt. Hiermit gelingt nicht einmal die Vermittlung aktueller Informationen, die doch nur verstanden werden können, wenn der historische und kulturelle Kontext wenigstens erahnt wird. Die Vermittlung von Wissenschaft liegt seit ihren systematischen Anfängen in den 1960er Jahren zumeist in den Händen von Personen, die dafür weder praktisch noch theoretisch geschult sind. Wissenschaftsgestaltung ist nötig, um eine naturwissenschaftliche Bildung zu bekommen, die für Entscheidungen über die Zukunft nötig ist.

Diese Grundeinsicht macht die Aufgabe ihrer Lehre nicht leichter. Wissenschaftsgestaltung kann nicht allein von einer Person oder einer Institution angeboten und bewältigt werden. Vielmehr werden interdisziplinäre Kooperationen benötigt, etwa zwischen Universitäten, Schulen und solchen Museen, die sich vermehrt an die Präsentation von Wissenschaft wagen, ohne damit lediglich technisches Gerät zu meinen.

Ein Beispiel für solche Initiativen bietet das Technoseum in Mannheim (ehemals Landesmuseum für Technik und Arbeit), in dem Themen wie »Medizin in der Kunst« behandelt werden. Einen Teil des mehrstöckigen Gebäudes nimmt die Dauerausstellung »Bionik – die Natur als Vorbild für technische Innovationen« ein. Interaktive Experimentierfelder zu Naturwissenschaften und Technik ergänzen in diesem Museum, das eng vor allem mit Schulen kooperiert, spannende Inszenierungen zur Technik- und Sozialgeschichte der letzten 200 Jahre.

Ein Beispiel für die Kooperation von Universitäten und Schulen bei der frühzeitigen Wissen(schaft)svermittlung ist die seit 2004 bestehende »Kinderuniversität« der Universität Heidelberg. Jedes Jahr lädt die Ruperto Carola neun- bis zwölfjährige Schülerinnen und Schüler vier Wochen lang zu einem umfangreichen Programm aus Vorlesungen und Workshops ein. Im Frühjahr 2014 umfassten die Themen unter anderem den Botanischen Garten, Arzneipflanzen der Welt, das Alte Ägypten, Astronomie, Teilchenphysik und Informatik. Für ganze Schulklassen gibt es alle Vorlesungen auch vormittags. Insgesamt erreicht in Heidelberg der Bereich »Junge Universität« jährlich mehr als 13 000 Kinder aller Altersstufen – mit dem Ziel, sie fürs Fragen, Forschen und Finden zu begeistern. Hier sind kompetente Wissenschaftsvermittler gefragt, die als »Wissenschaftsgestalter« Themen auf anschauliche und für Kinder nachzuvollziehende Weise aufbereiten können.

Mit Absolventen eines Studiengangs Wissenschaftsgestaltung könnte darüber hinaus ein völlig neuer Beruf entstehen, den man »Wissenschaftskritiker« nennen könnte. Dessen Arbeit wäre mit der eines Literaturkritikers vergleichbar. Bislang heißt derjenige Wissenschaftskritiker, der sich gegen die Wissenschaft wendet (und sie im Grunde verabscheut). Wissenschaftskritiker sollten die Wissenschaft so wertschätzen und lieben wie Literaturkritiker die Literatur, und sie sollten ihre Ergebnisse (Fragestellungen, Relevanz, alternative Verteilung der Fördermittel) erörtern, um eine bessere Wissenschaft zu ermöglichen.

KAPITEL 8

Wissenschaft als Poesie

Man vergaß, daß Wissenschaft sich aus Poesie entwickelt habe,
man bedachte nicht, daß, nach einem Umschwung von Zeiten,
beide sich wieder freundlich, zu beiderseitigem Vorteil,
auf höherer Stelle, gar wohl wieder begegnen könnten.

JOHANN WOLFGANG VON GOETHE

Wenn die Wissenschaft die Welt durch ihre Erklärungen verzaubern will, was sie von ihren Inhalten und Einsichten her durchaus kann, dann lohnt der Versuch, sie direkt mit der Poesie zusammenzubringen oder in Prosa anzubieten. Man kann zum Beispiel mit einem Märchen beginnen.

Das folgende Märchen hat ein Physiker erzählt, um Menschen, die nicht selbst in der Forschung tätig sind und sie in der Regel nur von außen betrachten, mit eingängigen Worten zu erläutern, wie man die Konsequenzen wissenschaftlicher Tätigkeit sehen und wie man sich darauf einstellen kann:

> Es gab einen Rabbiner, der wegen seiner Weisheit berühmt war und zu dem alle Leute kamen, um seinen Rat einzuholen.
>
> Ein Mann besuchte ihn einmal voller Verzweiflung über all die Veränderungen, die um ihn herum vor sich gingen. Er jammerte über den Schaden, den der sogenannte technische Fortschritt verursache:
>
> »Ist nicht diese ganze technische Plage vollständig wertlos«, sagte er, »wenn man an die wirklichen Werte des Lebens denkt?«

Aber der Rabbiner antwortete: »Alles vermag uns zu lehren. Nicht bloß alles, was Gott geschaffen hat, auch alles, was der Mensch gemacht hat, vermag uns zu lehren.«

»Was können wir«, fragte der Mann zweifelnd, »von der Eisenbahn lernen?«

»Daß man um eines Augenblicks willen alles versäumen kann.«

»Und vom Telegrafen?«

»Daß jedes Wort gezählt und angerechnet wird.«

»Und vom Telefon?«

»Daß man dort hört, was wir hier reden.«

Der Besucher verstand, was der Rabbiner meinte, und ging davon.

Die Welt, die Wissenschaft und die Menschen

Es war kein Geringerer als Werner Heisenberg, der diese märchenhafte Legende nutzte, um die Aufmerksamkeit eines breiten Publikums für seine Wissenschaft und den möglichen Umgang mit ihr zu wecken. Gute Geschichten verdichten zum einen eine Fülle von Erfahrungen, und sie machen sie zum anderen an Personen aus Fleisch und Blut fest, in die sich der Zuhörer hineinversetzen und für die er Sympathie empfinden kann. Wissenschaft, die bekanntlich *von* (einigen) Menschen gemacht wird, kann dadurch *für* (viele) Menschen fassbar und zugänglich werden. Ganz abgesehen davon, dass eine Erzählung besser im Gedächtnis haftet als eine abstrakte Darlegung.

Heisenberg hat die Geschichte bei dem jüdischen Religionsphilosophen Martin Buber (1878 – 1965) gefunden, der die Texte der chassidischen (frommen) Bewegung des Judentums gesammelt hat. Ihm ist *Das dialogische Prinzip* zu verdanken, in dem sich ein Ich und ein Du begegnen und das mit dem Hinweis beginnt: »Die Welt ist dem Menschen zwiefältig nach seiner zwiefältigen Haltung. Die Haltung des Menschen ist zwiefältig nach der Zwiefalt der Grundworte, die er sprechen kann. Die Grundworte sind nicht Einzelworte, sondern Wortpaare.«

Solche Formulierungen müssen nicht nach jedermanns Geschmack sein, und hartgesottene Wissenschaftler werden nach der Evidenz fragen. Aber der vorgestellte Gedanke kann zum einen an die Idee der Komplementarität anschließen und zum anderen auf das dialogische Konzept von Bildung hinweisen, die sich nur im Gespräch zeigt. Gesprochene Grundworte, so Buber, »stiften einen Bestand«. Aus ihm kann unsere Kultur werden.

Das oben zitierte Märchen liest Heisenberg seinem Publikum in einem Vortrag vor, in dem er 1965 die »Atomphysik und das moderne Denken« verknüpft, wobei ihm dieses Denken merkwürdigerweise immer noch und viel zu stark vom Streit der zwei Kulturen geprägt zu sein scheint. In diesem Konflikt stehen sich Literaten (Geisteswissenschaftler) und Forscher (Naturwissenschaftler) nach wie vor eher verständnislos gegenüber, ohne an die Möglichkeit von Gemeinsamkeiten bei den jeweiligen Hervorbringungen zu glauben, geschweige denn über sie nachzudenken.

Die Unterscheidung der zwei Kulturen geht, wie erwähnt, auf Charles P. Snow zurück, den die Überheblichkeit ärgerte, mit der die Intellektuellen ihre mangelnde Bildung verteidigten und sich ihre Unkenntnis der Naturwissenschaften nicht nehmen lassen wollten. Was den Briten zur Verzweiflung brachte – »So wird also das großartige Gebäude der modernen Physik errichtet, und die Mehrzahl der gescheitesten Leute in der westlichen Welt versteht ungefähr genau so viel davon wie ihre Vorfahren in der Jungsteinzeit« –, ärgerte zur gleichen Zeit den französischen Historiker Jacques Barzun. In einem Vorwort zu dem 1961 erschienenen Bändchen über *Voraussicht und Verstehen* von Stephen E. Toulmin beschreibt Barzun das Verständnis für die Wissenschaft wie folgt:

> Man kann sagen, daß die westliche Gesellschaft gegenwärtig die Wissenschaft beherbergt wie einen fremden Gott. Unser Leben wird von seinen Werken verändert, aber die Bevölkerung des Westens ist von einem Verständnis dieser seltsamen Macht wohl ebenso weit entfernt, wie ein Bauer in einem abgelegenen mittelalterlichen Dorf es von einem Verständnis

der Theologie des Thomas von Aquin gewesen ist. Und was schlimmer ist: Die Lücke ist heute sichtlich größer, als sie vor hundert Jahren war, zu einer Zeit, als jeder gebildete Mensch sich die Hauptergebnisse und die einfachen Prinzipien, die damals Physik, Chemie und Biologie ausmachten, aneignen konnte. Die Schwierigkeit heute besteht nicht darin, daß die Wissenschaft mehr Tatsachen entdeckt hat, als sich in einem Kopf zusammenhalten lassen, sie besteht vielmehr darin, daß die Wissenschaft – selbst für die Wissenschaftler – aufgehört hat, eine prinzipielle Einheit und ein Gegenstand der Kontemplation zu sein.

Vielleicht kann die Wissenschaft wieder eine prinzipielle Einheit und Gegenstand der Kontemplation werden, wenn sie sich enger an der Kunst orientiert und mit ihr kooperiert, um die *eine* Kultur sichtbar und erlebbar zu machen, die aus humanem Tun hervorgeht.

Heisenberg verlangt es nach einer solchen einzigen, umfassenden Kultur. Und so bittet er in vielen Vorträgen darum, dass sich Philosophen und andere Geisteswissenschaftler ebenso wie Schriftsteller vergegenwärtigen, »wie ernst die Probleme sind, um die in der Naturwissenschaft gerungen wird«; das »ernst« ist dabei nicht von der Technik, sondern vom Denken des Menschen und seinem Verlangen her gemeint, näher an ein Verständnis von Wirklichkeit heranzukommen. Der Physiker hofft, die Vertreter der anderen Kultur könnten bei der Lösung seiner zugleich erkenntnistheoretischen und moralisch-ethischen Schwierigkeiten helfen. Denn anders als Physik, Chemie und Biologie verfügen die Literaten und ihre »humanistischen« Mitstreiter dank einer über die »Jahrhunderte erworbenen Schulung« über ihre eigene, besondere Intelligenz, die es erlaubt, mit Problemen umzugehen, bei denen es sich gleichzeitig »um die Dinge und um uns selbst handelt«, also um den Menschen, der das alles macht.

Von sich aus vermögen die Naturwissenschaften diesen ganzen Kreis nicht in dem nötigen Umfang zu umschreiten, wie ihren verständigen Vertretern schon länger bekannt ist. Sie liefern vornehmlich Wissen darüber, wie Menschen mit den Dingen umgehen können. Die heutige Philosophie spricht dabei von Verfügungs- oder Herrschaftswissen, und sie mahnt an, dass dem ein gleichwertiges Orientierungs- oder Bildungswissen an die Seite gestellt werden muss. Dafür ist der literarische Diskurs schon deshalb geeignet, weil er um den Einzelnen kreist, der handelt und seine Motive bedenkt. Leider haben sich die Vertreter der anderen – sich gern im »Humanen« sonnenden – Kultur inzwischen angewöhnt, als schlechte Kritiker der Naturforschung aufzutreten, wobei das Attribut »schlecht« sich nicht auf die vorgetragenen Argumente, sondern auf die Grundhaltung bezieht, die Naturwissenschaften und ihre technischen Auswirkungen nicht zu beachten oder sogar pauschal abzulehnen. Was würde man von einem Literaturkritiker halten, der seinen Gegenstand von Grund auf ablehnt? Nur wer eine Kultur von Herzen liebt, sollte es riskieren, ihr Kritiker zu werden.

Anmerkungen zu Blumenbergs *Geistesgeschichte der Technik*

Im Suhrkamp Verlag sind 2009 Texte aus dem Nachlass von Hans Blumenberg (1920–1996) erschienen. Offenbar hat sich Blumenberg in seinem Denken zumindest in Grundzügen um eine *Geistesgeschichte der Technik* bemüht – so der Titel. Das Buch stellt zu Beginn »einige Schwierigkeiten [vor], eine Geistesgeschichte der Technik zu schreiben«, und diese Schwierigkeiten gibt es in Hülle und Fülle. Sie haben aber nicht nur mit der Frage zu tun, ob es die (technische) Mechanisierung ist, die eine (ökonomische) Arbeitsteilung bewirkt, oder ob es sich – wie Karl Marx meinte – umgekehrt verhält und an der kapitalistisch motivierten Arbeitsteilung die mögliche Mechanisierung »geradezu ablesbar« ist, wie Blumenberg formuliert. Die Schwierigkeiten haben eher mit der Frage zu tun (die der Philosoph aber übergeht), wie es überhaupt zu technischen Entwicklungen kommt, welche geistige Grundhaltung und welche Form von Kreativität sich hier zeigen und wie die unbestreitbare Evolution der technischen Kultur mit der entsprechenden darwinistischen Bewegung in der Natur zusammenhängt (falls dies der Fall ist).

Blumenbergs Hinwendung zur Technik weist – bei aller Sympathie für den Autor – den üblichen Mangel von philosophischen Texten zu Wissenschaft und Technik auf: Die Denker bleiben unter sich. Bei Blumenberg wird zwar Nietzsche erwähnt, aber weder ein Ingenieur genannt noch eine konkrete Erfindung als Beispiel angeführt. Gegen Ende des kurzen Buches zitiert

Blumenberg aus Werner Heisenbergs Buch *Physik und Philosophie*, und zwar die Bemerkung, die Sätze der modernen Physik seien »sehr viel ernster gemeint als die der griechischen Philosophen«. Dank Heisenberg erkennt Blumenberg plötzlich die »eigentümliche hypothetische Liberalität und Unverbindlichkeit der atomistischen Physik« der alten Griechen, »die der Insistenz auf Verifikation entbehren konnte« – weil es ihnen auf der einen Seite vermutlich egal war und weil sie auf der anderen Seite nicht ernsthaft eine Beherrschung der Wirklichkeit (der Natur) ins Auge fassten.

Wissenschaftlicher Ernst

Wer Vermutungen über die Natur ernst meint – zum Beispiel die, dass die Erde eine Kugel ist oder dass Bakterien Gene haben –, muss sich zwangsläufig überlegen, wie er sie prüfen (verifizieren oder falsifizieren) kann. Und genau da, so will es scheinen, machen Philosophen nicht mehr oder nur ungern mit. Sie nehmen tatsächlich vielfach nicht ernst oder nicht ernst genug, was sie sagen, und das sage ich hier laut und deutlich mit der Bitte, daran etwas zu ändern.

Und ich habe noch eine zweite Bitte. Sie betrifft einen anderen Aspekt der Ernsthaftigkeit, den die moderne Physik für sich beansprucht. Auch er findet sich in einem Text von Heisenberg, und zwar dort, wo er über »Die Einheit der Natur bei Alexander von Humboldt und in der Gegenwart« spricht. Zum Ende des 1969 publizierten Beitrags kommt Heisenberg auf sein eigenes Feld und seine persönlichen Erfahrungen und dramatischen Erfolge aus den 1920er Jahren zu sprechen, und er weist seine Zuhörer oder Leser auf das Folgende hin: »In dem Moment, in dem die Naturforscher beginnen, sich ernstlich mit der Physik der Atome zu befassen« und versuchen, »die chemischen Erscheinungen aus den Naturgesetzen im atomaren Bereich zu deuten«, tritt »auch die Morphologie, die Lehre von den Gestalten, wieder in ihre Rechte« ein. Das bringt als Konsequenz die Einsicht mit sich, »daß mit jener Auffassung von Kausalität und Determinismus, die seit Newton als Grundlage jeder exakten Naturwissenschaft galt, das Verhalten der Atome nicht verstanden werden kann«.

Ein Dilemma der zeitgenössischen Kultur besteht darin, dass ihre Repräsentanten diesen Satz nicht ernst nehmen. Man könnte sich nahezu alle Debatten der Hirnforscher über Freiheit im Angesicht von Naturgesetzen ersparen, wenn man ernst nimmt, was Heisenberg vor achtzig Jahren erkannt hat, und weiter liest, was er vor vierzig Jahren allgemeinverständlich vorgetragen hat: Die grundlegende Wissenschaft Physik zeigt uns, dass eine reine Kausalbeschreibung der Welt nicht gelingen kann. Das gilt auch für die Neurowissenschaften.

Felix Tretter, Nervenarzt am Isar-Amper-Klinikum und klinischer Psychologe an der Münchner Ludwig-Maximilians-Universität, spricht sich in einem Essay mit dem Titel »Brücke zum Bewusstsein« (abgedruckt im *Spiegel* vom 24. Februar 2014) für interdisziplinäre Konzepte in der Hirnforschung aus, da die Neurobiologie zwangsläufig an bestimmte methodische Grenzen stoße: »Solange sie erklärt, was Nervenzellen im Gehirn so machen, funktioniert sie. Sobald sie beginnt, damit seelische Zustände und Prozesse präzise erklären zu wollen, ist Obacht geboten. Wie sollen krankhafte Interaktionen von etwa 100 Milliarden Nervenzellen mit 100 Billionen Synapsen bei Angst oder Depression ›verstanden‹ werden?« Tretter plädiert für eine Zusammenarbeit von Biologie, Medizin, Physik, Mathematik, Wissenschaftstheorie, Philosophie des Geistes, der Anthropologie und der Ethik, damit die »nötige Transdisziplinarität« zustande kommt, »die eine neue, nachdenkliche Neurowissenschaft entstehen lässt. Eine Hirnforschung, die auch ihre eigenen Grundlagen hinterfragen und ihre Grenzen erkennen kann.« Und er schließt seine Ausführungen mit der Überlegung: »Vielleicht brauchen wir dazu ein neues akademisches Fach: die Neurophilosophie.«

Ein anderes Dilemma besteht darin, dass Forscher und Philosophen Heisenbergs Ausführungen über Kausalität und Determinismus kaum zur Kenntnis nehmen. Verlage machen zwar – erfreulicherweise – selbst dünne Nachlässe von Philosophen leicht verfügbar. Sie kümmern sich zudem – vernünftigerweise – um die korrekte philologische Wiedergabe von Tagebüchern und Briefen großer Dichter. Aber sie lassen alles, was Naturforscher schreiben, in der Regel lässig links liegen und in Bibliotheken verstauben. Wer greift denn zu Heisenbergs Texten? Wo findet man seine Aufsätze wohlfeil und anständig ediert? Warum nehmen die Kulturchefs seine Texte nicht so ernst, wie sie es verdienen? In ihnen steckt nicht nur das tiefste Verstehen von Natur, das Menschen im 20. Jahrhundert erreicht haben. In ihnen stecken darüber hinaus mannigfaltige Aufgaben für Menschen, die unsere Kultur über solche Schriften erfassen wollen. Wo bleibt eine Philologie der Naturwissenschaft? Solange Heisenberg (und sehr viele andere wie Einstein, Pauli, Born und Schrödinger) nicht gelesen und also nicht ernst genommen werden, so lange bleibt alles philosophische Denken unverbindlich und letztlich langweilig. Es entzaubert sich selbst. Das meine ich ernst, auch wenn es für die vielen Menschen, die sich brüsten, weder von Naturwissenschaft noch von Technik etwas zu verstehen, lächerlich klingt.

Zu den im Sinne von Heisenberg ernst zu nehmenden Fragen gehört auch die, wie gefährlich die tiefgreifenden Veränderungen unserer Umwelt durch die Erfolge der Technik sind und wie sehr das menschliche Denken durch die Erfolge der Wissenschaft dabei zugleich umgestaltet wird. Diese Thematik kann wahrscheinlich allein in einem interdisziplinären Wechselspiel von Natur- und Geisteswissenschaft besprochen werden, also durch das Zusammenbringen von literarischer und wissenschaftlicher Intelligenz. In meinen Augen kann erneut bei Heisenberg gelernt werden, wie dabei konkret vorgegangen werden könnte, und zwar in Verbindung mit der sich immer wieder neu stellenden Frage nach dem Weltbild, das die Physik generiert. Sie schließt zugleich auch immer Erkundigungen nach dem Natur- oder dem Menschenbild ein, das viele Zeitgenossen schmerzlich in einer Gegenwart vermissen, in der die genetische Wissenschaft den Menschen mit ihren Methoden direkt zu erfassen beginnt, wie dies heute etwa im Rahmen der modernen Biomedizin passiert.

In einem Text aus den Jahren 1953/54 stellt Heisenberg *Das Naturbild der heutigen Physik* vor. Der kurze Text bietet neben der Autobiografie so etwas wie die eleganteste Summe von Heisenbergs philosophischem Denken. Heisenberg benutzt hier erneut ein Märchen, um in Form seiner besonderen Verdichtung zu zeigen, dass die Frage, was die technische Entwicklung für den Menschen bedeutet und von ihm abfordert, zum einen sehr viel älter ist als die Neuzeit und zum anderen Antworten liefern kann, die durch eigenwillige Werte und Bewertungen charakterisiert sind.

Heisenberg erzählt, was er bei dem chinesischen Weisen Dschuang Dsi gefunden hat, der schon vor zweieinhalb Jahrtausenden gespürt oder erfahren hat, wie gefährlich selbst einfachste Maschinen für das menschliche Gemüt werden können. Die Geschichte berichtet von einem jungen Mann namens Dsi Gung, der die Gegend nördlich des Han-Flusses bereist. Dabei trifft er auf einen alten Mann, der in seinem Gemüsegarten arbeitet. Er hat zwar einige Gräben zur Bewässerung gezogen, geht aber immer noch sehr umständlich zu Werke, um sie mit Wasser zu füllen.

> Er stieg selbst in den Brunnen hinunter und brachte in seinen Armen ein Gefäß voll Wasser herauf, das er ausgoß. Er mühte sich aufs äußerste ab und brachte doch wenig zustande.
> Dsi Gung sprach: »Da gibt es eine Einrichtung, mit der man an einem Tag hundert Gräben bewässern kann. Mit wenig Mühe wird viel erreicht. Möchtet ihr die nicht verwenden?«
> Der Gärtner richtete sich auf, sah ihn an und sprach: »Und was wäre das?«
> Dsi Gung sprach: »Man nimmt einen hölzernen Hebelarm, der hinten beschwert und vorne leicht ist. Auf diese Weise kann man das Wasser schöpfen, daß es nur so sprudelt. Man nennt das einen Ziehbrunnen.«
> Da stieg dem Alten der Ärger ins Gesicht, und er sagte lachend: »Ich habe meinen Lehrer sagen hören: ›Wenn einer Maschinen benutzt, so betreibt er alle seine Geschäfte maschinenmäßig; wer seine Geschäfte maschinenmäßig betreibt, der bekommt ein Maschinenherz. Wenn aber einer ein Maschinenherz in der Brust hat, dem geht die reine Einfalt verloren. Bei wem die reine Einfalt hin ist, der wird ungewiss in den Regungen seines Geistes. Ungewissheit in den Regungen

des Geistes ist etwas, das sich mit dem wahren Sinn nicht verträgt. Nicht, daß ich solche Dinge nicht kennte, ich schäme mich, sie anzuwenden.‹«

Poetische Antworten für die Wissenschaft

Heisenberg hat Poesie nicht nur eingesetzt, um die Folgen von Wissenschaft zu illustrieren. Er hat sie vielmehr auch zur Hilfe genommen, um so auf besonders tief reichende und weitgehende Fragen von Menschen eingehen zu können, die sich einer – wie auch immer gearteten – wissenschaftlichen Erklärung noch lange entziehen. In einem autobiografisch angelegten Essay aus den 1940er Jahren, der unter dem Titel »Ordnung der Wirklichkeit« veröffentlicht worden ist, antwortet er zum Beispiel »auf die Frage, wie denn die Wirklichkeit eigentlich sei«, mit dem Hinweis auf ein Märchen, in dem jemand »die alte Frage« stellt, wie lange die Ewigkeit dauert. Die poetische Antwort hierauf lautet: »Am Ende der Welt steht ein Berg, ganz aus Diamant, und alle hundert Jahre fliegt ein Vögelchen dorthin und wetzt seinen Schnabel, und wenn der ganze Berg abgetragen ist, dann wird erst eine Sekunde der Ewigkeit vergangen sein.«

Diese Auskunft, die mehr eine Anregung ist, liefert ein anschauliches Beispiel für die Ansicht, die bereits vorgestellt wurde: Für jede (sachliche) Antwort auf eine Frage gibt es mindestens noch eine zweite (vielleicht poetische) Antwort. Das ist schon deshalb wunderbar, weil damit genau das möglich ist, was alle wollen, nämlich Bildung in seiner doppelten Bedeutung als Prozess und Ergebnis. Bildung ist nur im Dialog möglich.

Ich möchte dies an einem alltäglichen, an einem wissenschaftlichen und an einem zwar schon erwähnten, aber besonders berühmten Beispiel vorführen und fragen: Warum sind Eisbären weiß? Was besagt Heisenbergs Idee der Unbestimmtheit? Warum wird der Himmel in der Nacht so schwarz?

Was die Bären angeht, so greift eine Antwort auf die Physik zurück und spricht von dem Streulicht, das von einem Fell reflektiert wird und bei dem alle Wellenlängen gleichmäßig auftreten, was unser Gehirn dazu bringt, es als »weiß« zu sehen. Eine zweite Erklärung geht auf die Evolution ein und weist auf den Überlebensvorteil hin, der weißen Bären zukommt, denen es mit dieser Farbe – oder Farblosigkeit – in Eis und Schnee leichter fällt, sich ihrer Beute zu nähern.

Was die Unbestimmtheit angeht, so antwortet der Fachmann mit der experimentell gesicherten Einsicht, dass die Wirklichkeit von Quantenpartikeln primär durch Wahrscheinlichkeiten beschrieben werden kann, was es ihnen erlaubt, sich alle Möglichkeiten offenzuhalten, bis eine Messung ihren Zustand aktuell festlegt. Will man hingegen mit etwas poetischeren Worten zum Verständnis der Unbestimmtheit beitragen, kann man auch sagen, dass die Natur mit diesem mikroskopischen Herumgezittere verhindert, dass jemals jemand genug erfahren wird, um mit seinem Wissen die Zukunft vorhersagen zu können.

Wenn wir zuletzt an den Gegenpol des Lichts wechseln und dort auf die alte Frage treffen, warum der Nachthimmel dunkel bleibt, lassen sich viele Antworten geben. Eine mögliche Erklärung des Schwarzen geht auf die Augen ein, die ihre farbempfindlichen Zellen abschalten, wenn das Licht weniger wird und seine Intensität abnimmt (wobei dieser biologische Vorgang zwar erklärt, warum nachts alle Katzen grau aussehen, es aber sofort auffällt, dass er selbst unerklärt und offen bleibt). Eine zweite mögliche Erklärung geht auf den Urknall ein. In diesem Modell des kosmischen Werdens gab es einmal eine Zeit, in der das Weltall undurchsichtig war, und der Blick an den Himmel, der ja letztlich ein Blick zurück in die Zeit ist, endet genau dort.

Das Nachdenken über den schwarzen Himmel der Nacht endet dabei aber nicht, sondern gibt uns auch die Chance, auf poetische Antworten hinzuweisen. Eine erste findet sich bei Heinrich von Kleist, und zwar in dem bereits angeführten Brief vom 16. November 1800 an seine Wilhelmine. Er erinnert sich an eine herrliche Nacht, als er zwischen Leipzig und Dresden unterwegs war, und freut sich über folgenden Gedanken: »Am Tag sehn wir wohl die schöne Erde, doch wenn es Nacht ist, sehn wir in die Sterne.«

Hans Blumenberg hat sich eine pointiertere Variante ausgedacht und der Frage, warum es nach Sonnenuntergang dunkel wird, einen Grund gegeben, nämlich den, dass wir nur so die Sterne sehen können, die ja tagsüber nicht vom Himmel verschwinden und sich nur den menschlichen Augen entziehen.

Mir scheint, Antworten dieser Art begeistern und beschäftigen mehr Menschen als die wissenschaftlich versierten Auskünfte, die zuvor angeboten wurden. Und die poetisch-philosophischen Sterne finden dank ihrer unmittelbaren Anschaulichkeit sicher leichter ihre Anhänger als der letztlich doch vertrackt zu denkende Urknall, was aber keine der beiden Möglichkeiten überflüssig macht. Vielleicht gelingt es ja, mehr Menschen für die offenen Antworten der Wissenschaft zu begeistern, wenn man sie erst mit poetischen Lösungen lockt.

Das vermutlich wunderbarste Beispiel dazu stammt erneut von Heinrich von Kleist, der im Jahr 1800 dem Stiftsfräulein Wilhelmine von Zenge erst eine wissenschaftshistorische Abhandlung zumutet, in der er seine Bewunderung für Newton ausdrückt (der einen fallenden Apfel beobachtet), um mithilfe dieser an sich »*gleichgültigen* und *unbedeutenden Erscheinung*« zu lernen, nach welchen Gesetzen die »Weltkörper sich schwebend in dem unendlichen Raume erhalten«.

Dann schildert der Dichter, wie er sinnend durch ein gewölbtes Tor in die Stadt Würzburg gelangt, um sich plötzlich zu fragen, warum »sinkt wohl das Gewölbe nicht ein, da es doch *keine* Stütze hat«. Wir gewöhnlichen Sterblichen hätten vielleicht von Kräfteparallelogrammen und der Stabilität von Mörtel gesprochen und brav wissenschaftliche Gründe angeführt. Kleist jedoch denkt weiter: »Es steht, antwortete ich, *weil alle Steine auf einmal einstürzen wollen*«, und er gewinnt daraus sogar eine Hoffnung für sein Leben, nämlich die, »daß auch ich mich halten würde, wenn alles mich sinken läßt«.

Es gilt, mehr fantastische Antworten dieser Art anzubieten, die wahrscheinlich schwerer zu finden sind als die korrekten der Wissenschaft. Auf jeden Fall sollte Ausschau gehalten werden nach zwei verschiedenen Arten von Antworten – eine, die feststellt, und eine, die bewegt; eine, die mich etwas wissen lässt, und eine, die mich etwas spüren lässt.

Von solchen Wahrheiten spricht auch der Autor Linus Reichlin in seinem Kriminalroman *Die Sehnsucht der Atome*, in dem es heißt: »Die meisten Menschen, die die Musik von Bach lieben, spielen selbst kein Instrument. Sie verstehen nichts von Kompositionslehre, von Fuge und Kontrapunkt, aber sie verstehen die Musik. Dasselbe gilt für mich und die Physik. Ich muss nicht Physiker sein, um die Heisenberg'sche Unschärferelation zu verstehen und darüber zu staunen. Ich muss die Sprache der Physik nicht beherrschen, um die tiefen Wahrheiten zu lieben, die die Quantenphysik entdeckt hat. Wahrheiten, die jeden Menschen betreffen, weil sie in jedem Menschen wirksam sind.«

Im November 1800 schreibt Kleist an Wilhelmine von Zenge:

> *Galilei* mußte zuweilen in die Kirche gehen. Da mochte ihm wohl das Geschwätz der Pfaffen auf der Kanzel ein wenig langweilig sein, und sein Auge fiel auf den Kronleuchter, der von der Berührung des Ansteckens noch in schwebender Bewegung war. Tausende von Menschen würden, wie das Kind, das die schwebende Bewegung der Wiege selbst fühlt, dabei vollends eingeschlafen sein. Ihm aber, dessen Geiste immer schwanger war mit großen Gedanken, ging plötzlich ein Licht auf, und er erfand das Gesetz des Pendels, das in der Naturwissenschaft von der äußersten Wichtigkeit ist.
>
> Es war, dünkt mich, Pilâtre, der einst aus seinem Zimmer den Rauch betrachtete, der aus einer Feueresse wirbelnd in die Höhe stieg. Das mochten wohl viele Menschen vor ihm auch gesehen haben. Sie ließen es dabei aber bewenden. Ihm aber fiel der Gedanke ein, ob der Rauch, der doch mit einer gewissen Kraft in die Höhe stieg, nicht auch fähig wäre, mit sich eine gewisse Last in die Höhe zu nehmen. Er versuchte es und war der Erfinder der Luftschiffahrtskunst.

Kleist bezieht sich hier auf den französischen Physiker und Pionier der Luftfahrt Jean-François Pilâtre de Rozier (1754–1785), dem im Alter von 26 Jahren die erste historisch gesicherte bemannte Luftreise mit einem Heißluftballon gelang.

Es wird aufgefallen sein, dass Kleist ausdrücklich vom Erfinden – sowohl des Gesetzes als auch der Technik – spricht. Ebenso spannend sind die beiden Einsichten, die der Dichter aus seinen Erzählungen zieht und seiner Leserin mitteilt. Die Beispiele zeigen nämlich, »daß *nichts* in der ganzen Natur unbedeutend und gleichgültig und *jede* Erscheinung der Aufmerksamkeit eines denkenden Menschen würdig ist«. Dies heißt aber nicht, dass jeder jetzt anfangen muss, Forscher zu werden, um durch eigene »Beobachtungen die Wissenschaften mit Wahrheiten« zu bereichern. Vielmehr kann man jetzt damit beginnen, den eigenen Verstand in Gang zu setzen, um ihn, so Kleist, »tausendfältig durch aufmerksame Wahrnehmung aller Erscheinungen [zu] üben«.

Und damit ist genau das gemeint, worum es mir in diesem Buch geht, und Kleist schlägt Wilhelmine von Zenge ein paar Beobachtungen zum Nachsinnen vor. Wie kommt es, dass eine Pflanze ihre Nahrung mehr aus der Luft und dem Regen – also dem Himmel – als aus der Erde bezieht? Warum sieht man einen Regenbogen nur, wenn man die Sonne im Rücken hat?

Wie erzählt man Wissenschaft?

Ich möchte an einem Beispiel die vorangegangenen Bemerkungen zum Verhältnis von Verstehen durch *Wissen* und Verstehen durch *Einfühlung* bei der Wahrnehmung erläutern und nehme dazu – was sonst? – die Literatur in Anspruch, nämlich das Buch *Das Leben der Tiere* des südafrikanischen Nobelpreisträgers für Literatur J.M. Coetzee. Der Erzählung ist der berühmte *Bericht für eine Akademie* angehängt, den Franz Kafka 1917 verfasst hat. In seinem Text lässt Kafka ein Ich, das sich als »ein freier Affe« vorstellt, über sein »äffisches Vorleben« berichten. Kafka behandelt dabei mit literarischen Mitteln die Frage, ob in einem Affen schon steckt, was ein Mensch ist, und wie viel von diesem Menschen aus dem Tier geholt werden kann.

In dem Jahr, in dem Kafkas Bericht erstmals erschien, veröffentlichte der deutsch-baltische Psychologe und Verhaltensforscher Wolfgang Köhler (1887 – 1967) sein Buch über *Intelligenzprüfungen an Anthropoiden*. Köhler hatte auf einer Station gearbeitet, die 1912 von der Preußischen Akademie der Wissenschaften auf Teneriffa eingerichtet worden war, um die Intelligenz von Schimpansen zu erkunden. Er beschreibt nicht nur viele Verhaltensweisen, bei denen die Tiere kooperieren und sich verständigen; er erwähnt in seinem Werk auch etwas, mit dem er nicht gerechnet hat. Eines Tages fingen die Menschenaffen nämlich aus heiterem Himmel an, in einem umzäunten Hof einen Kreis zu bilden und so herumzuziehen. Sie behängten sich dabei sogar mit Kordeln und Lumpen, und der Verhaltensforscher fragte sich sofort, warum die Affen dies tun. Er kam bei seinem Nachdenken bald zu der Ansicht, dass die Lösung dieses Rätsels in einem äußeren Betrachter liegen müsse, dem die Tiere mit ihrem Tun gefallen oder imponieren wollen – und damit hatte es sein Bewenden. An dieser Stelle bricht der Forscher seinen wissenschaftlichen Bericht ab, um sich dem normalen Agieren der Tiere zuzuwenden.

Ein Poet kann diese Leere nicht zulassen, und Coetzee nimmt dem Forscher das Thema dankend aus der Hand, weil er weiß, dass »ein Dichter mehr aus diesem Moment gemacht« hätte. Der Leser erfährt bald, wie dies gemeint ist. Coetzee lässt in seiner Erzählung nämlich eine Dame auftreten, die selbst Dichterin ist und eine Rede über Tiere hält. Darin heißt es: »Die Bänder und der Trödel sind nicht nur für den visuellen Eindruck da, wie Köhler erkennt, weil sie flott *aussehen*, sondern [...] weil man sich mit ihnen anders *fühlt* – Hauptsache, die Langeweile wird vertrieben. Weiter kann Köhler [...] nicht gehen; hier hätte ein Dichter beginnen können, der sich in den Affen einzufühlen vermag.«

Unter anderem deshalb – der Qualität der Einfühlung wegen – braucht jede Wissenschaft die Dichtung, und zwar auch dann, wenn sie nicht von Affen, sondern von uns selbst handelt.

Hat Wissenschaft eigentlich jemals etwas anderes im Sinn gehabt? Und wenn die Antwort Nein lautet, wieso ist dies derart gründlich in Vergessenheit geraten?

Mit diesen Ausführungen wird nach und nach erkennbar, wie der Titel dieses Kapitels gemeint ist, nämlich als eine Ermutigung, den Erkenntnissen der Wissenschaft eine poetische Form zu geben. Sie kann und wird beiden nutzen – den Akteuren in der Wissenschaft, also den Forschern, ebenso wie den Personen vor der Wissenschaft, also der Öffentlichkeit.

Es wird oft behauptet, dass das Vermitteln von Wissenschaft Grenzen hat, die durch die Sprache gegeben sind. Dieses Urteil beruft sich auf den letzten und mit der Ziffer 7 versehenen Satz, mit dem der Philosoph Ludwig Wittgenstein (1889 – 1951) sein sprachtheoretisches Werk, den *Tractatus logico-philosophicus*, abschließt: »Wovon man nicht sprechen kann, darüber muß man schweigen.«

Diese kühne Behauptung ist 1921 zum ersten Mal in Buchform erschienen und unentwegt wiederholt worden. Hier wird die Überzeugung geäußert, dass der Satz unsinnig ist, weil sein Autor etwas übersieht, wobei nicht unerheblich ist, dass er bereits in dem Satz mit der Ziffer 1 danebenliegt, mit dem der *Tractatus* beginnt. Die einleitende Auskunft des Philosophen lautet scheinbar unwiderlegbar: »Die Welt ist alles, was der Fall ist.« Tatsächlich verpasst der Denker mindestens die Hälfte des Ganzen, um das es ihm geht. Die moderne Physik kann bereits zu Wittgensteins Lebzeiten eine umfassendere Variante anbieten, wie sie etwa bei Anton Zeilinger nachzulesen ist. In seinem Buch *Einsteins Schleier* (2003) schreibt der österreichische Physiker: »Die Welt ist alles, was der Fall ist, und auch alles, was der Fall sein könnte.«

Wenn wir nun vom ersten zum letzten Satz von Wittgensteins Traktat springen, zeigt sich, dass auch dieser Satz ergänzt und variiert werden muss, und getan hat dies Heisenberg, als er notierte: »Worüber man nicht reden kann, darüber muß man sich verständigen, darüber muß man einen Dialog führen, und es ist die Aufgabe des Wissenschaftlers, damit zu beginnen, um den Weg zu der Welt zu bereiten, die zu finden er in der Lage und die zu kennen sein Privileg ist.«

Ich würde diesen Vorschlag gerne erweitern, und zwar in folgendem Sinne: Wovon man nicht sprechen kann, darüber muss man nicht schweigen, davon kann man erzählen. Nehmen wir zum Beispiel das Gen. Natürlich kann man versuchen, die Frage »Was ist ein Gen?« wissenschaftlich sauber zu klären – etwa dadurch, dass man sagt, ein Gen liefert die Information zur Anfertigung eines Moleküls, das als Genprodukt biologische Aufgaben in einer Zelle übernimmt. Inzwischen türmen sich aber immer mehr Probleme mit dem Wort auf, etwa dadurch, dass es in den Zellen von sogenannten höher entwickelten Lebensformen – etwa Menschen und Mäusen – gar keine Gene am Stück, sondern nur Stücke gibt, die in verschiedenen Kombinationen als Gen funktionieren können.

Solch eine Situation könnte nach einer literarischen Festlegung des Gens verlangen, und einen entsprechenden Versuch hat der Berliner Wissenschaftshistoriker Hans-Jörg Rheinberger untergenommen, als er den berühmten Satz von Gertrude Stein »Eine Rose ist eine Rose ist eine Rose« weiterführte und formulierte: »Ein Gen ist ein Gen ist ein Gen«. Vielleicht kann man dieser Festlegung zwei Varianten an die Seite stellen, die den nachweislich dynamischen Charakter der Gene besser erfassen. Zum Beispiel: »Ein Gen ist ein Gen wird ein Gen«, oder: »Ein Gen ist ein Gen macht ein Gen«. Mir gefallen diese Formulierungen. Die neue Frage lautet somit: Wie erzählt man über Wissenschaft?

Aufgaben für die Literatur

Ich möchte nochmals auf das Theaterstück *Kopenhagen* zurückkommen und daran erinnern, dass es unter anderem das Thema der Verantwortung von Physikern und anderen Menschen auf die Bühne bringt. Sicher ist es nicht übertrieben zu behaupten, dass auf diese Weise mehr Verständnis für die ethischen Fragen der Wissenschaft erreicht wird als mit allen möglichen anderen Erklärungsversuchen.

Literatur kann, wie in *Kopenhagen*, auf persönliche Weise das Dilemma aufzeigen, in das Menschen in unseren wissenschaftlich durchsetzten Tagen kommen können, wenn ihnen etwa die Möglichkeiten der neuen Biomedizin – ein Stichwort ist die Präimplantationsdiagnostik – offen stehen und sie plötzlich wenigstens in Details über das entscheiden können, was sie vorher nur als Ganzes wünschen und erhoffen konnten, ein neues Leben nämlich.

Der 1923 in Wien geborene Chemiker und Schriftsteller Carl Djerassi, der sich in seiner gleichnamigen Autobiografie als *Die Mutter der Pille* bezeichnet, führt in seinem Theaterstück mit dem Titel *Unbefleckt* (es behandelt die Zeugung »aus der Retorte«) vor, mit welchen Fragen die betroffenen Menschen umzugehen haben. Und nur dieser literarischen Art der Vermittlung gelingt es, alle drei relevanten Bereiche in ihrer Gesamtheit auf die Bühne zu stellen, nämlich die wissenschaftlichen Fakten, die moralischen Folgen von ausgeübten Handlungsoptionen, die erläutert und verstanden werden müssen, und die persönliche Lage, in der sich die Menschen befinden, die etwas akzeptieren oder ablehnen müssen. Niemand legt sich in den abstrakten Räumen fest, die Ethikprofessoren abschreiten oder Kommissionen ausmessen. Entscheidungen fallen in individuellen Situationen unter oftmals unvorhergesehenen Vorgaben, und genau sie können in den verfügbaren literarischen Formen durchgespielt und erkundet werden.

In meinen Augen kann die Literatur aber noch mehr für die Wissenschaft tun, nämlich dem Satz von Heisenberg, dass Wissenschaft von Menschen gemacht wird, eine anschauliche Bedeutung und einen wahrnehmbaren Erlebnischarakter geben; und zwar dadurch, dass sie das Innenleben einer souveränen Person zeigt, der eine entscheidende Einsicht gelingt und die dabei zugleich versteht oder zumindest spürt, welche ungeheuren Folgen sich daraus ergeben können. Wissenschaftshistoriker können bestenfalls festhalten, wann jemandem unter welchen Vorgaben eine durchschlagende Erkenntnis gelungen ist. Sie verfügen aber weder über das Können noch über die Freiheiten, sich in den kreativen Wissenschaftler hineinzuversetzen, um »das geistige Schaffen, bei dem der arbeitende

Forscher in heißem Ringen mit dem spröden Stoff zu gewissen Zeiten einen einzelnen winzigen Punkt für seine ganze Welt nimmt« (Max Planck), von einem »persönlichen Erlebnis« in eine Erfahrung für Außenstehende zu verwandeln.

Und doch ist es vermutlich genau diese Transformation, die viele Menschen anspricht und anlockt. Ich möchte im Folgenden auf eine bestimmte Forscherin hinweisen, die sich zudem in einer speziellen historischen Situation befand, was eine literarische Formgebung nahelegt, ja geradezu nach einer Dramatisierung oder einer Erzählung schreit. Es geht um die große Physikerin Lise Meitner (1878 – 1968), genauer gesagt um einen einzigen, besonderen Tag in ihrem Leben.

Lise Meitner hat es als Frau in der männlich beherrschten Wissenschaftswelt des deutschen Kaiserreichs außerordentlich schwer gehabt, erst Zugang und dann etwas Anerkennung zu finden. Obwohl ihre Beharrlichkeit und ihr Durchsetzungsvermögen schon an sich ein reizvolles Thema abgeben, zielt mein Vorschlag auf etwas Dramatischeres ab. Die politische Tatsache, dass Lise Meitners Heimatland Österreich im März 1938 unter dem Jubel der Bevölkerung an das »Dritte Reich« angeschlossen wurde, zwang die jüdische Wissenschaftlerin zur raschen Emigration, wobei sie glücklich war, überhaupt in einem fremden Land – in ihrem Fall Schweden – Aufnahme zu finden.

Hinter dieser sachlich wirkenden Auskunft verbirgt sich ein schlimmer Schlag des Schicksals, den man sich vor Augen führen sollte. Denn die immerhin 60-jährige Lise Meitner befand sich plötzlich in einer völlig neuen Situation, vollkommen abgeschnitten von ihrem alten Leben. Um sie herum war ein Land, in dem sie niemanden kannte, dessen Sprache sie nicht beherrschte, in dem es keine Gelegenheit zur wissenschaftlichen Arbeit gab und wo ihr niemand sagen konnte, ob eine Rückkehr jemals möglich sein würde. Nach einem Leben voller Arbeit und Verdiensten war sie nun auf Spenden und Zuwendungen angewiesen, mit den alten Freunden in Berlin gab es nur wenig Kontakte. Immerhin funktionierte die Post, und kurz vor Weihnachten bekam sie einen Brief von Otto Hahn, der nach ihrer Vertreibung den Mut zeigte, ihre Experimente – gemeinsam mit dem Chemiker Fritz Straßmann – fortzuführen. Und dabei war den beiden eine merkwürdige Beobachtung gelungen.

Als Lise Meitner noch in der Reichshauptstadt war, hatte sie damit begonnen, Strahlen aus Neutronen auf Uranatome zu lenken, wobei sie und ihre Physikerkollegen die Ansicht vertraten und nachweisen wollten, dass die Neutronen von den Urankernen eingefangen werden und dabei größere Atome entstehen, sogenannte Transurane. Den um höchste Präzision bemühten Forschern fiel bald nach der Emigration Lise Meitners auf, dass die Neutronen das Uran nicht vergrößert, sondern im Gegenteil verkleinert hatten.

Im Rückblick kann man sagen, dass Hahn und Straßmann die Kernspaltung nachgewiesen hatten, aber das Wort »Spaltung« tauchte erst später auf. Hahn kannte sich nicht genügend in der Physik aus, um diesen Nachweis behaupten zu können (er hat für seine Arbeit ja auch den Nobelpreis für Chemie bekommen). In seiner Verwirrung schrieb er ratsuchend einen Brief an Lise Meitner, und damit kommt es zu dem existenziellen Moment, der meiner Ansicht nach nur in literarischer Form angemessen verarbeitet und vermittelt werden kann.

Der Brief erreicht Lise Meitner kurz vor Weihnachten in einer tief verschneiten schwedischen Landschaft, durch die sie mit ihrem Neffen Otto Robert Frisch spaziert. Frisch ist aus Kopenhagen angereist, wo er bei Niels Bohr arbeitet. Lise Meitner liest, was Hahn geschrieben hat, und sieht sofort, was tatsächlich bei den Experimenten gefunden worden ist, nämlich die Möglichkeit, Atomkerne zu verkleinern, zu teilen, eben zu spalten. Sie ist in diesem Augenblick der erste Mensch, der das weiß, und sie weiß sehr bald noch sehr viel mehr. Sie erinnert sich nämlich erstens sofort an Einsteins Formel $E=mc^2$, mit der sich berechnen lässt, wie viel Energie (E) in einer gegebenen Masse (m) steckt. Sie entnimmt den Mitteilungen von Hahn zweitens, wie viel Masse bei der Kernspaltung verschwunden ist. Und sie multipliziert diesen Betrag drittens mit dem Quadrat der Lichtgeschwindigkeit (c^2), um mit dem Ergebnis der Rechnung zu wissen, welche ungeheure Menge an Energie freigesetzt werden kann, wenn man den Atomkern spaltet.

Kurzum: In einer tief verschneiten Winterlandschaft kurz vor Weihnachten und kurz vor dem Ausbruch des Zweiten Weltkrieges erkennt Lise Meitner, dass sich Atombomben bauen lassen, und sie ist die erste Person, die dies weiß, und mehr kann ein Wissenschaftshistoriker nicht sagen, auch wenn er noch so sehr möchte. Dieses Mehr ist aber einem Dichter oder einer Dichterin möglich, und ich frage: Wessen poetische Fantasie wagt sich an den inneren Monolog, der dem Denken und Empfinden einer zugleich großartigen und bescheidenen Wissenschaftlerin Rechnung trägt und das Publikum an einer der wichtigsten Weichenstellungen des 20. Jahrhunderts teilnehmen lässt? Das heißt, ich bitte darum, dass sich jemand an diese Aufgabe wagt.

Einen literarischen Versuch, in das Leben, Forschen und Fühlen von Marie Curie (1867–1934) einzudringen, hat der schwedische Schriftsteller Per Olov Enquist mit seinem 2005 erschienenen Roman *Das Buch von Blanche und Marie* unternommen. In seiner – fiktiven, jedoch in vielerlei Hinsicht auf Tatsachen beruhenden – Geschichte lässt er Blanche Wittman, eine Patientin des Neurologen Jean-Martin Charcot in der Pariser Salpêtrière, in drei Tagebüchern oder »Fragebüchern« über das eigene Leben wie auch über das wechselvolle Leben ihrer Freundin, der berühmten Physikerin und Entdeckerin des »Radiums« Curie, reflektieren. Enquist thematisiert dabei nicht nur die Hindernisse, die die Nobelpreisträgerin für Physik (1903) und für Chemie (1911) in ihrer wissenschaftlichen Karriere zu überwinden hatte, sondern auch deren vielfache soziale Aktivitäten sowie Schicksalsschläge in ihrem Leben, etwa den frühen Tod ihres engsten Kollegen und Ehemanns Pierre Curie.

Wer sich in der Wissenschaftsgeschichte auskennt, kann leicht Beispiele aufzählen, die nach einer literarischen Vermittlung verlangen. Wir haben bereits erwähnt, dass es Albert Einstein so vorkam, als hätte man ihm und seiner Wissenschaft den Boden unter den Füßen weggezogen, als er die Doppelnatur des Lichts erkannte. Wie hat er es erlebt? Max Planck hat die berühmten Quantensprünge nur in einem Akt der Verzweiflung eingeführt, und er war schockiert über den damit eingeleiteten Umsturz im Weltbild der Physik. In

Plancks Leben spielten sich viele weitere menschliche Dramen ab, die nach einer literarischen oder anderen künstlerischen Darstellung verlangen. Ernst Ruska, der erste Konstrukteur eines Elektronenmikroskops, war vollkommen überrascht, als er sah, dass Viren Strukturen haben (»Mein Gott, sie haben Schwänze!«). Jeder Wissenschaftler, der als Erster eine Einsicht hat, ist mit ihr allein, auch wenn die Folgen die ganze Welt angehen. Solch eine Situation kann ein Historiker zwar aufdecken und benennen, er kann ihr aber nicht die dramatische Form geben, die ihr eher angemessen scheint.

Eine »Atombombe« taucht wie bereits erwähnt erstmals in H.G. Wells' Roman *The World Set Free* auf. Nach der Lektüre des Romans hatte der in London lebende ungarische Wissenschaftler Leo Szilard eine Vision. Beim Spazierengehen in der englischen Hauptstadt fiel ihm im Anschluss an die dichterische Vorgabe von H.G. Wells die physikalisch umsetzbare Möglichkeit der nuklearen Kettenreaktion ein, die hektische Jahre später aus der poetischen Fantasie die technische Wirklichkeit werden lässt. Dieser Zusammenhang hat den amerikanischen Historiker Richard Rhodes derart inspiriert, dass er sein Sachbuch über *The Making of the Atomic Bomb* wie eine Erzählung beginnen lässt. Dies geht also auch: Fiction in Science, Wissenschaftsgeschichte als Dichtung: Am trüben Morgen des 12. September 1933 wartet Leo Szilard, der seine Gedanken gern bei Spaziergängen ordnet, in der Nähe des British Museum darauf, dass die Verkehrsampel den Fußgängern endlich grünes Licht gibt. Als er die Straße schließlich überquert, spürt er plötzlich einen Riss durch die Zeit: »Die Zukunft öffnete sich vor ihm. Er sah den Tod, der sich über die Erde verbreitete, all das Leid, das über die Welt kommen würde, die Gestalt künftiger Dinge.«

Die Literatur spielt nicht nur zu Beginn der Geschichte, die zu der Spaltung von Kernen führt, eine wichtige Rolle. Sie tritt auch an deren Ende in Erscheinung, also nachdem die Freisetzung nuklearer Energie gelungen ist. Dem legendären Vater der Atombombe, J. Robert Oppenheimer, gehen nämlich folgende Zeilen durch den Kopf, als er sein Teufelswerk zum ersten Mal über der Wüste explodieren sieht: »Wenn das Licht von tausend Sonnen/ am Himmel plötzlich bräch' hervor zu gleicher Zeit/ das wäre gleich dem Glanz des Herrlichen ...« Und weiter zitiert der Physiker hier den Gott Krishna aus dem indischen Epos *Bhagavadgita*: »Ich bin der Tod, der alles raubt, Erschütterer der Welten.«

Wohlgemerkt: Angefangen hat diese ganze Geschichte im Kopf von Lise Meitner, als sie sich auf Weihnachten freute und in einer stillen, tief verschneiten Landschaft Gedanken über freie Energien machte und dabei Einsichten bekam und Regungen verspürte, von denen uns noch erzählt werden muss.

Scientia poetica

Wenn die Aufgabe darin besteht, Wissenschaft als prinzipielle Einheit darzustellen und zu einem Gegenstand allgemeiner Betrachtung zu machen, dann lässt sie sich möglicherweise mithilfe der Literatur lösen. *Scientia poetica* hieße also die Herausforderung. Konkret besteht die Aufgabe darin, die Wissenschaft zu gestalten, ihr eine Form zu geben, die sie für Menschen wahrnehmbar und erlebbar macht. Gelungen ist dies, wie schon erwähnt, in Theaterstücken wie Michael Frayns *Kopenhagen*, Carl Djerassis *Unbefleckt*, Bert Brechts *Leben des Galilei* oder auch Friedrichs Dürrenmatts *Die Physiker*, aber auch in neueren Produktionen, etwa *Photograph 51* von Anna Ziegler (darin geht es vornehmlich um die englische Biochemikerin Rosalind Franklin und ihre Rolle bei der Suche nach der DNA-Struktur).

Die Darstellung von Wissenschaft braucht eine ästhetische Komponente, wie sie etwa in einigen Romanszenen bei Thomas Mann zu finden ist. Mann hat die Methode seines literarischen Schaffens gern als »Abschreiben auf höherer Ebene« bezeichnet. Auf diese höhere Ebene kommt es an, und wer sie erreichen will, muss einen ähnlich schwierigen Akt bewältigen, wie es das wissenschaftliche Arbeiten selbst ist. Es gilt nämlich, wissenschaftliche Erkenntnisse so darzustellen, dass ihr Zusammenhang mit dem Lebensganzen erkennbar und der humane Bezug ersichtlich wird, denn vor allem an diesem sind Menschen interessiert.

Denken wir zum Beispiel an folgende Szene in Manns Roman *Der Zauberberg*: Während der Held Hans Castorp eine Liegekur macht, liest er ein Buch zum Thema Ursprung des Lebens. Thomas Mann hatte das Lehrbuch *Allgemeine Biologie*, das Oscar Hertwig 1920 vorgelegt hatte, gründlich studiert. Hertwig war als einem der ersten Entwicklungsbiologen aufgefallen, dass die Vererbungsvorgänge wesentlich im Kern einer Zelle stattfinden und von dort gesteuert werden. Was der Dichter in dem Lehrbuch gefunden und notiert hat, stellt sich in Hans Castorps Gedankenwelt in dem Kapitel über »Forschungen« unter anderem wie folgt dar:

> Was war das Leben? Niemand wußte es. Niemand kannte den natürlichen Punkt, an dem es entsprang und sich entzündete. Nichts war unvermittelt oder nur schlecht vermittelt im Bereiche des Lebens von jenem Punkte an; aber das Leben selbst erschien unvermittelt. Wenn sich etwas darüber aussagen ließ, so war es dies: es müsse von so hoch entwickelter Bauart sein, daß in der unbelebten Welt auch nicht entfernt seinesgleichen vorkomme. Zwischen der scheinfüßigen Amöbe und dem Wirbeltier war der Abstand geringfügig, unwesentlich, im Vergleiche mit dem zwischen der einfachsten Erscheinung des Lebens und jener Natur, die nicht einmal verdiente, tot genannt zu werden, weil sie unorganisch war. Denn der Tod war nur die logische Verneinung des Lebens; zwischen Leben und unbelebter Natur aber klaffte ein Abgrund, den die Forschung vergebens zu überbrücken strebte. Man mühte sich, ihn mit Theorien zu schließen, die er verschlang, ohne an Tiefe und Breite im geringsten dadurch einzubüßen.

Gerade weil die Lektüre den wissbegierigen Hans Castorp frustriert – er erhält keine ihn überzeugenden wissenschaftlichen Antworten auf seine Fragen nach Leben und Tod –, geht das Thema dem Leser mehr unter die Haut als ein rein sachlicher Bericht über die biologischen Fakten. Mir scheint, dass solche persönlichen Färbungen wesentlich zu einer gelungenen Vermittlungstätigkeit gehören.

Es gehören auch höchst persönliche und das eigene Innere bewegende Erfahrungen dazu, sachlichen Zusammenhängen eine poetische Dimension abzugewinnen, die ein zunächst sprödes und zurückhaltend agierendes Publikum reizen kann. Thomas Mann thematisiert Fragen der Evolution und der Entwicklung des Lebens hin zum Menschen auch in seinem Roman *Bekenntnisse des Hochstaplers Felix Krull*. Wenn mich jemand nach einem Text fragt, der einen Leser mehr oder weniger spielend leicht in die gesamte wissenschaftliche Gedankenwelt einführen, ihn neugierig machen und ermutigen kann, selbst über die drei möglichen, von Thomas Mann erörterten »Urzeugungen« nachzudenken – »das Entspringen des Seins aus dem Nichts, die Erweckung des Lebens aus dem Sein und die Geburt des Menschen« –, dann rate ich zur Lektüre ebendieses.

Ein Grund dafür, dass diese Texte von Thomas Mann so stark wirken, steckt in der Tatsache, dass die Dinge, die er darstellt, ihn selbst sehr beschäftigen und faszinieren.

Von dieser Wirkung des Naturwissenschaftlichen auf den Dichter weiß die Literaturgeschichte durch Manns Tagebücher. Am 4. Oktober 1951, nach einem Besuch des Museum of Natural History in Chicago, schreibt er: »Unermüdet von diesem Schauen. Keine Kunstgalerie könnte mich so interessieren.« Thomas Mann bewundert in den biologischen Sammlungen des Museums faszinierende Querschnitte von »sehr frühen Muscheln in feinster Ausarbeitung des Gehäuses«; er schaut auf »wunderschöne zoologische Modelle aller Art«, und er betrachtet die eindrucksvollen »Skelette der Reptil-Monstren und gigantischen Tiermassen«, die früher die Erde beherrschten. Dies ergreift ihn ungemein, und im ungestörten Gegenüber mit diesen Figuren und den vielen Bildern, die dem Betrachter die Entwicklung des Lebens und die Evolution des Menschen vor Augen führen, ist er nicht nur tief berührt, sondern empfindet auch ein ungeheures Vergnügen. Ihn überkommt »etwas wie biologischer Rausch«, und mit überraschender Deutlichkeit erfasst ihn das »Gefühl, daß dies alles meinem Schreiben und Lieben und Leiden, meiner Humanität zum Grunde liegt«. Am folgenden Morgen kehrt er in das Museum zurück, um sich viele weitere Bilder »frühmenschlichen, zum Teil noch kaum menschlichen Lebens« vor Augen zu führen.

Erzählung als biologische Anpassung

Ich möchte abschließend versuchen zu begründen, was Menschen an Erzählungen lockt. Mir scheint, dass es wissenschaftliche Befunde gibt, die an dieser Stelle Auskunft geben und ermutigen sollten, die Vermittlungsbemühungen um diese poetische Dimension zu ergänzen beziehungsweise zu bereichern.

Neurobiologen, die Split-Brain-Patienten untersucht haben, ist Folgendes aufgefallen (wobei wir den Normalfall betrachten, der die Sprachfähigkeit in der linken Hemisphäre verortet, die zugleich die rechte Hand steuert, während die »sprachlose« rechte Hirnhälfte die linke Hand kontrolliert): Wenn man Probanden mit durchtrenntem *Corpus callosum* (Hirnbalken) alltägliche Bilder so zeigt, dass die Informationen über sie jeweils nur in einer Hirnhälfte ankommen können – etwa eine Schneelandschaft rechts und eine Hühnerkralle links –, und sie dabei bittet, zwischen Karten mit Abbildungen zu wählen, die verschiedene Szenen oder Dinge zeigen, dann weisen die so befragten Personen mit einem Split Brain im Beispiel mit der rechten Hand auf ein Huhn und mit der linken Hand auf eine Schaufel (mit der man ja Schnee wegräumen kann). Wenn sie nun gefragt werden, warum ihre linke Hand auf die Schaufel zeigt, können die Probanden genau genommen keine Auskunft geben; sie müssten nun eigentlich schweigen. Sie tun dies aber nicht und antworten stattdessen, und zwar erstens sofort und zweitens mit einer Geschichte. Sie zeigen auf die Schaufel, so sagen sie, weil sie den Hühnerstall ausmisten müssen (was den Informationen der linken »sprechenden« Hirnhälfte entspricht). Die Neurologen sprechen uns Menschen aufgrund solcher Tatbestände ein Talent zum kreativen Erzählen zu, das unser Erinnern formt, und ich nehme an, dass es sich hier um eine angeborene (also evolutionär entstandene)

Eigenschaft handelt. Überhaupt ist zu vermuten, dass die Fähigkeit zum Erzählen – verstanden als Repräsentation von nicht zufälligen Folgen von Ereignissen – als eine besondere Form von Anpassung im Rahmen der Sprachentwicklung verstanden werden kann. Zum einen zeigen Untersuchungen von Literaturwissenschaftlern wie Karl Eibl, dass Narrationen den evolutionären Gesetzlichkeiten von Mutation und Selektion unterliegen: Erzählungen können sich ändern und anpassen, während sie mit sich selbst identisch bleiben. Zum anderen zeigen sich vielfach Grundstrukturen in bleibenden Geschichten – »angeborene Plots« –, die sich deswegen leicht merken und also bequem weitergeben lassen.

Der Religionsphilosoph Walter Burkert hat dafür epische Formeln herausgearbeitet, die von Verlust, Trennung, Treffen, Geschenken, Konflikten und vielen anderen (uns vertrauten) Ereignissen handeln und sich in vielen Epen finden.

Tatsächlich bestehen ja wesentliche Elemente unseres Lebens aus charakteristischen, nicht zufälligen Ereignisfolgen, und es kann als evolutionär nützlich angesehen werden, solche Schemata als Gestaltserwartung in sich zu tragen. Ablauferwartungen dieser angeborenen Art haben sicher einen Überlebensvorteil, nämlich den, »daß unabgeschlossene Situationen vorstrukturiert werden und daß das Handeln durch entsprechende Erwartungen angeleitet wird, so daß phylogenetisch sedimentierte Erfahrungen nutzbar gemacht werden können«.

Walter Burkert erkennt in der »sprachlich gestalteten Tradition einer Kultur« darüber hinaus ihre besondere Prägung durch eine biologische Grundordnung, etwa dann, wenn die weiblichen Lebensstationen Regelblutung, Sexualakt, Schwangerschaft in zahllosen Erzählungen als »Trennung vom Elternhaus, die sexuelle Begegnung und die Leidenszeit bis zur Geburt« aufscheinen.

Es ist nun anzunehmen, dass mit der biologischen Notwendigkeit des Erzählens Wege gefunden wurden, stärker generalisierbare (verbindende) Teile von Geschichten genetisch zu speichern, die anschließend in kulturellen Situationen zu durchgängigen Erzählungen zusammengesetzt und ausgefeilt werden können. An dieser Stelle wird im Übrigen das uralte Prinzip der Kombination sichtbar, dass es der Evolution selbst gestattet, immer wieder Neues auftreten zu lassen.

Die Wahrheit kann nur erzählt werden

»Das Schönste, was wir erleben können, ist das Geheimnisvolle. Es ist das Grundgefühl, das an der Wiege von wahrer Wissenschaft und Kunst steht.« Dieser eingangs zitierte Satz von Albert Einstein kann jetzt mit dem Hinweis ergänzt werden, dass das Geheimnisvolle nicht nur in der Natur, sondern auch in der Wissenschaft selbst zu finden ist. Wie jeder Forscher gerne betont, bringt jede Antwort neue Fragen mit sich. Anders ausgedrückt: Wissenschaft verwandelt eine geheimnisvolle Natur in eine mysteriöse Erklärung. Wenn die Wissenschaft Wahrheit erkannt hat, kann sie ihre Einsicht nur so ausdrücken, dass sie ihr Geheimnis behält, also in poetischer Form. Wissenschaft muss erzählt werden.

Bei jeder Vermittlung von Wissenschaft wird der Wunsch geäußert, komplizierte Sachverhalte auf einfache Weise erläutert zu bekommen. Das ist verständlich, und tatsächlich kann man Erklärungen unnötig schwerfällig halten. Doch einfach meint nur, so einfach es geht, und es meint nicht: noch einfacher. Sonst bleibt nichts übrig, was sich zu erklären lohnt. Niels Bohr hat einmal gesagt, wer einen Parallelschwung im Tiefschnee einfach erklärt, verwandelt ihn in einen Stemmbogen auf glatter Piste, also in etwas, das niemand wissen will.

Wenn die Formulierung ernst genommen wird, dass das Einfache das Schwere ist, dann kann eine einfache Erklärung von Wissenschaft nicht bedeuten, dass man die Einsicht der Forscher mit vertrauten Wörtern ausdrückt – etwa mit »Energie« –, denn ihre alltägliche Bedeutung ist derart verwaschen, dass sie nichts mehr von Relevanz besagen. Dann muss eine einfache Erklärung von Wissenschaft ihre Verwandlung in eine Form bedeuten, die dem Publikum besser zugänglich werden kann, etwa als Kinofilm, als Theaterstück, als Roman oder auf andere Weise. Hinter diesem Gedanken steckt der bereits zitierte Vorschlag von Goethe, die Wissenschaft als Kunst zu denken, um sie als Einheit, als Ganzes zu verstehen.

Dabei wird sie allerdings verwandelt, was den Gedanken erlaubt, dass wir das Verhältnis zwischen der Wissenschaft und ihrer Vermittlung anders sehen müssen als bisher. Bisher gilt Wissenschaft als schwer und die Vermittlung als einfach. Vielleicht ist es gerade umgekehrt. Vielleicht ist die Vermittlung von Wissenschaft schwer, und möglicherweise kann Wissenschaft erst dann geeignet vermittelt werden, wenn sich darum nicht ein paar gut gelaunte Funktionäre kümmern, sondern Poeten, die es sich so lange schwer machen, bis sie endlich anfangen können, davon zu erzählen. Unser Gehirn wartet auf diese Gelegenheit.

EXKURS
Szenen der Wissenschaft

Was braucht man, um wissenschaftliche Themen literarisch zu vermitteln? Bestimmte Vorkenntnisse, versteht sich, aber auch psychologisches Einfühlungsvermögen, Neugier, Freude am gedanklichen Experiment. Zu den besonderen Qualitäten, die poetisch begabten Menschen nachgesagt werden, gehört außerdem die Fähigkeit zur Antizipation, also auf eine besondere Weise zu spüren, was am menschlichen Erkennen und Dasein verwunderlich ist.

Die geheimnisvollen Züge des Wirklichen, die später von der Quantenmechanik ins Rampenlicht einer neugierigen Forschergemeinde geholt wurden, haben schon im 19. Jahrhundert die Gemüter schriftstellerisch tätiger Menschen bewegt, denn die Doppelnatur des Lichts – dargestellt in den Theorien der beiden Giganten der Physik, Newton und Maxwell – erforderte gegensätzliche Bilder. Während für den einen ein Lichtstrahl aus Teilchen bestand, setzte er sich für den anderen aus Wellenzügen zusammen. Unmittelbar darauf reagiert hat der Mathematiker Charles Dodgson (1832 – 1898), der besser unter dem Namen bekannt ist, unter dem er das berühmte Buch *Alice im Wunderland* geschrieben hat, als Lewis Carroll nämlich. In der Erzählung bekommt Alice auch Physikunterricht, und dabei kommt auch die doppelte Natur des Lichts zur Sprache. Das verwirrt sie völlig, und als sie mit einem Hutmacher und einem Schnapphasen Tee trinkt, will sie Klarheit und fragt mit schüchterner Stimme: »Ist Licht aus Wellen, oder ist es aus Teilchen gemacht?« Der verrückte Hutmacher antwortet ihr: »Ja, haargenau«, was Alice nicht wirklich weiterhilft. Sie hakt energischer nach: »Was ist das für eine Antwort? Ich werde meine Frage wiederholen: Ist Licht Teilchen, oder ist es Wellen?« Erneut meldet sich der verrückte Hutmacher zu Wort, um die Sache zu klären, und er sagt: »Das ist richtig«, was Alice verstummen lässt.

Tatsächlich kannte schon Lichtenberg die Frage, ob Licht Welle oder Teilchen sei. Der Brite Newton glaubt an Partikel und der Schweizer Euler an Wellen, wie Lichtenberg in seinen *Sudelbüchern* anmerkt. Und was meinte Lichtenberg? »Wie wäre es, wenn man am besten damit auskäme, beide Theorien des Lichts … zu vereinigen?« Es hat bekanntlich bis in das 20. Jahrhundert gedauert, bis Albert Einstein diesen kühnen Gedanken in die wissenschaftliche Tat umsetzte, und es könnte sein, dass er seinen Mut der Lektüre Lichtenbergs verdankt. Immerhin hat Einstein notiert, er »kenne keinen, der mit solcher Deutlichkeit das Gras wachsen hört«.

Wer sich fragt, wie der Göttinger Physiker das gemacht hat, findet eine mögliche Antwort in Lichtenbergs Aufforderung: »Zweifle an allem wenigstens einmal, und wäre es auch der Satz ›zweimal zwei ist vier‹.« Mit anderen und konkreteren Worten: Man nehme wenigstens einmal von einer Sache, die man zu verstehen meint, das Gegenteil an. Lichtenberg selbst praktiziert diesen Ratschlag an der Feststellung, dass Kolumbus Amerika entdeckt hat. Indem er diesen Satz in sein Gegenstück verwandelt, macht Lichtenberg aus einem banal klingenden Faktum ein ungeheuer spannendes Gedankenexperiment: »Der Amerikaner«, so heißt es bei ihm, »der den Kolumbus zuerst entdeckte, machte eine böse Entdeckung.« Es ist erstaunlich, wie wahrhaftig und lebendig ein Gegenteil sein kann.

Wer sich über mögliche Themen für Erzählungen von und über Wissenschaft Gedanken macht, findet eine Fülle von Stoff bei den Abenteuern von Forschungsreisenden, etwa bei Alexander von Humboldt, Charles Darwin, dem britischen Naturforscher Alfred Wallace oder dem deutschen Geowissenschaftler Alfred Wegener. Ihm muss bei Besuchen der Pollandschaften und beim Anblick abbrechender Eisberge schlagartig die Idee der Kontinentalverschiebung gekommen sein. Es gibt derlei viele Momente, in denen ein Forscher auf einmal »durchblickt«, also das seit Langem betrachtete Problem in einem neuen Licht sieht. Beispiele dafür sind Niels Bohr beim Verstehen des Atomkerns oder auch der italienische Genetiker Salvatore Luria, der das Zufällige von Mutationen beim Betrachten eines Spielautomaten erkannte, als er den Jackpot knackte.

Weitere literarisch fassbare Situationen liefert die Wissenschaftsgeschichte durch das Scheitern von Forschern, zu denen viele kleine und ein paar große gehören: etwa der österreichische Physiker und Philosoph Ludwig Boltzmann oder Albert Einstein, und die jeweilige Reaktion war ganz unterschiedlich, von stiller Gelassenheit über lautes Beleidigtsein bis zum Selbstmord.

Viele Entdeckungen wiederum wurden höchst zufällig von Leuten gemacht, die ausgezogen waren, etwas anderes zu finden. Berühmt ist die Geschichte des Chemiestudenten William Perkin, der in der Mitte des 19. Jahrhunderts vorhatte, das Fiebermittel Chinin zu synthetisieren und dabei den Farbstoff Mauve fand, der sich zum Färben von Baumwolle eignete. Im Englischen spricht man bei dieser Zufälligkeit von *serendipity*, und zwar nach einem Märchen, in dem »drei Prinzen aus dem Land Serendip« unerwartete Entdeckungen machen – so wie Kolumbus auf der Suche nach Indien auf Amerika traf.

Was dringend einer poetischen Darstellung bedarf, sind die Reisen, die Wissenschaftler nach *innen* antreten, um zu ihren Einsichten zu kommen. An dieser Stelle bieten sich möglicherweise besonders die Erlebnisse von Mathematikern an, die auf diese Weise eine fassbare Dimension bekommen können. Zu den großen Vertretern seiner Zunft zählte Bernhard Riemann (1826 – 1866). In seinem Nachlass befindet sich ein Manuskript, das dem Autor so wichtig war, dass er »gefunden am 1. März 1855« darüber geschrieben hat. Es schien ihm nämlich, er sei »ins Innere der Natur« eingedrungen, und zwar mithilfe der »eigenen inneren Wahrnehmung«, die ihm »eine stetige Tätigkeit« seiner Seele zeige, die dadurch etwas Bleibendes schaffe. Riemann gelangt so träumerisch zu der Vorstellung, dass das Weltall nicht durch etwas Materielles (damals Äther genannt) gefüllt ist, sondern durch etwas Unwägbares. Er ordnet es der »Geisteswelt« zu, die früher »Weltseele« hieß und nun eine Projektion seiner (unbewussten) Seele ist. Auf diese – und nicht nur auf rationale – Weise entstehen die neuen Vorstellungen des Raumes. Ein halbes Jahrhundert später lieferten sie Einstein den Stoff für seine Gravitationstheorie, die er auf geometrischer Grundlage errichtete. Wer sich das »Entstehen der Geistessubstanz« bei Riemann vorstellen will, braucht neben einem Interesse an der Kosmologie das psychologische Einfühlungsvermögen eines Poeten.

Diese Listen von Vorschlägen kann man mühelos erweitern. Ich breche sie hier trotzdem ab. Nachfragen werden aber gerne beantwortet.

KAPITEL 9

Newtons Uhrwerk und Gottes Beitrag

Es ist besser, ein kleines Licht anzuzünden,
als die Dunkelheit zu verfluchen.

KONFUZIUS

Wenn ich in öffentlichen Vorträgen mit wachsender Begeisterung und zunehmender Leidenschaft über die oftmals wundervollen Bemühungen von Wissenschaftlern berichte – über Licht und Leben, über Kosmos und Chaos, über Gene und Gehirne –, bleibt in der anschließenden Diskussionsrunde selten die Frage aus, ob ich an Gott glaube. Meine spontane und ehrliche persönliche Antwort »Nein« ist dabei sehr von dem Eindruck geprägt, den das leidvolle Leben meines Vaters auf mich gemacht hat. Er hatte erst in der Jugend – nicht durch eigene Schuld – den rechten Arm verloren und sich dann später bei unglücklichen Stürzen seine Knie so zerschlagen, dass beide Beine steif wurden. Er verfluchte sein Schicksal, das ihn fast vollständig auf die Hilfe anderer angewiesen sein ließ, und er verachtete die Männer der Kirche, die ihn tatsächlich zu trösten versuchten, indem sie seinen zerschundenen Leib als besonderes Zeichen Gottes deuteten. Ich hörte als pubertierender Knabe diesen Gesprächen zu und bekam eine derartige Wut auf diesen unmenschlichen Gott, dass sie bis heute nicht verraucht ist und keine Verbindung in höhere Sphären gewünscht wird. Gott ist für mich persönlich mausetot, und ich fühle nichts, wenn von ihm gesprochen wird.

Wer an dieser Haltung oder Einstellung etwas erklären will, kann wissenschaftlich vorgehen und einmal annehmen, dass damals in meinem nervösen Körper irgendwelche biochemischen Vorgänge zu einer fixierten Bahnung von Nervensignalen – zu einer Prägung –

geführt haben, die mich bis heute reflexartig schlechte Laune bekommen und aggressiv werden lässt, wenn jemand von Gottvertrauen redet oder den gütigen Herrn im Himmel lobt, ohne das Leiden von Menschen zu erwähnen. Natürlich muss ich dabei nicht stehen bleiben. Auch habe ich zum einen längst gelernt, dass meine (mir inzwischen manchmal zwar albern erscheinende, trotzdem aber unvermeidlich eintretende) Reaktion oder Einstellung nur eine von vielen möglichen ist, die ohne Weiteres als gleichberechtigt anzusehen sind. Und zum anderen habe ich inzwischen auch verstanden, dass der Glaube im Allgemeinen und das Christentum im Besonderen untrennbar mit unserer abendländischen Geschichte verknüpft sind und sich die heute lebenden Menschen folglich als Nachfahren von Personen und Gruppen verstehen können, die beides erfahren und erschaffen haben – den Glauben an eine göttliche (jenseitige) Wirklichkeit, die von der irdischen verschieden ist, und die Kraft des Verstandes, der sich wissenschaftlich betätigen kann und die (diesseitigen) Lebensumstände verbessern will.

Jeder von uns verfügt über beide Anlagen, und vermutlich bestimmen die ersten Erfahrungen in der Familie, im Freundeskreis oder in der Schule, welchen der beiden Qualitäten der Einzelne den Vorzug gibt. Meiner lag bei der Wissenschaft und ihrer vertrauenswürdigen Rationalität, was sich auf jeden Fall lohnt, was einen aber nicht blind dafür werden lassen darf, dass es zum Glück auch andere Präferenzen oder Entscheidungen gibt.

Um noch einmal auf die oben erwähnte Frage zurückzukommen, die mir überraschend oft am Ende von Vorträgen gestellt wird, so füge ich dem spontanen und persönlich gefärbten Nein zur Abfederung der damit vielfach verbundenen Enttäuschung gerne noch Erläuterungen der Art hinzu, wie ich sie eben gegeben habe. Und oftmals schließe ich meine Antwort mit dem Bekenntnis ab, dass ich das Religiöse und das Wissenschaftliche als zwei zueinander komplementäre Möglichkeiten des menschlichen Geistes betrachte, die sich in dieser Form auch im Alltag zeigen. Dort kann man leicht Gegebenheiten, über die man sich einigen kann, von denen unterscheiden, die einem etwas bedeuten. Im ersten Fall spricht man von

Tatsachen, die sich feststellen lassen – etwa wie hoch ein Gebäude ist oder wie viele Menschen in einem Raum Platz finden. Im zweiten Fall spricht man von Werten, die man selbst festlegen kann – etwa wie man sich seinen Eltern gegenüber verhält oder was man für das eigene Fortkommen als wichtig erachtet.

Kurzum: Ich halte die religiöse Bindung und das wissenschaftliche Treiben für zwei zugleich widersprüchliche und miteinander verträgliche Fähigkeiten von Menschen. Aus diesem Grunde halte ich es für sinnlos und töricht, wenn radikale Evolutionsbiologen wie etwa Richard Dawkins versuchen, den Gedanken an Gott als hartnäckigen Irrtum zu vertreiben. Genauso sinnlos sind natürlich die Bemühungen von Evolutionsgegnern, die Gedanken der Wissenschaft als einen Irrtum vorzustellen, der keinerlei Erklärungskraft für den Menschen habe. Wer so einseitig agiert, versperrt sich den Weg zur Wahrheit oder den Blick auf sie, die bekanntlich zwei Seiten aufweist.

Im Folgenden stelle ich das hier skizzierte Konzept der Komplementarität erst anhand persönlicher Vorbilder dar und setze es dann in einen allgemeinen historischen Zusammenhang. Beide Teile bieten Stoff für den Schulunterricht und tragen hoffentlich dazu bei, weiter Mut zur Interdisziplinarität zu machen, etwa bei Projektwochen.

Darwin und der liebe Gott

Die bibelfesten Gegner des evolutionären Gedankens wollen vor allem den Menschen aus der wissenschaftlichen Deutungsenge befreien. Sie wenden sich in erster Linie gegen die Ansichten, die Charles Darwin in seinem Buch über *Die Abstammung des Menschen* vorgelegt hat. Mit diesem Text hat der große Brite einen weitertragenden und einen irreführenden Gedanken in die Welt gesetzt. Der weitertragende besteht darin, dass es neben der natürlichen auch eine sexuelle Selektion gibt, die – vor allem in Form der weiblichen Wahl – eine Strategie erlaubt, bei der es nicht um die klassischen

Eigenschaften des Lebens geht, die mit dem ungeschickten Ausdruck vom Kampf ums Dasein in Verbindung gebracht werden, also zum Beispiel um Härte, Stärke, Durchsetzungsvermögen und Gewaltbereitschaft. Die sexuelle Selektion wirkt in einer Lebensgemeinschaft nach innen und sorgt dafür, dass all die Qualitäten sich entfalten, die wir so sehr schätzen, also Farbmuster, Schönheit, Mitgefühl und Anmut, um nur einige von ihnen zu nennen.

Darwins irreführender Gedanke besteht in der Annahme der Existenz eines Großaffen, der den Übergang vom Schimpansen zum Menschen darstellen und beides zur Hälfte sein soll. Unter diesem hypothetischen Bindeglied – dem *missing link* – stellte man sich im 19. Jahrhundert so etwas wie ein Wesen mit einem Kopf vor, in dem sich ein menschliches Gehirn und ein reißzahnbestückter Affenkiefer befinden. Darwin war jedenfalls davon überzeugt, dass unter den Vorfahren des Menschen die Männchen über »große Eckzähne« verfügt haben, »welche ihnen als furchtbare Waffe dienten«.

Diese Überlegungen haben dafür gesorgt, dass sich in den folgenden Jahrzehnten viele Paläontologen, Anthropologen und andere Ahnenforscher auf die Suche nach dem *missing link* zwischen Mensch und Affe gemacht haben. Heute reagieren wir eher gelassen an dieser Stelle. Vielfach ist der Gedanke geäußert worden, dass wir deshalb nicht nach dem fehlenden Bindeglied suchen sollten, weil wir selbst es sind. Auf jeden Fall muss noch mehr Licht auf die Geschichte des Menschen fallen, wenn wir verstehen wollen, wie wir geworden sind, was wir sind.

Es ist zu beachten, dass zu Darwins Zeit sehr wenig über die (biologische) Geschichte des Menschen bekannt war und es kaum Fossilien gab, mit denen man Deutungen wissenschaftlich begründen konnte. So konnte es nicht ausbleiben, dass Spekulationen und Glaubensbekenntnisse ins Kraut schossen und es sofort zu Konfrontationen zwischen Geistlichen und Biologen kam. Sie sind oft unglücklich verlaufen, da die Vertreter der Kirche vielfach weder informiert noch vorbereitet waren, was die Tatsachen der Evolution anging. Generell gilt bis heute, dass viele Menschen, die Darwins Mechanismus der natürlichen Selektion ablehnen, ohne jede eigene

Anschauung oder Erfahrung mit der Natur argumentieren, die es zu erklären gilt.

Auf der anderen Seite meinen sich stur gebende Darwinisten, etwas gewinnen zu können, wenn sie sich und anderen Menschen vorspielen, überzeugte Atheisten zu sein. Sie verbreiten ahnungslos den falschen Eindruck, die Debatte um die Evolution sei eine Auseinandersetzung zwischen Religion und Wissenschaft, bei der nur eine einzige Denkrichtung überleben könne. Zum Glück begriffen einige Mitglieder der anglikanischen Kirche schon zu Darwins Zeit, dass er und seine Kollegen keineswegs durch antireligiöse Ideale motiviert waren. Etwa von 1870 an gab es keine billigen Polemiken mehr aus geistlichen Kreisen, und als Darwin 1882 starb, beschloss man in England, ihn feierlich in der Westminster Abbey beizusetzen. Und bereits zwei Jahre nach dieser Feierlichkeit gab das christliche Establishment seinen offiziellen Segen zur Evolution, als Frederick Temple, der spätere Erzbischof von Canterbury, eine Reihe von Vorlesungen über das Verhältnis von Religion und Wissenschaft hielt. In ihnen überwand er den Gedanken an den Uhrmacher und schickte den niedlichen Menschenmacher in Pension: »Wir können sagen, Gott machte die Dinge nicht, nein, Gott machte, dass sich die Dinge selbst machten.«

Einsteins »kosmische Religiosität«

Wenn es um Gott und die Wissenschaft geht, kommt niemand an Einstein vorbei. Er hat sich, wie wir wissen, zu einer »kosmischen Religiosität« bekannt und gewusst, dass hinter jeder wissenschaftlichen Antwort – erst recht, wenn sie vom Kosmos und seinen Dimensionen handelt – die Frage nach Gott lauert. Den Grund für diese Ausflüge in religiöse Sphären hat er einmal wie folgt beschrieben: »Was mich eigentlich interessiert, ist, ob Gott die Welt hätte anders machen können; das heißt, ob die Forderung der logischen Einfachheit überhaupt eine Freiheit lässt.« Und bei anderer Gelegenheit hat er geäußert: »Ich möchte nichts als meine Ruhe haben und wissen, wie Gott die Welt erschaffen hat. Seine Gedanken sind es, die mich beschäftigen.«

Als Sohn einer jüdischen Mutter hat Einstein nie an einem Gottesdienst teilgenommen, seinen Söhnen den Religionsunterricht verweigert und bis zu seinem Tod an seiner selbst gewählten Konfessionslosigkeit festgehalten. Ihm war daneben der Hinweis wichtig, dass wissenschaftliche Theorien nicht nur mit jeder Weltanschauung verträglich sind, sondern dass sie sich gegenseitig stützen. Er hat das in einem Satz ausgedrückt, der stark an Immanuel Kant erinnert: »Wissenschaft ohne Religion ist lahm, Religion ohne Wissenschaft blind.«

Ein Unterschied zwischen Religion und Wissenschaft besteht darin, dass der Glaube eher Privatsache ist, während der Forscher sich öffentlich präsentieren muss. Vielleicht hätte Einstein den lieben Gott bei seinen Auftritten am liebsten aus dem Spiel gelassen, doch die Verhältnisse haben dies nicht zugelassen, wie eine oft zitierte Episode bezeugt: Im Frühjahr 1929 warnte ein amerikanischer Kardinal seine Gemeinde vor dem Studium der Relativitätstheorie, da sie seiner Ansicht nach Gott und die Schöpfung bezweifelte und gottlose Gedanken in ihr steckten. Dies brachte den Rabbiner von New York dazu, Einstein folgendes Telegramm zu schicken: »Glauben Sie an Gott? Stopp Bezahlte Antwort 50 Wörter.« Einsteins Antwort ist berühmt. Er telegrafierte folgenden Text: »Ich glaube an Spinozas Gott, der sich in der gesetzlichen Harmonie des Seienden offenbart, nicht an einen Gott, der sich mit den Schicksalen und Handlungen der Menschen abgibt.«

Einstein vertritt explizit die Idee einer verständlichen Welt, in der Gott die Gesetze so versteckt hat, wie es Eltern mit Ostereiern im Garten machen. Und so wie sie ihren Kindern beim Suchen zuschauen, betrachten die Götter wohlwollend und amüsiert ihre Menschenschar beim emsigen Forschen. Kein Wunder, dass Einstein der Meinung war, sich als Wissenschaftler sein Leben lang als Kind fühlen zu können. Diese Freiheit nahm er sich. An eine andere glaubte er nicht.

Plancks »Weltordnung der Naturwissenschaft« und der »Gott der Religion«

Zu den Zeitgenossen Einsteins gehört Max Planck, der auch als philosophischer Denker zu entdecken ist. Den für diesen Abschnitt relevanten Text verfasste er 1937, als er im Baltikum Reden über das Wechselspiel von »Religion und Naturwissenschaft« hielt. Planck erinnert seine Zuhörer daran, dass große Naturforscher früher nicht nur keine Probleme darin sahen, Wissen und Glauben zu verbinden, sondern die Vermehrung des Wissens sogar als Dienst im Sinne Gottes betrachteten. Natürlich kann ein naiver Gottglaube – etwa, dass Gott Wunder tun kann – in Widerspruch zu dem geraten, was die Wissenschaft unter der Voraussetzung erkundet, dass alles mit rechten Dingen nach den Gesetzen von Ursache und Wirkung abläuft. Planck fragt deshalb, ob »ein naturwissenschaftlich Gebildeter zugleich auch echt religiös sein kann«. In diesem Zusammenhang analysiert er die »Merkmale echter Religiosität« und die »Art der Gesetze, die uns die Naturwissenschaft lehrt«. Wie er ausführt, ist Religion »die Bindung des Menschen an Gott«, wobei Gott selbst unfassbar bleibt und man sich ihm nur mit Symbolen annähern kann. Gott befindet sich für den religiösen Menschen jedoch nicht nur in diesen Symbolen oder im Geist der Menschen. Er existierte vielmehr bereits, »ehe es überhaupt Menschen auf der Erde gab«, sodass er »von Ewigkeit her die ganze Welt, Gläubige und Ungläubige, in seiner allmächtigen Hand hält«.

Im Rahmen der Wissenschaft lassen sich auch »unantastbare Wahrheiten« ausmachen, wie Planck betont, um sogleich von diesem hohen Standpunkt herabzusteigen und bescheiden auf die »kleinen Zahlen« beziehungsweise die universellen Konstanten seiner Physik hinzuweisen. Sicher denkt Planck dabei speziell an sein berühmtes Wirkungsquantum, das der Natur Quantensprünge erlaubt, spricht es aber nicht gezielt an. Stattdessen fährt er mit der Bemerkung fort, dass aus seiner Sicht »die Existenz dieser Konstanten ein greifbarer Beweis für das Vorhandensein einer Realität in der Natur [ist], die unabhängig ist von jeder menschlichen Messung«.

Planck bezeichnet es als etwas Wunderbares – nicht als Wunder –, »daß wir, winzige Geschöpfe auf einem beliebig winzigen Planeten, imstande sind, mit unseren Gedanken [...] das Vorhandensein und die Größe der elementaren Bausteine der ganzen großen Welt zu erkennen«. Und er geht noch weiter, wenn er als »unbezweifelbares Ergebnis der physikalischen Forschung« die Einsicht vorstellt, dass die elementaren Bausteine des Weltgebäudes »nach einem einzigen Plan aneinandergefügt sind«, dass also »in allen Vorgängen der Natur eine universale, uns bis zu einem gewissen Grad erkennbare Gesetzlichkeit herrscht«.

Um dies zu demonstrieren, erläutert er zuerst das Prinzip von der Erhaltung der Energie, um danach »ein viel umfassenderes Gesetz« vorzustellen, »welches die Eigentümlichkeit hat, daß es auf jedwede den Verlauf eines Naturvorganges betreffende sinnvolle Frage eine eindeutige Antwort gibt«. Dieses Gesetz besitzt nicht nur genaue Gültigkeit »auch in der allerneuesten Physik«. Es erweckt darüber hinaus den Eindruck, »als ob die Natur von einem vernünftigen, zweckbewußten Willen regiert würde«, etwas, das sich Planck nicht scheut, »als das allergrößte Wunder« zu betrachten. Gemeint ist das bereits seit vielen Jahrhunderten bekannte »Prinzip der kleinsten Wirkung«, nach welchem später auch das »elementare Wirkungsquantum« seinen Namen bekommen hat, wie er hinzufügt, ohne dabei die eigene Person als Urheber oder Entdecker zu erwähnen.

Das Prinzip der kleinsten Wirkung besagt zum Beispiel für Lichtstrahlen, dass sie von allen möglichen Wegen denjenigen wählen oder durchlaufen, der sie am schnellsten – mit dem geringsten Aufwand – zum Ziel führt. Planck veranlasst das zu der Bemerkung, »die Photonen, welche den Lichtstrahl bilden, verhalten sich also wie vernünftige Wesen«.

Tatsächlich wird durch das Prinzip der kleinsten Wirkung die klassische Kausalität der Physik durch eine *causa finalis* ergänzt, die angestrebte Ziele mit berücksichtigt. Daraus schließt Planck: »Die exakte Naturwissenschaft lehrt«, dass die Gesetzlichkeit in dem Bereich, in dem wir uns auskennen, erstens »unabhängig ist von der

Existenz einer denkenden Menschheit« und zweitens eine Formulierung zulässt, »die einem zweckmäßigen Handeln entspricht«.

Nach diesen Vorbereitungen fühlt er sich in der Lage, »die Weltordnung der Naturwissenschaft und den Gott der Religion miteinander zu identifizieren«. Denn nach den vorangegangenen Überlegungen »ist die Gottheit, die der religiöse Mensch mit seinen anschaulichen Symbolen sich nahezubringen sucht, wesensgleich mit der naturgesetzlichen Macht, von der dem forschenden Menschen die Sinnesempfindungen bis zu einem gewissen Grade Kunde geben«.

Der Unterschied besteht darin, dass für den religiösen Menschen Gott unmittelbar gegeben ist, während der naturwissenschaftlich orientierte Mensch erst zu seinen Gesetzen finden muss. Für den einen steht daher Gott »am Anfang« und für den anderen »am Ende« allen Denkens. Das kann man auch so verstehen, dass Einsicht in die Naturgesetzlichkeit zum gleichen Ergebnis führen kann wie die Erfahrung eines gütigen Gottes. So kommt zum Beispiel die kosmische Religiosität zustande, zu der Einstein sich bekennt, und so kann jeder Forscher zum Glauben finden – durch die jede Rationalität übersteigende Qualität von Erkenntnis.

Religion und Naturwissenschaft – so schließt Planck seinen Vortrag im Baltikum 1937 – führen gemeinsam einen fortgesetzten Kampf »gegen Skeptizismus und gegen Aberglauben«, in dem sie nie erlahmen dürfen und in dem »das richtungsweisende Losungswort [...] von jeher und in alle Zukunft« heißt: »Hin zu Gott!«

»Naturwissenschaftliche und religiöse Wahrheit« bei Heisenberg

Wenn von Religion und Wissenschaft die Rede ist, kann es nicht ausbleiben, dass irgendwann von Wahrheit die Rede ist. Einer der berühmtesten Vertreter der modernen Physik, Werner Heisenberg, berichtet in *Ordnung der Wirklichkeit* davon, dass er das Studium der Wissenschaften dem der Musik deshalb vorzog, weil es die Physik war, die ihm in seinem Jahrhundert eher die Möglichkeit zu bieten schien, als Mensch »der Wahrheit gegenüberzutreten«.

Dieses Thema, das der junge Heisenberg noch frisch, fröhlich und unbeschwert ansprechen konnte, beschäftigt den längst mit dem Nobelpreis Ausgezeichneten im Winter 1941/42 immer noch, diesmal allerdings voller Bedrückung und Furcht. Um sich von den kriegerischen politischen Entwicklungen abzulenken, notiert Heisenberg seine Gedanken über das physikalische Weltbild und erwähnt, oder besser: beschwört dabei den »auch durch die Stürme der vergangenen Jahrzehnte völlig unerschütterten Wahrheitsbegriff« seiner Wissenschaft. Dieser Wahrheitsbegriff ist für ihn »die eigentliche Grundlage für die große Bedeutung, die die Naturwissenschaft im geistigen Leben der Menschen gewonnen hat«. Heisenberg will wenigstens eine Ahnung von der Wahrheit bekommen, und dieser sehnliche Wunsch lässt ihn bald über die Religion und ihr entsprechendes Streben nachsinnen. Er bringt beide Felder durch den Hinweis zusammen, dass sich der Wahrheitsbegriff der Wissenschaft zwar an der Welt der Erfahrung bewähren muss, dass dies aber nur ein Aspekt ist und Menschen erst dann etwas als wahr empfinden, wenn es die Physiker mit geeigneter (meist mathematischer) Einfachheit widerspruchsfrei und geschlossen ausdrücken können.

In den mathematisch formulierten Naturgesetzen steckt also dann so etwas wie Wahrheit, wenn sie in eine möglichst einfache Form zu bringen sind. »Möglichst einfach« – das klingt eher entmutigend für Menschen, die mathematisch nicht so begabt sind wie Heisenberg und andere. Aber diese Einsicht darf nicht darüber hinwegtäuschen, dass mit den Formeln der Mathematik und ihren Symbolen eine Art von Bildern geschaffen wird, mit deren Hilfe es einigen Wissenschaftlern gelingen kann, den Zusammenhang der Welt zu erkunden. Zwar verbirgt sich dieser Zusammenhang hinter den Erscheinungen, er ist aber trotzdem zu spüren.

Genau diese Aufgabe haben Heisenberg zufolge auch die Bilder und Gleichnisse der Religion. Sie bilden eine Art Sprache, die ebenfalls eine Verständigung über einen Zusammenhang ermöglicht, der hinter dem Sichtbaren liegt und bei dem es in diesem Fall nicht um

Erkenntnis, sondern um Werte geht. Heisenberg äußert sich über die Verbindung, die »Naturwissenschaftliche und religiöse Wahrheit« aneinanderkettet, im März 1973, als ihm die Katholische Akademie in Bayern den Romano-Guardini-Preis verleiht. Er hält jede Vermengung für unglücklich und den Gedanken für abwegig, die eine Wahrheit könne die andere ablösen oder aus dem Weg räumen. Für Heisenberg besteht kein Gegensatz zwischen den beiden Formen der Wahrheit, sondern ein Gleichgewicht, das es allerdings aktiv zu finden gilt. Ohne dass er das Wort benutzt, stellt Heisenberg die oben eingeführte Komplementarität als geeignete Grundlage für eine Beschreibung des Verhältnisses von religiöser und wissenschaftlicher Wahrheit dar. In dem einen Fall handelt es sich um Dinge, über die sich Menschen wissenschaftlich und rational verständigen können, und in dem anderen Fall handelt es sich um Dinge, die für Menschen etwas bedeuten und wertvoll sind. In dem einen Fall berechnen wir Streuquerschnitte von atomaren Stoßprozessen und kommen zu einem prüfbaren Ergebnis, und im anderen Fall spielen wir den Klavierpart eines Beethoventrios und verlieben uns dabei in eine Zuhörerin.

Heisenberg macht auch darauf aufmerksam, dass Naturwissenschaft und Religion komplementäre Zugangsweisen zur Welt darstellen. Er beruft sich an dieser Stelle ausdrücklich auf seinen Freund Wolfgang Pauli, der »in diesem Zusammenhang einmal von zwei Grenzvorstellungen gesprochen [hat], die beide in der Geschichte des menschlichen Denkens außerordentlich fruchtbar geworden sind, denen aber doch keine echte Wirklichkeit entspricht. Das eine Extrem ist die Vorstellung einer objektiven Welt, die unabhängig von irgendwelchen beobachtenden Subjekten in Raum und Zeit gleichmäßig abläuft; sie war ein Leitbild der neuzeitlichen Naturwissenschaften. Das andere Extrem ist die Vorstellung eines Subjekts, das mystisch die Einheit der Welt erlebt und dem kein Objekt, keine objektive Welt mehr gegenüber steht; sie war das Leitbild der asiatischen Mystik. Irgendwo in der Mitte zwischen diesen beiden Grenzvorstellungen bewegt sich unser Denken; wir müssen die Spannung, die aus den Gegensätzen resultiert, aushalten.«

»Die Wahrheit wird euch frei machen«

Wie hängen die menschlichen Fähigkeiten zum Glauben-können und Wissen-wollen miteinander zusammen? Nachdem hier die Auffassungen einzelner Wissenschaftler dazu knapp zusammengefasst wurden, soll der Wahrheitsbegriff im Folgenden allgemeiner zur Sprache kommen, den man nicht nur in der Bibel, sondern auch auf öffentlichen Gebäuden finden kann.

»Die Wahrheit wird euch frei machen.« So steht es an einem Kollegiengebäude der Universität Freiburg, so steht es auf Amerikanisch über dem Eingangsportal des CalTech in Pasadena, und so steht es in der Bibel, genauer im Johannesevangelium, 8,32. Viele Menschen glauben an diesen Satz, auch wenn sie ihn nicht oder nur wenig verstehen oder gar umsetzen können. Wer wüsste denn ohne Weiteres zu sagen, was das ist, das die Wahrheit genannt wird, und wovon sie denjenigen befreien wird, der sie besitzt?

Viele Orte der Wissenschaft haben ihre junge Geschichte dazu genutzt, einen uralten Anspruch der Religion für sich zu reklamieren (ohne ihn zu erfüllen), nämlich den, die Wahrheit zu finden und für die Menschen nutzen zu können. Tatsächlich nahmen in der jüngeren Vergangenheit aufgeklärte Forscher und ihre Institutionen ganz selbstverständlich an, es werde als Folge der durch sie eingeleiteten Modernisierung der Gesellschaft mit den entsprechenden Rationalisierungen ihrer Rituale mindestens zu einer Schwächung, wenn nicht zu einem völligen Verschwinden der Religionen kommen – und zwar spätestens am Ende des 20. Jahrhunderts, wie selbst die gläubigen Gründer der genannten amerikanischen Privatuniversität noch in dessen erster Hälfte annahmen.

Davon kann bekanntlich keine Rede mehr sein. Es lässt sich in diesen Tagen vielmehr umgekehrt beobachten, dass die Religionen dieser Welt vermehrt Zulauf erfahren – besonders von Jugendlichen –, während die Wissenschaft meinem Eindruck nach eher an Aufmerksamkeit und Anhängerschaft einbüßt. Die Religionen dieser Welt – das meint eine fast unendliche Fülle von Glaubensrichtungen und nicht unbedingt nur die Weltreligionen, die man erst seit dem 19. Jahrhundert so nennt. Im Folgenden soll es nur um zwei von ihnen gehen, das Christentum und den Buddhismus, um einige Aspekte ihrer Verbindung zur Wissenschaft zu erkunden.

Beide Religionen fügen sich in die berühmte Feststellung ein, von der Karl Jaspers in seinem 1949 erschienenen Buch *Vom Ursprung und Ziel der Geschichte* berichtet und mit der er ein riesiges Forschungsprojekt begründen konnte. Jaspers verdichtet viele ältere historische Untersuchungen zu der Beobachtung, dass der Ursprung der Weltreligionen – wie auch der der griechischen Philosophie – in den Jahren zwischen 800 und 200 vor Christi Geburt zu finden ist. Jaspers nennt diesen Abschnitt der menschlichen Geschichte die »Achsenzeit« und schreibt dazu: »In dieser Zeit drängt sich Außerordentliches zusammen. In China lebten Konfuzius und Laotse, entstanden alle Richtungen der chinesischen Philosophie […], in Indien entstanden die *Upanishaden*, lebte Buddha, wurden alle philosophischen Möglichkeiten bis zur Skepsis und bis zum Materialismus, bis zur Sophistik und zum Nihilismus, wie in China, entwickelt, in Iran lehrte Zarathustra das fordernde Weltbild zwischen Gut und Böse, in Palästina traten die Propheten auf von Elias über Jesaias und Jeremias bis zu Deuterojesaias, Griechenland sah Homer, die Philosophen – Parmenides, Heraklit, Plato – und die Tragiker, Thukydides und Archimedes.«

Während der Achsenzeit verlässt die Menschheit ihre mythische Phase, wie Jaspers meint. Ihre intellektuellen Vertreter beginnen, über die Bedingungen des humanen Lebens (Existierens) nachzusinnen. Sie entdecken dabei die Möglichkeit, den Göttern, die bislang im Irdischen verankert waren, einen eigenen Ort – einen Platz im Himmel – zuzuweisen, und sie werden im Volk verstanden. Mit dieser Aufteilung entsteht eine Spannung zwischen dem Diesseits (dem Weltlichen) und dem Jenseits (dem Transzendenten), und wer neben die irdischen Machthaber tritt und Gottes Ratschluss verkündet, also die Priester und Propheten, lenkt die Aufmerksamkeit auf sich und erwirbt Anerkennung.

Tatsächlich entstehen jetzt Achsenkulturen, wie die historisch orientierte Wissenschaft ermitteln konnte. Federführend agieren die

Träger von Visionen (etwa bei Buddha und Jesus) finden die dem Volk zusagen. Die Gründerfiguren stärken das Selbstbewusstsein der kleinen Leute, sie geben ihnen Anleitungen zum wohltätigen Handeln und statten ihr Leben mit Sinn aus. Ihre Nachfolger setzen dieses Wirken in Institutionen fort, die sie einrichten, um die utopischen Vorstellungen der Religionsgründer in die Wirklichkeit umzusetzen – und Geschichten wie die der Evangelien erzählen zu können.

Wer die Ausbreitung von Religion überhaupt verstehen will, muss den Grund oder die Gründe finden, die die Achsenzeit herbeigeführt haben. In dieser Phase sind die Kulturen und Gesellschaften entstanden, die bis heute überlebt haben. Konkret bedeutet das, dass die heute Lebenden Nachfahren von Menschen sind, die vor Tausenden von Jahren Gott entdeckt haben und transzendenzfähig geworden sind. Sie verfügen daher über die dazugehörigen Qualitäten, wenn sich viele von uns auch nicht immer daran erinnern und sie gerne übersehen. Die heute Lebenden verfügen natürlich ebenfalls über die Fähigkeit zum wissenschaftlichen Arbeiten, weil sie eben auch Nachfahren von Menschen sind, die vor Hunderten von Jahren für die Geburt der modernen Wissenschaft gesorgt haben, weil sie – zumindest in Europa – mit dem, was die religiösen Institutionen anboten, nicht mehr zufriedengestellt werden konnten.

Es ist leicht, die Unzufriedenheit mit der Kirche zu erklären, es ist mühsamer, die unglaubliche Erfolgsgeschichte des Christentums zu begreifen, das als jüdische Sekte beginnt, ein Weltreich gegen sich hat und brutale Verfolgungen erleiden muss, bevor es im 4. Jahrhundert Staatsreligion wird und sich dann weiter und weiter global ausbreitet, ohne merklich an Substanz zu verlieren.

Niemand wird erwarten, dass sich dafür ein einzelner – und sei es ein noch so herausragender – Grund angeben lässt. Trotzdem riskieren wir es hier, uns auf einen wesentlichen Grund festzulegen. Die Überlebenskraft des Christentums rührt, abgesehen von den historischen Bedingungen und den erwähnten Angeboten an die Bekennenden, von seiner urtümlichen Streitkultur her. Sobald der Gründer, Jesus Christus, von dieser Welt gegangen ist, fangen die

Auseinandersetzungen um die richtige Lehre an. Erst ringen so grundverschiedene Charaktere wie Petrus und Paulus miteinander – geht es mehr um den Zusammenhalt nach innen oder die Verkündigung nach außen? –, dann streitet man sich über die – göttliche oder menschliche – Natur von Jesus, dann geht es – spätestens bei den Kirchenvätern – um das Problem, ob man sich frei zum christlichen Gott bekennen kann oder dies vorbestimmt sei, und so weiter und so fort, bis in die aktuellen Debatten unserer Tage über die Ökumene hinein. Streitkulturen überleben die Zeiten besser, wie das Christentum deutlich erkennen lässt.

Trifft das auch für den Buddhismus zu? Erfolgreich ausgebreitet hat er sich auf jeden Fall. Im 6. Jahrhundert kommt er etwa nach Japan, und im 8. Jahrhundert erreicht er Tibet (das 1950 von China besetzt wird). Der Buddhismus hat seine eigene Version eines Kirchenvaters, nämlich den Philosophen Nāgārjuna, der im 2. Jahrhundert nach Christus lebte und von Jawaharlal Nehru, dem ersten Ministerpräsidenten Indiens, als »einer der größten Geister, die Indien hervorgebracht hat«, bezeichnet wurde. Nāgārjuna greift einen wesentlichen Gedanken Buddhas auf, dem zufolge nichts aus sich selbst – oder aus dem Nichts – heraus entsteht, und er ersinnt einen Leerzustand, in dem Menschen zwischen Sein und Nichtsein schweben können, ständig bereit, etwas zu werden, zu dem sie fähig sind. Sein *oder* Nichtsein, das ist für einen Buddhisten überhaupt nicht die Frage. Sein *und* Nichtsein, das ist seine Chance, und unsere auch. Wir sind immer etwas (zum Beispiel Leser dieses Textes), wir sind aber zugleich immer etwas nicht, was wir sein könnten (etwa der Schreiber eines Leserbriefs).

Der Buddhismus – vor allem in der Variante, die als Zen bekannt geworden ist und meditierend praktiziert wird – akzeptiert seit seinen Anfängen, was sich das europäische Denken erst mühsam aneignen musste: dass Begriffe nicht das Wirkliche sind und widersprüchlich ausfallen können. Licht kann Welle und Teilchen sein, die Natur kann eine (materielle) Ressource oder die (spirituelle) Mutter des Seins sein. So gesehen stellt diese östliche Weltreligion das Gegenstück zum westlich geprägten Christentum dar. Sie betont statt des Wettstreits das Zusammenwirken und bemüht sich sehr um das menschliche Mitgefühl. Tatsächlich interessiert sich ein Buddhist – nach den Worten seines populären tibetanischen Vertreters, des 14. Dalai Lama – nicht so sehr für den Ursprung irgendeiner Form von Leben. Ihn lockt vielmehr »die Frage nach dem Ursprung fühlenden Lebens – also nach dem Ursprung bewusster Wesen, die Schmerz und Freude empfinden können«. Denn, so der Dalai Lama, »aus der Sicht des Buddhismus liegt der Ansporn der menschlichen Suche nach Wissen und Einsicht in die eigene Existenz letztendlich in dem tiefen Antrieb, Freude zu suchen und Leiden zu vermeiden«.

Freude suchen und Leiden vermeiden – das ist aber nicht nur der Sinn buddhistischen Tuns, sondern auch das Ziel westlicher Wissenschaft, die ihre moderne Form unter den Fittichen des Christentums angenommen hat. Dass Wissen die Freude vergrößert, die Menschen bei der Wahrnehmung der Welt erfahren, kann man schon bei antiken Philosophen wie Aristoteles lesen. Dass man mit diesem Wissen aber auch das Leiden vermindern kann, haben die Pioniere der europäischen Wissenschaft bemerkt, als sie sich klarmachten – wie es Brecht seinem Galilei in den Mund legt –, dass das einzige Ziel der Wissenschaft darin besteht, die Mühseligkeit der menschlichen Existenz zu erleichtern.

Weil es ihr gelungen ist, dieses Versprechen in die Tat umzusetzen, konnte die Wissenschaft im 19. Jahrhundert die Religion an den Rand der Geschichte drängen und im 20. Jahrhundert die Behauptung wagen, dass es ihre Wahrheit ist, die uns macht.

Buddhisten haben sich über die wissenschaftlichen Fortschritte gefreut, aber ohne sich verrücken zu lassen. Wie der Buddha selbst erfahren und gelehrt hat: Wer etwas übertreibt, versperrt sich den eigentlichen Weg, den er gehen will. Oder wie es im Buch der Prediger heißt: Alles hat seine Zeit. Wer zu weit vorauseilt, muss nur länger auf die Anderen warten. Wir gehören alle zusammen im ewigen Kreislauf von Werden und Vergehen. Diese Wahrheit hält uns fest, zumindest auf Erden.

Die Hartnäckigkeit der religiösen Erfahrung

Ich möchte zu meinen persönlichen Erfahrungen und damit in die Zeit zurückkehren, in der ich heranwuchs und Interesse an den Naturwissenschaften entwickelte. Vor rund einem halben Jahrhundert beeindruckte mich zum Beispiel Francis Crick, der britische Entdecker der Doppelhelix von 1953, der im Gefolge seiner Einsicht in die Erbsubstanz DNA gesagt hatte, nach diesem Erfolg der Strukturchemie und Molekularbiologie sei das Rätsel des Lebens gelöst; es gebe keine Geheimnisse mehr. Crick empfahl ohne jede Ironie, die Kirchen umzubauen, um sie als Schwimmbäder nutzen zu können.

Weiter habe ich noch im Ohr, was uns Juri Gagarin mitzuteilen hatte, als er Anfang der 1960er Jahre aus dem Weltall zurückgekehrt war. Gagarin informierte uns, dass der Himmel leer und unbewohnt sei, einen Gott habe er dort jedenfalls nicht getroffen. Und Ende der 1960er Jahre verkündeten die Vertreter einer neu geschaffenen Wissenschaft namens Futurologie, in der Zukunft (unserer Gegenwart also) werde es kaum noch religiös motivierte Kräfte in der Gesellschaft geben, vor allem sei keine Gewaltanwendung aus dieser Richtung zu erwarten.

Mir gefiel das, und es leuchtete mir ein. Hier schien die Naturwissenschaft zu triumphieren, Gott zu Rückzugsgefechten zu zwingen und seinen Wohnraum immer stärker einzuschränken. Doch als Stephen Hawking 1988 in *Eine kurze Geschichte der Zeit* verkündete, in seinem Universum habe ein Schöpfer nichts zu tun und dort also nichts verloren – Hawking argumentierte in der Sprache der Mathematik, die Gleichungen aufstellt, deren Lösungen von sogenannten Randbedingungen abhängen, und Gott war keine solche, er tauchte also nicht einmal am Rand auf –, da kamen mir solche Ansprüche auf einmal verloren und unerheblich vor. Zwar blieb und bleibt »die außerordentliche Bedeutung, die die von der Wissenschaft benutzten mathematischen und mechanischen Verstehensweisen für die Erklärung und Vorhersage von Ereignissen haben«, unverändert bestehen und Ziel meiner Bewunderung. Aber mir fiel plötzlich auch auf, »was für dünne, farblose, uninteressante Ideen« die Wissenschaft dabei benutzt, nämlich »Gewicht, Bewegung, Geschwindigkeit, Richtung, Lage«, deren Magerkeit vor allem deutlich wird, wenn man sie mit Beschreibungen konfrontiert, »bei denen sich die Religion bevorzugt aufhält«. Schließlich sind es »immer noch der Schrecken und die Schönheit der Phänomene, die ›Verheißung‹ des Morgengrauens und des Regenbogens, die ›Stimme‹ des Donners, die ›Sanftheit‹ des Sommerregens, die ›Erhabenheit‹ der Sterne und nicht die physikalischen Gesetze, von denen sich der religiöse Geist am meisten beeindrucken lässt«.

Die letzten Zitate finden sich in den Vorlesungen über »Die Vielfalt religiöser Erfahrung«, die der amerikanische Philosoph und Psychologe William James zu Beginn des 20. Jahrhunderts gehalten hat. In diesen Texten äußert sich James auch über die Verbindung von »Religion und Neurologie«. Er stellt die medizinisch-materialistischen Bemühungen seiner Zeitgenossen vor, religiöse Gefühle auf organische Prozesse mit möglicherweise krankhaften Auswüchsen (etwa epileptischen Anfällen) zurückzuführen, um deutlich zu machen, dass es darauf überhaupt nicht ankommt. Stattdessen müsse man bereit sein, »das religiöse Leben ausschließlich nach seinen Früchten zu beurteilen«. Natürlich könne es bei Menschen ein »neurologisches Temperament« geben, das ihre Empfänglichkeit für »Inspirationen aus einem höheren Reich« ermögliche, aber damit solle man das Thema Religion und Neurologie dann auch »zu den Akten legen«. Er jedenfalls möchte nicht weiter damit belästigt werden, und wenn ich einen Wunsch frei hätte, würde ich mich dem anschließen.

Dass die moderne Neurologie, die in unseren Tagen das Thema Religion zwar neu entdeckt hat, aber nur, um Gott in irgendwelchen Hirnwindungen aufzuspüren und ihn dann darauf reduzieren zu wollen, dem wohlmeinenden Ratschlag von James nicht gefolgt ist (und ihn höchstwahrscheinlich nicht einmal zur Kenntnis genommen hat), deutet ein merkwürdiges Wechselspiel an. Zwar räumt die Wissenschaft Gott weniger Platz in der Gesellschaft und deren Entscheidungsfindungen ein, die zunehmend rationalisiert und Experten mit Laptops und Internetzugang überlassen werden. Doch zugleich tauchen Gott und religiöse Anklänge massiv in den Reihen der

Forschung auf. Es ist wie von James vorhergesagt, als er vor mehr als hundert Jahren meinte, unsere Großväter hätten sich einen Gott vorgestellt, »der die größten Dinge der Natur auf unsere kümmerlichsten Privatbedürfnisse abstimmte«, dabei sei »der einzige Gott, den die Wissenschaft anerkennt, [...] ein Gott universaler Gesetze, der einen Welthandel, keinen Krämerladen betreibt«.

Diese Herangehensweise an einen »Gott universaler Gesetze« trifft zum Beispiel sehr genau auf den Wissenschaftler Einstein zu. Seine Popularität verdankt er vermutlich sogar eher seinen Reden über Gott als seinen Einsichten in die Natur von Raum und Zeit.

Das Vorhandensein Gottes in der Wissenschaft einer säkularisierten Welt – seine Rückkehr – zeigt sich unübersehbar auch in der Evolutionsbiologie; ihr wird immer nahegelegt, die Entstehung des Menschen einem intelligenten Designer anzuvertrauen, statt nach natürlichen Prozessen Ausschau zu halten, die unsere Art hervorgebracht haben. Tatsächlich ist kurz vor dem Ende des letzten Jahrhunderts, im November 1999, ein Artikel in der Zeitschrift *Spektrum der Wissenschaft* erschienen, in dem untersucht wird, ob die Schlagzeile des Magazins *Newsweek* aus demselben Jahr zutrifft, die verkündet: »Die Naturwissenschaftler entdecken Gott«.

Unklar bleibt bei dieser Schlagzeile, ob sie ihn bei sich entdecken oder im Kosmos; fest steht jedoch, dass gemäß einer im Zusammenhang mit diesem Artikel durchgeführten Umfrage der religiöse Glaube von Wissenschaftlern im 20. Jahrhundert keineswegs verschwunden ist. So hat der englische Nobelpreisträger für Physik George Thomson einmal geschrieben: »Vermutlich würde jeder Wissenschaftler an eine Schöpfung glauben, wenn die Bibel nicht unglücklicherweise vor vielen Jahren etwas dazu gesagt hätte und diesen Gedanken nun nicht altmodisch aussehen ließe.«

Anlass der *Newsweek*-Frage war eine Konferenz zum Thema »Naturwissenschaften und die spirituelle Suche«, die 1998 von der John-Templeton-Stiftung ausgerichtet worden war. Die Stiftung fördert mit hohen Geldgaben und Preisen Projekte, die den Glauben und die Naturwissenschaften miteinander versöhnen. Der Gründer der Stiftung, der Finanzexperte John Templeton, nennt sein für viele

Wissenschaftler verlockendes Programm »Theologie der Demut«. Er hofft, dass die Vertreter jeder Seite – die Gläubigen und die Wissenden – die Grenzen erkennen, die ihnen gesetzt sind.

Die Rationalität der Welt und die Hypothese Gott

Zu den vielen Begriffen, mit denen die moderne Zeit charakterisiert und gedeutet wird, gehört auch der Begriff der Säkularisierung, der zu meiner Schulzeit mit Verweltlichung übersetzt wurde. Wir leben in einer säkularen Welt, in der religiöse Ordnungssysteme an Einfluss verlieren und in der zunehmend Mut für die Selbstgestaltung des Lebens und der Weltanschauung entwickelt wird. Der mit den Begriffen Säkularisation bzw. Säkularisierung zusammenfassend bezeichnete Wandel hat sicher lange vor dem 19. Jahrhundert begonnen, er ist aber besonders deutlich erst in dessen Verlauf zutage getreten und spürbar geworden. Mit ihm wollte sich »die Menschheit«, wie es bei Philosophen gerne großzügig heißt, aus den Vorgaben befreien, die ein wirkungsmächtiger christlicher Glaube mit sich brachte.

Bei der Wissenschaft lässt sich das am besten durch einen Blick auf individuelle Personen, etwa den französischen Mathematiker Pierre Simon Laplace (1749 – 1827), beobachten. Laplace, der unter Napoleon Bonaparte für eine kurze Zeit als Innenminister agierte, entwickelte bis 1800 virtuos die von Newton und Leibniz eingeführte (in der Schule heute noch unterrichtete) Infinitesimalrechnung sowohl in praktischer als auch in theoretischer Hinsicht weiter. Anschließend vollendete er, nicht zuletzt dank ihrer rechentechnischen (rationalen) Hilfe, eine »Himmelsmechanik« (*mécanique céleste*), die es ihm zuletzt sogar erlaubte, ein Weltsystem vorzustellen, seine *exposition du système du monde*. Darin drückt sich nicht nur die Grille eines Gelehrten, sondern eine Handlung mit weitergehender Absicht aus. Es ging ihm um die Bewältigung von Angst.

Astronomen hatten damals einige Unregelmäßigkeiten bei der Mondbewegung festgestellt, und einige von Laplace' Zeitgenossen befürchteten, es könne eine Weltkatastrophe mit kosmischen Dimensionen bevorstehen. Zum Glück konnte Laplace diese Bedenken mit seiner Himmelsmechanik zerstreuen; er löste das Problem, wie sich die Position eines jeden Planeten zu einem beliebigen Zeitpunkt auch dann angeben ließ, wenn er die durch gegenseitige Anziehungskräfte bedingten Störungen der Himmelskörper berücksichtigte. Mit seinem Rechenschema konnte er nachweisen, dass die beobachteten Unregelmäßigkeiten periodisch auftreten und für den gegebenen Moment des eigenen Existierens keine Gefahr bestand. Wie Laplace in einem zweiten Schritt ausrechnete, brauchte man sich selbst um die Großplaneten Jupiter und Saturn keine Sorgen zu machen, obwohl sich deren Umlaufgeschwindigkeiten merklich veränderten. Ihre Bahndurchmesser und die Grundstruktur des Umlaufs blieben dabei nämlich unveränderlich, wie der Mathematiker des Himmels seinen Zahlen entnehmen konnte.

Mit anderen Worten: Durch seine Rechnungen – also mithilfe seiner Rationalität – bestätigte Laplace die Stabilität des Sonnensystems und damit die der gesamten kosmischen Welt, in der es streng naturgesetzlich zuging. Niemand musste mehr zu Gebeten Zuflucht nehmen, um eine Garantie für den Bestand der Welt und das Weiterleben der Menschen zu bekommen. Und so war es kein Wunder, dass Laplace äußerst selbstbewusst auftrat und Napoleons berühmte Frage, an welcher Stelle denn Gott in seinem Weltsystem auftauche, mit dem Hinweis beantwortete, solch eine Hypothese brauche er bei seinem Rechengeschäft nicht.

Übrigens – so ganz richtig und abschließend konnte Laplace den Himmel und die Körper, die sich in ihm bewegen, noch nicht verstehen. Dazu kannte er ihn und seine Gesetze doch zu wenig. Als in den Zeitläuften nach ihm sowohl die Messdaten als auch die grundlegenden Einsichten in physikalische Zusammenhänge (Erhaltungssätze) zunahmen, erlebte man eine Überraschung. Zu Beginn des 20. Jahrhunderts legte Laplace' Landsmann Henri Poincaré nämlich ein dreibändiges Werk über *Die neuen Methoden der Himmelsmechanik* vor, in dem er zeigen konnte, dass das fundamentale Problem in dieser Wissenschaft, die Berechnung der Planetenbahnen unter dem

Einfluss ihrer gegenseitigen Anziehung, keineswegs vollständig und niemals exakt (also bestenfalls näherungsweise) gelingen kann.

Für das Gleichungssystem, das wir als »Newtons Uhrwerk« bezeichnen, lässt sich grundsätzlich keine garantiert stabile (weil exakte) Lösung angeben, wenn sich zu viele Teile in ihm beeinflussen und bewegen. (Dann gibt es zu viele Unbekannte und zu wenig Gleichungen.) Mit anderen Worten: Die Stabilität des Sonnensystems kann nicht streng bewiesen werden. Sie kann auf Erden von niemandem garantiert werden; und die neuartige Tendenz der Theoretischen Physik, die Poincaré damit langfristig einleitete, macht sich in unseren Tagen unter dem Stichwort Chaos und mit Begriffen wie Nichtlinearität oder Komplexität und Unvorhersagbarkeit deutlich bemerkbar.

Tatsächlich hat es die Physik geschafft, die Berechenbarkeit der Welt, die Laplace einst stolz verkündete, wieder abzuschaffen (und das nicht nur am Himmel). Während man früher dank der erfolgreich praktizierten Rationalität aufatmete und sich geborgen fühlte, reagiert heute niemand mehr ängstlich auf eine Erklärungsunfähigkeit oder Begrenztheit der Naturwissenschaften. Wir nehmen es auch eher gleichgültig und abgebrüht zur Kenntnis, wenn wir erfahren, dass die Welt voller Dunkelmaterie und Dunkelenergie ist, die sich unseren Sinnen entzieht.

Wenn man heute Angst empfindet, dann weniger vor möglicherweise bedrohlichen Naturphänomenen, wie dies noch im 18. Jahrhundert der Fall war, als vor den wachsenden Eingriffsmöglichkeiten der Naturwissenschaften selbst. Bevor dieses Terrain erkundet wird, lohnt ein weiterer Blick auf das 19. Jahrhundert. Wolf Lepenies, Soziologe und langjähriger Rektor des Wissenschaftskollegs in Berlin, hat es mit dem Ausdruck »Saeculum der Wissenschafts- und Technikbegeisterung« charakterisiert, in dem so etwas wie die »Trivialisierung der Angst« gelingt. Für Lepenies treten »Wissenschaft und Technik« in dem Moment »ihren Siegeszug an«, in dem »sie sich gegenüber Magie und Religion als wirkungsvollere, schließlich konkurrenzlose Mechanismen der Angstbewältigung durchsetzen«.

Dieser Gedanke erscheint wesentlich für das hier verhandelte Thema der Säkularisierung (die zum naturwissenschaftlich begründeten Handeln führte), weil Angst zu den Grundbefindlichkeiten des Menschen gehört. Angstgefühle sind sicher selektiv entstanden und gehören für unsere Art zu den Voraussetzungen des Überlebens. Wer in den Frühtagen der Menschheit ohne Angst unterwegs war und bedenkenlos etwa in dichte Wälder eindrang, wird von dort wohl nur selten zurückgekommen sein. Evolutionäre Erklärungen kommen selbstverständlich ohne Hinweis auf Gott oder Göttliches aus, und sie tragen im 19. Jahrhundert massiv zur Säkularisierung bei.

Der Philosoph Peter Sloterdijk hat dem etwas unglücklichen und leicht missverständlichen Satz Martin Heideggers, die Wissenschaft »denke nicht«, die einprägsame Formulierung entgegengesetzt: »Die Wissenschaft zittert nicht.« Deshalb könne sie einen Ersatz für die »Ordnungsversicherungen der Theologie« darstellen. Das lässt sich auch so ausdrücken, dass sich mit den Aktivitäten der Wissenschaft »im europäischen 19. Jahrhundert eine Art von szientistischer Kirche formierte, die ihren Zeitgenossen beruhigend zusprach, sie sei dazu da, den blassen alten durch einen vitalen neuen Glauben: durch wissenschaftliche Weltanschauung eben, zu ersetzen«.

In der Tat: Wenn man – nicht nur damals, sondern bis weit ins 20. Jahrhundert hinein – sagte: »Die Wahrheit wird euch frei machen«, dann zitierte man damit nicht mehr das Johannesevangelium, sondern eine Möglichkeit für das eigene Tun. Die Wahrheit der Wissenschaft sollte die Menschen frei machen – von Angst und Sorge, zum Beispiel, und von Aberglauben und Irrationalität.

Ausgangspunkt des relevanten Lebensgefühls der Angst ist die Feindseligkeit der Natur, die Menschen im 18. Jahrhundert ihr Leben lang unmittelbar erfahren konnten, während wir vielleicht noch als Kinder (oder als Fernsehzuschauer) damit in Berührung kommen. Die bereits zitierte Gewitter-Szene aus Goethes *Die Leiden des jungen Werther* lässt erkennen, wie man auf Unbilden reagierte, bevor sich die Folgen der Säkularisierung bemerkbar machten und es Blitzableiter gab. Mit elektrischen Entladungen wurde zum ersten Mal 1752 in Frankreich experimentiert. Benjamin Franklin machte den Blitzableiter in der neuen Welt populär, indem er noch im selben Jahr einen Drachen zu Gewitterwolken aufsteigen ließ, um mit einem am Ende einer feuchten Schnur angebrachten Schlüssel einen elektrischen Funken zu ziehen und die Wolke zu entladen.

Es lohnt sich, an dieser Stelle einen Augenblick bei Benjamin Franklin zu verweilen, weil jene Beherrschung des Blitzes – des himmlischen Feuers – ihm die Ehrenbezeichnung »neuer Prometheus« eingebracht hat. Es war kein Geringerer als Immanuel Kant, der Franklin so bezeichnet hat, denn tatsächlich hat der Mitautor der amerikanischen Unabhängigkeitserklärung mit seinem Drachen den Göttern ganz konkret das Feuer entrissen und in die technisch geschickten Hände der wissenschaftlich orientierten Menschen gelegt. Was mit der Blitzableitung gelingt, könnte man Säkularisierung pur nennen, nämlich die endgültige Autonomie der Lebenssicherung ohne irgendwelche religiösen Restverbindungen. Zudem öffnete Franklins Tat die Aussicht auf weitere Möglichkeiten, der Natur quasi mühelos ihre Tricks abzuringen, um sie praktisch nutzen zu können.

Aus der alten Zweiteilung zwischen Gott und der Welt wird die neue Zweiteilung zwischen der Natur und dem Menschen, der nun nach ihren Gesetzen sucht – und sie findet. Es ist wichtig, sich klarzumachen, dass das, was wir die Wissenschaftliche Revolution genannt haben, zunächst nur eine Menge Versprechen enthielt, die nicht sofort Besserung brachten. Sie wurden aber im Laufe der Zeit in nahezu unglaublicher Weise eingelöst, und zwar gerade und vor allem im 19. Jahrhundert. Wie sehr Bacon mit seiner Behauptung recht hatte, dass erworbenes Wissen Macht werden kann, zeigt die Industrialisierung, die in dem Moment volle Fahrt aufnimmt, in dem sie sich der Wissenschaft öffnet und Laboratorien für Grundlagenforscher einrichtet. Und wie sehr Galilei mit seiner These recht hatte, dass die Gesetze der Natur mit der Mathematik zu fassen sind, zeigte sich unübersehbar, als in der zweiten Hälfte des 19. Jahrhunderts James Clerk Maxwell einen Satz von Gleichungen aufstellte, mit denen eine unsichtbare (immaterielle) Natur exakt erst zu berechnen und dann herzustellen war. Gemeint sind die bereits erwähnten elektromagnetischen Wellen.

Gott verschwindet jedoch nicht, wenn Wissenschaft gelingt und Erklärungen liefert. Das gilt schon für die Revolution im 17. Jahrhundert, in der bei Kepler das Gegenteil passiert. Wenn er das von Nikolaus Kopernikus 1543 publizierte heliozentrische Weltbild verteidigt (und dabei überhaupt erst hoffähig macht), dann tut er dies nicht aus empirischen oder anderen wissenschaftlichen, sondern aus religiösen Gründen. Kepler sieht in der Anordnung des Kopernikus mit der Sonne im Zentrum und einer sich drehenden Erde die Möglichkeit, den Gedanken (das Bild) der Trinität an den Himmel zu setzen.

Kepler will Theologe werden – dafür gibt es mehr Stellen als für Hofastronomen –, aber er will nicht lehren, was in der Bibel steht. »Die Bibel ist kein Lehrbuch der Optik und Astronomie«, wie er seinen Beitrag zur Säkularisierung formuliert, um seinen Kollegen zuzurufen: »Widersetzt Euch diesem Missbrauch.« Kepler will mit seiner Vernunft – nicht durch Autoritäten und ihre Festsetzungen – verstehen, was in der Welt passiert. Das verhindert jedoch nicht, dass er in »heilige Raserei« gerät, als ihm gewährt wird, ein Naturgesetz aufzustellen.

Es gibt gute Argumente für die Behauptung, dass Kepler eine sogenannte trinitäre Physik etabliert hat, die mindestens bis ins 20. Jahrhundert hinein praktiziert wird. »Trinitäre Physik« bedeutet zum einen, dass Erklärungen in einem Dreierschema angeboten und akzeptiert werden – einem Dreierschema, das neben den raumzeitlichen Dimensionen und einer unzerstörbaren Energie nur noch die Kausalität vorsieht, um die Naturabläufe zu erfassen und zu erklären. Zum anderen soll damit aber ausgedrückt werden, dass Isaac Newton, der große Held der aufkommenden exakten Physik, sich für einen Auserwählten Gottes hielt, der Raum und Zeit als Emanationen (Ausströmungen) Gottes ansah und eine wissenschaftliche Auseinandersetzung mit der Heiligen Schrift für möglich und wünschenswert hielt. Hier erwartete er mehr Sicherheit und Garantien für die Zukunft, als sich durch wissenschaftliche Wahrheiten finden ließen. Für Newton hingen der Gedanke an Gott und das Treiben von Physik so eng zusammen, dass es ihm überhaupt nichts ausmachte, Gott nicht nur die Schöpfung der Welt anzuvertrauen, sondern ihm auch zuzumuten, Instabilitäten, die sich bei den Planetenbewegungen im Laufe der Zeit aufschaukeln konnten, durch seinen persönlichen Eingriff zu korrigieren.

Das 20. Jahrhundert hat sich über Newtons Gott lustig gemacht, der Tag für Tag und Nacht für Nacht Raum und Zeit herstellen – also ununterbrochen arbeiten – muss, und das zugunsten einer ungewissen Schar von Gläubigen, die ihm auf unklare Weise dienen. Dabei ist übersehen worden, dass der Engländer sich weit mehr mit theologischen als mit naturwissenschaftlichen Fragen beschäftigte. Die Lebensphasen, in denen er die Probleme der Optik und des Kosmos behandelte, empfand er als lästige Unterbrechungen, die ihn von Themen mit größerer Bedeutung – der christlichen Überlieferung – abhielten. Newton wollte wissen, wann die Apokalypse, die Endzeit, zu erwarten sei, und erst am Ende seines Lebens war er bereit, seine »Berechnungen bezüglich der Wiederkunft des Herrn auf das 20. oder 21. Jahrhundert zu verschieben«.

Das Datum der Schöpfung

Viel weniger mit Gott im Sinn hatte der zweite berühmte Brite, der die Welt der Wissenschaft beeinflusst hat, nämlich Charles Darwin. Zwar geht er im letzten Satz seines berühmten Werks über den Ursprung der Arten von 1859 auf Gott ein, wenn er schreibt: »Es liegt etwas wahrlich Erhabenes in der Auffassung, daß der Schöpfer den Keim alles Lebens, das uns umgibt, nur wenigen oder gar nur einer einzigen Form eingehaucht hat und daß, während sich unsere Erde nach den Gesetzen der Schwerkraft im Kreise bewegt, aus einem so schlichten Anfang eine unendliche Zahl der schönsten und wunderbarsten Formen entstand und noch weiter entsteht.«

Aber es ist eben nur der Schlusssatz, und bei seiner Betrachtung der Natur hat Darwin weniger einen Gott und eher einen Teufel kennengelernt, der qualvolle Todeskämpfe, hinterhältige Betrugsverfahren und brutale Raubzüge zulässt oder eingeführt hat. Aber merkwürdig – während bei Newton fast ein paar Jahrhunderte lang übersehen wurde, dass er mehr mit der Heiligen Schrift als mit dem Buch der Natur beschäftigt war, fällt uns bei Darwin sofort ein, dass sich mit seinen Gedanken zur Evolution ein Streit mit kirchlichen Ansichten und religiösen Einstellungen verbindet.

Tatsächlich kam es nur wenige Monate nach der Publikation von Darwins Hauptwerk im November 1859, nämlich Ende Juni 1860, zu einem öffentlichen Streitgespräch zwischen Samuel Wilberforce, dem Bischof von Oxford, und dem Wissenschaftler Thomas Huxley, den die Nachwelt gerne und aus gutem Grund »Darwins Bulldogge« nennt. Es war jedoch mehr ein Streit um Rhetorik, der unglücklicherweise dadurch vom Zaun gebrochen wurde, dass der Bischof den Biologen fragte, ob er väterlicher- oder mütterlicherseits von einem Affen abstamme. Seitdem besteht der Eindruck (der von nachfolgenden materialistisch eingestellten Naturforschern nicht aus sachlichen Gründen, sondern aus persönlichen Motiven verschärft wurde), dass gerade die Idee der Evolution Gott als Schöpfer des Menschen den Garaus macht. Kein Wunder, dass sich dieser Eindruck auf seltsamsten Wegen wieder Eingang in die Debatte verschafft hat und eine Stelle einnimmt, die ihm gar nicht zustehen sollte.

Darwins Bemühungen um eine kausale Erklärung der beobachteten Variationen des Lebens können einen religiösen Hintergrund keineswegs verleugnen. Es ging ihm jedoch nicht um antireligiöse – säkulare – Erklärungen, sondern darum, dem menschlichen Denken die Scheuklappen zu nehmen.

Darwin wollte kein Naturtheologe, sondern ein Naturforscher sein; er wollt ohne *arguments from design* auskommen und fand es albern, wenn Männer der Kirche 200 Jahre nach Kepler immer noch die Bibel befragten, wenn sie etwas über die Natur wissen wollten.

Der Evolutionsgedanke bei Lamarck

Der französische Botaniker und Zoologe Jean Baptiste de Lamarck (1744–1829) hat sich noch vor Darwin mit der Variabilität der Arten und ihrer Anpassung beschäftigt, wobei er den Evolutionsgedanken keineswegs gegen die Religion gerichtet sah. Lamarck konzentrierte sich vor allem auf Fossilien, und er konnte sie mehr als jeder andere Naturforscher vor ihm miteinander vergleichen. Dabei drängte sich ihm der Schluss geradezu auf, dass in der Vergangenheit der Erde, als sich die geologischen Bedingungen geändert hatten, einige Arten ausgestorben waren. So würden wir heute sagen. Doch Lamarck sah das anders. Er traute Gott nicht zu, Arten erst zu kreieren und dann sterben zu lassen, und er konnte diesem Dilemma entkommen, indem er annahm, dass sich die Arten *geändert* hatten. Gottes Größe zeigte sich gerade durch die und in der Evolution. Er sorgte mit dieser Eigenschaft für die Kontinuität des Lebens, das er geschaffen hatte. Lamarcks Gedanke der Evolution nimmt Gott ernst, statt ihn abzuschieben.

Wenn man dem Philosophen Hans Blumenberg trauen darf – was ich hier gerne riskiere –, dann führte Darwin während seiner Weltreise auf der »Beagle« (1831–1836) eine Bibel mit sich, in der er das Datum der Weltschöpfung als »23. Oktober 4004 vor Christus, 9 Uhr vormittags« eingetragen hatte. Was natürlich verblüfft, ist die Präzision der Zeitangabe.

Wie Blumenberg in seiner Notiz »Darwins Schiffsbibel« (enthalten in seinem Werk *Die Sorge geht über den Fluß*, 1987) schreibt, war es offenbar »das korrekte Datum mit Uhrzeit«, worauf es Darwin ankam. Nach einer Meditation über diesen Eintrag fährt Blumenberg fort: »Plötzlich meint man es zu sehen, wie zerstörerisch die fromme Notiz für die vielen Seiten war, denen sie voranstand: der stupende Gewinn als Umschlagspunkt zum endgültigen Verlust« – auch und nicht zuletzt durch den, der mit dieser Heiligen Schrift an Bord gegangen war.

Anders ausgedrückt: Es waren nicht Darwin und die anderen Naturforscher seiner Zeit, die Gott aus der Erklärung für die Lebensvielfalt verdrängten. Es waren die zu hoch geschraubten Ansprüche der an der Bibel orientierten Naturtheologen, die ihrer Deutung das natürliche Ende bereiteten.

Wenn man einen Aspekt der säkularen Deutung, die Darwin der Lebensgeschichte gegeben hat, herausheben möchte, kann man auf sein Bemühen verweisen, keine Finalität bei der Erklärung der organischen Vielfalt zuzulassen. Es ging ihm um Kausalfolgen, und sein Erfolg hat in Wissenschaftskreisen den Eindruck hinterlassen, man könne ein solches Programm überall erfolgreich durchführen. Dies ist aber nicht der Fall, was längst zu einem Ende der trinitären Naturwissenschaften im Bereich der Atome geführt hat.

Die Atomphysik namens Quantenmechanik hat nämlich bereits in den Tagen der Weimarer Republik zeigen können, dass selbst eine Erklärung der atomaren Stabilität nicht allein durch Kausalität gelingt und weitere Faktoren berücksichtigt werden müssen.

Darwin selbst hat einen zweiten Faktor eingeführt: die statistische Untersuchung. Ganz allgemein lässt sich behaupten, dass seine wissenschaftshistorische Leistung vor allem darin besteht, dem statistischen Denken einen Platz in der Naturforschung gegeben zu haben. Darwin kann nicht sagen, was die Wirkung der Variation und natürlichen Selektion in irgendeinem Einzelfall genau sein wird. Er kann aber sagen, dass sich Tiere, auf lange Sicht gesehen, ihren Lebensumständen anpassen werden und angepasst haben. Mit anderen Worten: Darwin entdeckt die universelle und weitreichende Gültigkeit des statistischen Gedankens, und er öffnet damit dem Zufall Tor und Tür.

Seit Darwins Tagen hinterlässt das Zufällige mächtige Striche im biologischen Weltbild, vor allem dann, wenn das individuell Unberechenbare in Form von Mutationen in den Genen zu den geeigneten Variationen führt, die sich dann der natürlichen Zuchtwahl im Lebenskampf stellen können. So versteht es eine Biowissenschaft, die sich am Grundgedanken der Evolution orientiert. Für sie entsteht alles im Wechselspiel aus *Zufall und Notwendigkeit*, wie es der Titel des 1970 erschienenen Buches des französischen Nobelpreisträgers Jacques Monod ausdrückt.

Darin heißt es: »Der Alte Bund ist zerbrochen; der Mensch weiß endlich, dass er in der teilnahmslosen Unermesslichkeit des Universums allein ist, aus dem er zufällig hervortrat. Nicht nur sein Los, auch seine Pflicht steht nirgendwo geschrieben. Es ist an ihm, zwischen dem Reich und der Finsternis zu wählen.«

Der Zufall ist das große Bekenntnis der Evolutionsbiologen geworden, wie sich vor allem bei dem im biblischen Alter von 100 Jahren verstorbenen deutsch-amerikanischen Biologen Ernst Walter Mayr (1904 – 2005) nachlesen lässt. Sein Leben lang hat er seinen Zuhörern mit einem strahlenden Lächeln und völliger Zufriedenheit verkündet, dass wir nur zufällig in der Welt sind, dass wir nichts als ein Zufall sind. Mehr nicht. Für Mayr stellt Darwins Idee eines evolutionären Ursprungs und der fortlaufenden Anpassung der Arten die endgültige Säkularisierung der Naturwissenschaften dar. Sie kann jetzt erklären, wie sich Leben entwickelt und entfaltet, ohne auf irgendeinen Schöpfungsakt zurückgreifen zu müssen. Wie schon seinerzeit Laplace kommen Mayr und seine Kollegen ohne die Hypothese Gott aus.

Nur bemerkt offenbar keiner von ihnen den Widerspruch, in dem sie sich dabei verheddern. Wenn wir – wie Mayr und Monod behaupten – unsere Existenz dem Zufall verdanken, dann können wir diese Existenz gar nicht untersuchen, jedenfalls nicht mit den Mitteln der Naturwissenschaft. Im Rahmen des evolutionären Argumentierens machen wir aber gerade unser Existieren zum Thema des Diskurses. Schon allein dadurch drücken die Forschenden aus, dass unser Vorhandensein auf der Erde mehr ist als das, was sie behaupten, mehr als ein Zufall. Es ist daher kein Wunder, dass es Vertreter des evolutionären Gedankens gibt, die bei der Frage nach der Kontingenz des Menschen nicht so sicher sind, wie die Antwort lautet.

Der über mehrere Jahrzehnte hinweg höchst populäre amerikanische Paläoanthropologe Stephen Jay Gould (1941 – 2002) hat vorgeschlagen, sich die Evolution wie einen Film vorzustellen, den man noch einmal von vorn laufen lässt. Er kann sich nicht vorstellen, dass dabei am Ende wieder Menschen auftreten, die unser Verhalten an den Tag legen. Demnach sind Menschen »nicht das Endergebnis eines vorhersehbaren Evolutionsfortschritts, sondern ein zufälliger kosmischer Nachzügler, ein winzig kleiner Zweig an dem unglaublich üppigen Busch des Lebens, der, würde er ein zweites Mal aus dem Samen heranwachsen, mit ziemlicher Sicherheit nicht noch einmal diesen Zweig oder überhaupt einen Zweig mit einer Eigenschaft, die wir Bewusstsein nennen könnten, hervorbringen würde«.

Ihm widersprochen hat der britische Evolutionsbiologe Simon Conway Morris, der weniger Kontingenz und mehr Konvergenz im Leben und seiner Entwicklung sieht. Konvergenz meint die Tendenz von Organismen, von deutlich verschiedenen Ausgangspositionen herkommend mithilfe von Mutation und Selektion zu ähnlichen Lösungen zu gelangen. Der Evolution stehen einfach nicht beliebig viele Alternativen zur Verfügung, was zahlreiche Wege zu dem gleichen Ergebnis führen lässt (das man Ziel nennen könnte, wenn dies in der Biologie kein verbotenes Wort wäre). Nicht nur Augen und andere Sinnesorgane sind konvergent – im Laufe der Evolution mehrfach gleichartig entstanden –, sondern auch eine so komplexe Organisationsform wie die Landwirtschaft.

Sie findet sich tatsächlich auch bei Blattschneideameisen. Deren »Getreide« ist ein Pilz, der in großen Anlagen tief in der Erde angebaut wird. Zu seiner komplexen inneren Struktur gehören unter anderem Abfallkammern und Lüftungsrohre. Bei genauerem Hinsehen fallen die Parallelitäten zu unserer Art der Nahrungsmittelerzeugung auf. Der Pilz wird auf einem Blätterbeet (Mulch) gezogen. Vorher wird das Laub von Bäumen eingesammelt und die Ernte zum Nest gebracht, wobei unterwegs Zwischenlager eingerichtet werden können. Wenn das Blätterbeet und der Pilz, der darauf blühen soll, erst einmal im Nest der Ameisen sind, werden beide kontinuierlich versorgt und in Ordnung gehalten. Zu diesen Tätigkeiten gehören die Vernichtung von Unkraut, der Einsatz von stickstoffhaltigem Dünger (der aus analen Ausscheidungen stammt), Herbiziden und Antibiotika.

Conway Morris zufolge ist es nicht a priori Unsinn, wenn jemand von der Unvermeidlichkeit des Menschen spricht; in seiner Theorie der Konvergenz kommt er zu dem Schluss, dass die Evolution zwangsläufig eine intelligente Spezies hervorbringen musste. Selbst gestandene Evolutionsbiologen beginnen mittlerweile über die Frage nachzudenken, ob in den Naturgesetzen nicht doch so etwas wie Sinn und Zweck enthalten sind. Ihnen reicht es auch nicht mehr, alles auf irgendeinen Zufall zu reduzieren.

Auf die Mängel einer trinitär vorgehenden Biologie hat der Physiker Wolfgang Pauli bereits in den 1950er Jahren hingewiesen. Er hat grundsätzlich den Gedanken der Komplementarität vertreten. Im Rahmen dieses Konzepts stellen Religion und Wissenschaft ein Paar von übergreifender Komplementarität dar. Konkret bedeutet Komplementarität, dass der Kausalität eine gleichberechtigte Konzeption gegenüberstehen muss, und der Zufall kann dies nicht leisten. Er ist zu schwach. Pauli schlägt im Anschluss an C. G. Jung den Begriff der *Synchronizität* vor. Durch Synchronizität könnten Ereignisse miteinander verbunden sein, auch wenn es keine kausale Beziehung zwischen ihnen gibt.

Einen gedanklichen Vorläufer hat Pauli in dem (umstrittenen) österreichischen Biologen Paul Kammerer (1880 – 1926). Kammerer vertrat nicht Darwins Evolutionstheorie und ein Zufallsprinzip der Evolution, sondern folgte den Hypothesen von Darwins Vorgänger Lamarck, der der Entwicklung von Arten das Prinzip einer systematischen Umwandlung unterstellte. Kammerer ging dabei von dem Gedanken aus, im Universum müsse zugleich mit der Kausalität ein akausales Prinzip der »Verwandtschaft und Ähnlichkeit« wirken. Dieses Prinzip wirke selektiv auf Form und Funktion ein, um verwandte Konfigurationen in Raum und Zeit zusammenzufügen.

Synchronizität meint im weiteren Sinne etwas wie eine Sinnkorrespondenz. Allerdings soll dies hier nicht eingehender behandelt werden, da diese Idee noch keine breite Resonanz in Kreisen der Biologie gefunden hat.

Die Neutralisierung des Kosmos

Wie oben beschrieben wurde, fragte Einstein, wenn es um den Kosmos ging, nur nach der Freiheit oder der Wahl, die Gott bei seiner Schöpfung hatte. Danach schien es Einstein möglich, Betrachtungen über die Welt als Ganzes anzustellen – mit der berühmten gleichzeitigen Zuordnung von Endlichkeit und Unbegrenztheit –, ohne noch einmal die Frage nach Gott zu stellen. Gott zeigte sich ihm nicht im Kosmos selbst, er offenbarte sich vielmehr »in der gesetzlichen Harmonie des Seienden«, und dabei kam es zu religiösen Gefühlen, wie Einstein in *Mein Glaubensbekenntnis* gerne einräumt: »Zu empfinden, dass hinter dem Erlebbaren ein für unseren Geist Unerreichbares verborgen sei, dessen Schönheit und Erhabenheit uns nur mittelbar und in schwachem Widerschein erreicht, das ist Religiosität. In diesem Sinne bin ich religiös. Es ist mir genug, diese Geheimnisse staunend zu ahnen und zu versuchen, von der erhabenen Struktur des Seienden in Demut ein mattes Abbild geistig zu erfassen.«

Einstein ist bezaubert von seinen Entdeckungen und macht so deutlich, wie sehr Max Webers Ausdruck von der »Entzauberung der Welt« an allem Wissenschaftlichen vorbeigeht. Der zentrale Begriff, auf den es sowohl Weber als auch Einstein ankam, ist die Welt, und Säkularisierung – Verweltlichung – hat viel damit zu tun, wie diese Welt im Laufe der Kulturgeschichte verstanden wird.

Wie »Kosmos und Welterfahrung im westlichen Denken« zusammenhängen, hat Rémi Brague in seinem Buch *Die Weisheit der Welt* dargestellt. Er zeigt dabei, dass das, »was sich dem Nichts entgegenstellt« – so Goethe über »diese plumpe Welt« –, »nie für eine simple Beschreibung der Realität« stand, sondern seit jeher »Ausdruck eines Werturteils« war.

Der Kosmos und der Sinn des menschlichen Lebens hängen im religiösen Bereich zusammen, bis er durch die moderne Wissenschaft ethisch indifferent wird. »Das Weltbild, das nach Kopernikus, Galilei und Newton aus der Physik hervorging, ist das Spiel blinder Kräfte, wo es keinen Platz mehr für die Betrachtung des Guten gibt.« Die eine Welt zerfällt in viele Welten, von der unsere vielleicht die beste sein kann, ohne aber der Kosmos zu bleiben, der sie einmal war.

Im 19. Jahrhundert – genauer 1836 – taucht in diesem Zusammenhang zum ersten Mal der Ausdruck »Entzauberung der Welt« auf, und zwar in einem Text von Alfred de Musset, der als französischer Zeitzeuge der Säkularisation von *désenchantment* spricht und sich auch nicht scheut, dazu Verzweiflung (*déspérance*) zu sagen. Doch wenn Gefahr droht, kann man sich auf Rettung durch die Wissenschaft verlassen, in deren Hafen sich Menschen voller Optimismus finden, die an die Gestaltbarkeit von Zukunft glauben.

Sie operieren in einer Welt, die nach Brague eine »Neutralisierung des Kosmos« erfahren hat, in dem jetzt kein Gott mehr agiert, in dem sich aber Gesetze finden, die sowohl unsere Freiheit einschränken (wir unterliegen ihnen auch) als auch uns Eingriffsmöglichkeiten verschaffen. Und eingreifen müssen die Menschen, da die Natur – die Welt – nicht mehr das Gute ist, das sie früher war, sondern das Böse enthält, das uns leiden lassen und Schaden zufügen kann und das zu bekämpfen ist. Immerhin bleibt sie schön, und wir bleiben für das Schöne empfänglich, wie Bemühungen um das Ästhetische zeigen. Das macht zuletzt deutlich, »dass wir, ohne einen dauernden Sitz in der Welt zu haben, nicht einfach nur Fremde sind, sondern Gäste«.

EXKURS
Die Rückkehr des Designers

Wer den Zufall predigt, um Gott auszuschließen, bewirkt offenbar nur dessen Rückkehr. Vor allem geschieht das in der Evolutionsbiologie, in der sich nicht der Gesamttrend zu Gott ändert, sondern nur die Art, wie auf ihn hingewiesen oder wie er in das Werden der Welt eingebaut wird.

Momentan ärgern sich die gottlosen Evolutionsbiologen maßlos über die nicht verstummenden Versuche von Kreationisten und anderen Fundamentalisten, der wissenschaftlichen (säkularen) Erklärung des Lebens etwas anderes an die Seite zu stellen. In letzter Zeit gab es viel Lärm um den Vorschlag, das Erscheinen von Arten und das Auftreten des Menschen auf einen »intelligenten Designer« zurückzuführen. Die Evolutionsbiologen haben darauf zu Recht und oft sehr witzig mit dem Hinweis auf viele organische Unzulänglichkeiten der Körper (auch des Menschen) geantwortet, um klarzumachen, dass – sollten wir unsere Existenz einem Designer verdanken – man diesem Wesen mindestens Dummheit und Nachlässigkeit vorwerfen müsse, ihm aber auf keinen Fall Intelligenz nachsagen könne.

Ebenfalls zu Recht weisen viele Biologen darauf hin, dass die Idee des göttlichen Designers prädarwinistisch ist. Zu Beginn des 19. Jahrhunderts wurden mit dem Argument des Designers noch Gottesbeweise geführt, nicht zuletzt mithilfe von Analogien: Sollte man beim Spazierengehen im Wald eine Uhr finden, würde man ja auch sofort auf die Existenz eines Uhrmachers schließen; deshalb könne man sicher sein, dass es auch einen Menschenmacher gibt, nämlich Gott. Ein Problem mit solchen Überlegungen steckt stets darin, dass man bei diesen schlichten Argumenten immer einen Gott vor Augen hat, der über ein menschliches Bewusstsein verfügt. Aber genau das führt zu derartigem Unsinn wie Darwins exakter Datierung des Schöpfungsvorgangs in seiner Schiffsbibel.

Wer die Natur und den Menschen verstehen will, muss anders vorgehen, und das hat Darwin dann auch versucht. Sein »gefährlicher Gedanke«, wie er manchmal genannt wird, ist auch ein großartiger Gedanke. Denn er erlaubt uns, sehr vielen (vielleicht sogar allen?) Phänomenen des Lebens eine einleuchtende und befriedigende adaptive Erklärung zu geben.

Zugleich ist es nicht verwunderlich, dass die lässige Art, mit der daraus etwas anderes abgeleitet und unser ganzes Vorhandensein als bloßer Zufall banalisiert wird, Gegenkräfte auf den Plan ruft. Schließlich leben wir nach der Achsenzeit, und wir suchen nicht nur nach Gesetzen, wir suchen auch nach einem höheren Sinn und nach tieferer Bedeutung. Wir treiben sowohl Astronomie als auch Astrologie, und zwangsläufig widerstrebt es uns, dem Zufall die Schuld für unsere Existenz »als Zigeuner am Rand des Universums« (Jacques Monod) zuzuweisen.

Offenbar kommt Gott dann zurück und macht sich bemerkbar, wenn er fast verschwunden ist. Das gilt nicht nur für die Evolution, sondern auch für die Kosmologie, die zunächst konstatierte, je besser man das Universum erklären könne, desto weniger Sinn lasse es erkennen. Als man meinte, selbst den Anfang der Welt – etwa in Form eines Urknalls – verstanden zu haben, fiel einigen Kosmologen auf, dass wir ja nicht über das kosmische Werden im Allgemeinen reden können, sondern nur von einer einzigen Welt wissen, und zwar der, in der wir leben.

Das Universum kann kein Zufall sein, wenn es doch so eingerichtet ist, dass wir darin entstehen können. Wir sind, wie wir sind, weil die Welt so ist, wie sie ist, wie man manchmal lesen kann, und dieses auf uns angelegte Verstehen des Kosmos firmiert unter der Bezeichnung »anthropisches Prinzip«. In den Worten des Physikers Freeman Dyson: »Je näher ich das Universum und die Einzelheiten seiner Architektur betrachte, desto mehr Hinweise finde ich, dass das Universum gleichsam gewusst haben muss, dass wir kommen.«

Damit behaupten wir noch nicht, dass sich die Feinjustierung des Universums einer einstellenden Hand verdankt, wie es die starke Version des Prinzips verlangt, die zwar von vielen Physikern vehement abgelehnt wird, aber trotzdem nicht verstummen will. Alles Bemühen in diese anthropische Richtung hat vor allem den Sinn, dem Menschen seine Zufälligkeit zu nehmen und ihm einen sinnvollen Platz einzuräumen.

Wenn vom Zufälligen in der Physik die Rede ist, warten viele Zuhörer auf den würfelnden Gott, den Einstein ablehnte. Er soll hier seinen kurzen Auftritt haben, aber nur mit dem Hinweis, dass es Einstein nicht um die Welt im Großen, sondern um die Welt im Kleinen ging. Sein Hinweis, dass er sich keinen Gott vorstellen könne, der würfelt, bezieht sich nicht auf die Kosmologie, sondern auf die neue Physik der Atome, die ebenfalls zu seinen Lebzeiten und mit seiner Hilfe entworfen wurde. Das damals entstehende Gebäude der Physik namens Quantenmechanik ließ erkennen, dass sich im Innersten der Welt keine Realitäten, sondern nur Wahrscheinlichkeiten finden ließen. Bedingte Möglichkeiten statt unbedingter Wirklichkeiten. Das wunderte nicht nur Einstein, der sich erlauben konnte, diese Verwunderung öffentlich auszudrücken. Die Physiker haben bis heute daran zu knabbern.

Inzwischen ist ein neuer Twist in die Überlegungen gekommen. Wir verdanken ihn vor allem Anton Zeilinger, Quantenphysiker und Professor an der Universität Wien, der nicht zuletzt durch seine Versuche zur »Quantenteleportation« bekannt geworden ist. Ein wesentlicher Aspekt der neuen Physik, die ich hier nur andeuten kann, besteht in der Einsicht, dass die Natur die Form hat (bekommt), die wir ihr geben, was auch erkennen lässt, dass sich kaum zwischen der Wirklichkeit und unserem Wissen davon unterscheiden lässt. Dazu sagt Zeilinger in einem Interview mit dem Onlinemagazin *Telepolis* am 7. Mai 2001: »Ich bin nicht ein Anhänger des Konstruktivismus, sondern ein Anhänger der Kopenhagener Interpretation. Danach ist der quantenmechanische Zustand die Information, die wir über die Welt haben. [...] Es stellt sich letztlich heraus, dass Information ein wesentlicher Grundbaustein der Welt ist. Wir müssen uns wohl von dem naiven Realismus, nach dem die Welt an sich existiert, ohne unser Zutun und unabhängig von unserer Beobachtung, irgendwann verabschieden.«

Zeilinger schlägt vor, die Realität und die dazugehörige Information als zwei Seiten einer Münze anzusehen, was zur Folge hat, dass in einer gegebenen Situation unsere Kenntnisse das einschränken, was existieren kann. Menschen können nicht alles wissen, weshalb individuelle Ereignisse wie zufällig *erscheinen*. Diese Willkür zeigt, dass nicht alles bestimmt werden kann. Mit anderen Worten: dass es trotz all der von Menschen stammenden Formgebungen da draußen tatsächlich etwas gibt, das von ihnen unabhängig ist. Einstein hätte dieser Gedanke – meiner Einschätzung nach – gefallen.

NACHWORT

Mut zu allen Möglichkeiten

Fabricando fabricamur
(Indem wir etwas fertigen, fertigen wir uns)
JOHANN COMENIUS

»Die Alte Welt hat Gedichte von Mythen, Fiktionen, Feudalismus, Eroberung, Kasten, dynastischen Kriegen, leuchtenden Ausnahmecharakteren und Angelegenheiten gehabt, die großartig waren; aber die Neue Welt braucht die Gedichte von Wirklichkeiten und Wissenschaft und vom demokratischen Durchschnitt und von grundlegender Gleichheit, die noch großartiger sein werden. In ihrer Mitte und als ihrer aller Ziel steht das Menschliche Wesen, nach dessen heldenhafter und geistiger Entwicklung die Gedichte und alles direkt oder indirekt strebten, Alte oder Neue Welt.« Gedichte von Wirklichkeiten und Wissenschaft – es ist ein wunderbarer Vorschlag, den der amerikanische Dichter Walt Whitman in seinem 1855 erstmals erschienenen Werk *Grasblätter* formuliert hat und der immer noch auf eine breitere Umsetzung wartet.

In diesem Buch ist erläutert worden, warum die Welt nicht berechenbar ist, auch wenn die Naturwissenschaften mit ihren exakten Fähigkeiten eine Menge im Buch der Natur lesen und viele dabei gewonnene Einsichten technisch und praktisch nutzen können. Trotzdem können Menschen die Welt auch oder gerade im Modell der Kunst verstehen, denn sie erfinden sie im Rahmen ihrer Möglichkeiten. Was dabei entsteht, verdichtet und verzaubert, birgt den Hauch des Geheimnisvollen. Dieser kommt auch dadurch zustande, dass die anvisierten Dinge nicht so eindeutig zu erfassen sind, wie sich das viele erhoffen.

In diesem Buch sind wir davon ausgegangen, dass die Naturwissenschaften die Welt romantisieren können. Wenn man sich diese ihnen inhärente Tendenz klargemacht hat, wird man ihnen, so ist zu hoffen, mehr Wissbegierde und Sympathie entgegenbringen. Ohne Staunen geht es nicht – man könnte das »Staunen« aber auch durch viele andere Wörter ersetzen: Bildung, Wissen, Denken, Träume. Man könnte sogar zu »Spielen« oder »Gegenpart« greifen.

Das letzte Wort soll nicht nur ausdrücken, dass ein Gegenüber jedem Spielen erst seinen eigentlichen Reiz gibt, sondern damit soll auch die Konzeption namens Komplementarität angesprochen werden. Sie führt meiner Ansicht nach maßgeblich zum wissenschaftlichen Gespräch und gehört grundlegend zu ihm. Komplementarität will als qualitative Dialektik die geheimnisvolle Spannung zwischen einer These (Licht bewegt sich als Welle; Wasser ist H_2O) und ihrer Antithese (Licht bewegt sich als Teilchenstrom; Wasser ist nass) aushalten und thematisieren, und dies gelingt nicht zuletzt in einem offenen Dialog.

Der am Anfang des Kapitels zitierte amerikanische Poet der *Grasblätter*, Walt Whitman, spricht an einer Stelle seiner legendären Dichtung von »gegnerischen Gleichen«, die »aus der Düsternis treten«, die aufzuhellen Menschen sich bemühen. Schließlich wollen sie »das Unsichtbare … durch das Sichtbare« beweisen, wie Whitman das beschreibt, was Wissenschaft heißt. Dieses geheimnisvolle Greifen ins Dunkel funktioniert allerdings nur so lange, bis das Sichtbare »unsichtbar wird und seinerseits Beweise enthält«.

Viele der Beispiele in diesem Buch belegen es und lassen das Romantische des wissenschaftlichen Vorgehens erkennen. Man sollte diese Dimension nicht deshalb übersehen, weil es viele technische Wirklichkeiten dank Physik, Chemie und all der anderen Disziplinen gibt. Wissenschaft begibt sich stets auf die Suche nach neuen Möglichkeiten, die einem romantischen Geist ganz selbstverständlich sind und die aktuelle Wirklichkeit überstrahlen, wenn die zweiten Augenpaare das Sehen übernehmen.

Da romantisches Denken sich mehr an den Möglichkeiten orientiert, die Menschen offen stehen, als an der Wirklichkeit, in der sie leben, trägt es unverkennbar zur Bildung bei, die ja gerade das will, nämlich das Mögliche zu dem Wirklichen zu transformieren, das einem Menschen angemessen ist. Immer wenn Fragen gestellt werden, muss es mehrere Möglichkeiten für eine Antwort geben – in der Physik vielfach zwei »gegnerisch gleiche« Antworten, wie mit Whitman formuliert werden könnte.

Beide zu suchen hat vermutlich niemand so selbstverständlich unternommen und durchgeführt wie Alexander von Humboldt. Ihm verdankt das Lesepublikum den *Kosmos*, der von 1845 an in fünf Bänden erschienen ist und als »physikalische Kosmologie« die gesamte materielle Welt von den Galaxien bis zur Geografie einzelner Pflanzen einschließlich der Geschichte ihrer Erforschung zu erfassen sich vorgenommen hatte. Humboldts Hauptbestreben bestand in der Suche nach einer Einheit in der Natur, wobei er sich den Kosmos als »Naturgemälde« vorstellte, dessen Einheit in der von Menschen erlebten Natur besteht. Es ist also eine Einheit in der menschlichen Seele, die – Whitman zufolge und im Geiste der Komplementarität – ebenso »klar und süß ist« wie alles, »was nicht meine Seele ist«.

Die hier nachdrücklich empfohlene und spürbar humane Form des komplementären Denkens und Vorgehens mit seinen offen gehaltenen Möglichkeiten drückt sich bei Humboldt konkret darin aus, dass es in seinem Verständnis sowohl gilt, die Natur zu beobachten und zu vermessen, als auch sie zu erleben und genießen. Der Mond zum Beispiel ist sowohl ein berechenbares Objekt am Himmel (zu dem man sogar hinfliegen kann) als auch die Quelle des freundlichen Lichts, das »Busch und Tal mit Nebelglanz« erfüllt, wie es das Poetische weiß. Der Himmel überhaupt ist sowohl etwas, in dem Gebilde mit Zahlen und Figuren präzise lokalisiert werden können, als auch etwas, das einen »in die geheimnisvoll feuchte Nachtluft« hinauslockt, wo wir dann »in vollkommenem Schweigen zu den Sternen« aufblicken können, wie Walt Whitman es empfiehlt.

Weil der Mond wenigstens mit zu unserer Existenz beiträgt, wirkt die wissenschaftlich begründete Geschichte seiner Entstehung eher unheimlich. Sie erzählt von einem Zusammenstoß. Offenbar ist die frühe Erde vor einigen Milliarden Jahren von einem anderen

Himmelskörper getroffen worden, der die Größe des Mars und genügend Schwung hatte, um einen mondgroßen Brocken loszuschlagen, der uns seitdem umrundet. Der Mond ist also ein Stück Erde, wofür die Wissenschaft Evidenz liefern kann. Sie besteht unter anderem darin, dass der Mond nahezu kein Eisen enthält, weil dieses Metall sich im Erdinneren angesammelt hatte, bevor der Aufprall passierte.

Übrigens – seit der Mondlandung im Sommer 1969 stehen besondere Reflektoren auf dem Mond, die mithilfe von Laserlicht erlauben, die Entfernung von knapp 400 000 Kilometern mit der Genauigkeit von Zentimetern zu messen. Der Mond, so weiß man jetzt, rückt jedes Jahr knapp vier Zentimeter weiter von uns weg. Er geht dadurch sukzessive etwas später auf, was sich allerdings erst in Milliarden Jahren spürbar für uns auswirkt. Bis dahin lässt er »uns ruhig schlafen, und unsren kranken Nachbarn auch«.

In diesen zwei Arten der Weltansicht – der wissenschaftlichen und der romantischen – zeigen sich zudem zwei Arten der Faszination, die Humboldt beide kannte und die jedem offen stehen: »Den einen erregt das dunkle Gefühl des Einklangs«, und der andere genießt seine Einsicht »in die Ordnung des Weltalls und in das Zusammenwirken der physischen Kräfte«. Der eine versteht die Welt »aus dem inneren Sinn«, mit dem »ein harmonisch geordnetes Ganzes« entworfen wird; der andere begreift die Wirklichkeit von außen »als Ergebnis langer, mühevoll gesammelter Erfahrungen«, die eine Grundlage liefern, auf der eine Theorie errichtet werden kann, die möglicherweise in technischer Praxis mündet.

Es gibt also ganz gewiss stets mehr als eine Antwort auf eine Frage, und es braucht Fantasie und Einfallsreichtum sowohl für eine wissenschaftliche Auskunft als auch für eine poetische Sicht mit der dazugehörenden Darstellung. »Was ist das Gras?«, so will zum Beispiel in *Grasblätter* ein Kind von Whitman wissen, der zunächst zugibt, nicht mehr als der Knabe zu wissen, »was es ist«. Doch dann probiert der Dichter einige Antworten: »das Taschentuch Gottes«, »ein duftendes Geschenk«, »der von der Vegetation geborene Säugling«, »eine unveränderliche Hieroglyphe«, so lauten seine Vorschläge. Zumindest der letzte Vorschlag leitet Wasser auf die Mühlen der hier vertretenen Ansicht, der zufolge jede Antwort eine neue Frage liefert – in diesem Fall die nach der Bedeutung der Hieroglyphe im Leben der Menschen. Whitman räumt also das Offene des Wissens und Erklärens gerne ein. Er schreibt sogar, dass »ich und dieses Geheimnis« dadurch erst recht besonders fest zu stehen kommen – und zwar »stämmig wie ein Pferd, liebevoll, stolz, elektrisch«.

Stolz und elektrisch – so funktioniert es tatsächlich. Wer das Stehen eines Pferdes beschreiben will, muss sowohl der eigenen ästhetisch orientierten Wahrnehmung als auch der systematisch vorgehenden Wissenschaft Rechnung tragen, die nun einmal Nervenzellen mit ihren elektrischen Strömen kennt und untersuchen kann. Auf diese Weise gibt sie der Nervosität und ihrer Umsetzung eine materielle und erforschbare Basis, von der aus beides – falls erforderlich oder gewünscht – beeinflusst werden kann.

»Coincidentia oppositorum« – der Zusammenfall der Gegensätze, der hier als Komplementarität praktiziert wird, taucht zugleich regelmäßig und unvermeidlich auf, wenn jemand in seinem Denken nach einer Einheit sucht. Bekannt sind besonders die Bemühungen von Nikolaus von Kues (1401–1464), der im ausgehenden Mittelalter von der Einheit Gottes überzeugt war und sie zu erfassen suchte, gerade weil in ihm viel Gegensätzliches zusammenfällt.

Unvermeidlich wird heutzutage das Spiel der gegnerisch Gleichen, wenn es darum geht, etwa die Einheit einer Epoche oder einer Person zu verstehen. Da in diesem Buch Heinrich von Kleist bemüht und zitiert wurde, erlaubt sich der Autor, gegen Ende auf den Dichter zurückzukommen, der trotz aller Forschungen schwer zugänglich bleibt. Seinen Helden *Michael Kohlhaas* führt er durch eine merkwürdige Formulierung ein; dieser sei »einer der rechtschaffensten zugleich und entsetzlichsten Menschen seiner Zeit«, wie Kleist schreibt.

Es heißt tatsächlich »zugleich und« – und nicht umgekehrt, wie es andere Autoren geschrieben hätten. Die Literaturwissenschaft, vertreten etwa durch André-Peter Alt (geboren 1960), gibt dafür die Begründung, dass die ungewohnte Wortstellung die *conicidentia oppositorum* stärkt, also »die widersprüchliche Kohärenz der beiden einander opponierenden Attribute« rechtschaffen und entsetzlich.

In Kleist selbst – so die Fachwelt – fielen verschiedene Gegensätze zusammen, da er zwar kategorisch und rational gedacht, zugleich aber sinnlich und assoziativ geschrieben habe. Bei Kleist treffen somit das Aufklärerische und das Romantische als gegnerische Gleiche aufeinander, ohne dass er einen Ausgleich (Kompromiss) der Widersprüchlichkeiten zugelassen hätte.

Der Ausgleich von Gegensätzen – das Bemühen darum – kann nur eine unendliche Geschichte sein, so wie es sich für Bildung gehört, die als ein offener Dialog zwischen »gegnerischen Gleichen« zustande kommen kann. Bildung ist also stets auf dem Weg zur Bildung, was bedeutet, dass der Vorwurf der Halbbildung unsinnig und dumm zugleich ist. Bildung ist stets Halbbildung, und zwar zum einen als Prozess, der kein Ende finden kann, und zum anderen als Beitrag eines Einzelnen, der die komplementären Möglichkeiten des Zugangs zum Wissen kennt und akzeptiert. (Natürlich gibt es Formen der klar ersichtlichen Unbildung, wobei stattdessen besser von einer sich dabei jeweils zeigenden Blindheit die Rede sein sollte.)

Mit dem hier eingeführten Begriff der Komplementarität lässt sich das auch so formulieren, dass ein akademisches Nachdenken über die Art und Weise sinnvoll ist, wie die zwei gegnerisch gleichen Kulturen – die Naturwissenschaften auf der einen und die Human- und Sozialwissenschaften auf der anderen Seite – gemeinsam zu einem Verständnis der »gegenwärtigen Weltbildung« beitragen können. In diesem Buch liegt die Moral von der Geschichte in der Aufforderung an unsere intellektuelle Elite, sich dieser dialogischen Aufgabe endlich nicht mehr zu entziehen oder zu verweigern. Diese Verweigerungshaltung ist in meinen Augen verantwortungslos und unmoralisch.

»Moral« meint natürlich mehr als die hübsche Lehre aus einer netten Fabel. Moral meint vor allem das Gebot der Sittlichkeit – lateinisch *moralis* –, das einzuhalten ist, wenn jemand handelt, wobei ein gutes (geeignetes, akzeptiertes) Vorgehen als moralisch und das verpönte Gegenstück als unmoralisch bezeichnet wird. Vermutlich ist es leichter, ein unmoralisches Verhalten als solches zu erkennen und zu benennen – vor allem, wenn dabei Geld fließt, Trägheit herrscht oder andere Menschen zu Schaden kommen –, als einem Tun zu bescheinigen, moralisch einwandfrei gewesen zu sein. Doch was hat die Frage nach moralischem oder unmoralischem Verhalten mit der naturwissenschaftlichen Bildung zu tun, um die es in diesem Buch doch vor allem ging?

Bei einer der zahlreichen Diskussionen über die Frage, welche Bildung der Mensch braucht, habe ich einmal eher spontan gesagt, es sei letztlich wahrscheinlich gleichgültig, ob ein Mensch sich mit lateinischer Grammatik und den Päpsten im Mittelalter auskenne (oder nicht) oder mit dem genetischen Code und den Hauptsätzen der Wärmelehre (oder nicht). Wichtiger sei aber doch wohl, ob der Gebildete ein Mensch ist oder nicht, und mit diesem Menschsein ist gemeint, dass jemand die Gebote des sittlichen Handelns einhält und moralisch agiert. Und seitdem beschäftigt mich die Frage: Welche Bildung bringt denn die Humanität mit sich, auf die es uns für ein gutes Leben ankommt? Welche Bildung macht moralisch? Was ist tatsächlich die Moral von der Geschicht', die hier vorgeführt worden ist?

Sosehr ich die Naturwissenschaften liebe und faszinierend finde, die Beschäftigung mit ihnen hilft an dieser Stelle keineswegs so ohne Weiteres, wie man sich dies früher einmal vorgestellt hat. Methodisches Forschen und das dazugehörige Suchen nach den Naturgesetzen machen nicht automatisch moralisch. Der einfache Schluss »Naturwissenschaftler sind nur der Wahrheit verpflichtet und daher auch in ihrem Handeln nur edel und gut« liegt ziemlich weit daneben. Nicht nur in der Gegenwart, wie jetzt (vielleicht ein wenig zu) oft in den Zeitungen zu lesen ist; schon in der Vergangenheit haben selbst berühmte Forscher ein wenig *corriger la fortune* betrieben, wie es Lessing einmal formuliert hat, und ihre Daten manipuliert.

Wie immer ist es ziemlich leicht, sich im Meckern und Abwerten zu verlieren und die Frage zu vergessen, wo das Positive bleibt, das ganz sicher mit Bildung einhergeht. Bildung gehört doch zum Menschen, und etwas an ihr muss doch seine Sittlichkeit fördern. Also: Welche Bildung macht moralisch?

Einen Hinweis auf die passende Antwort findet man in meinen Augen in dem gebildeten Berliner Bruderpaar Alexander und Wilhelm von Humboldt, von denen der eine (Alexander) als Naturforscher umfassend die reale Welt erfahren hat, während der andere (Wilhelm) sich mehr in kultivierten Kreisen und der Welt des Geistes umgetan hat. Für Alexander ist bei seiner Weltanschauung selbstverständlich geworden, dass es »keine höheren und tieferen Menschenrassen« gibt und alle Völker »gleichmäßig zur Freiheit bestimmt« sind. Für Wilhelm (und viele seiner gebildeten Zeitgenossen, einschließlich des Philosophen Hegel) war das nicht so selbstverständlich. Sie konnten sich durchaus vorstellen, was heute noch viele Herrenmenschen denken, dass es nämlich Mitglieder der Spezies *Homo sapiens* gibt, die zum Dienen geboren sind und mit allzu vielen Freiheiten nicht unbedingt glücklicher werden. Mit den Worten Alexander von Humboldts könnte man sagen: »Die gefährlichste Weltanschauung ist die Weltanschauung der Leute, die die Welt nie angeschaut haben.«

Die Antwort auf die Frage »Welche Bildung macht moralisch?« steckt meiner Ansicht nach in der Unterscheidung zwischen dem Wissen, das sich jemand durch Begriffe angeeignet hat, und dem Wissen, das jemand durch Anschauung gewinnen konnte. Nur wer die Welt mit den Sinnen wahrgenommen hat, so scheint es, wird moralisch. Wahrnehmung heißt auf Griechisch *aisthesis*. Sinnliches Wissen kommt also ästhetisch zustande, wie zu Beginn des Buches betont wurde. In diesem Wort schwingt die Idee des Schönen mit, weshalb meine kurze Antwort auf die Eingangsfrage lautet: Bildung macht moralisch, wenn sie mit der Erfahrung von Schönheit verbunden wird.

»Wer zusammen Beethoven gespielt hat, kann sich nicht anschließend an die Gurgel gehen.« Mit diesen Worten hat der Pianist und Dirigent Daniel Barenboim (*1942) in einem Interview seine Initiative für die Schaffung eines Orchesters begründet, in dem Araber und Israelis einträchtig nebeneinander sitzen und gemeinsam musizieren sollen. Doch so schön und erhebend zum Beispiel die Pastorale von Beethoven klingt, erreicht der Gedanke tatsächlich sein Ziel? Macht Musizieren moralisch? Bewirkt es nicht eher das Gegenteil? Rührt Musik nicht Emotionen auf? Dient sie nicht mehr dazu, den Kampfeswillen anzufeuern? Blasen Fanfaren nicht zur Schlacht?

Bei allen Einwänden, die sich sofort erheben lassen, Barenboims Vorschlag hält sich hartnäckig im Kopf des Zuschauers und setzt sich dort fest. Die Idee scheint etwas anzusprechen oder auszudrücken, das man sofort versteht und akzeptieren möchte. Kultivierte Menschen, die sich in gebildeten Kreisen bewegen und der Aufführung von klassischer Musik zuhören, ins Theater gehen oder in einem Museum Kunstwerke betrachten, scheinen stärker gefeit vor aggressiven Ausbrüchen und friedensfähiger zu sein. Kann man das verallgemeinern? Hilft die Bildung der Moral? Werden wir moralischer, wenn wir gebildet und von Kultur umgeben sind?

Wir gehen davon aus, dass Bildung nicht nur mit Wissen, sondern auch mit der Fähigkeit zu tun hat, sich auf sein Gegenüber einzulassen und andere Menschen wahrzunehmen (ohne sein eigenes Aussehen zu vergessen). So leicht sich diese Feststellung treffen lässt, so schwer fällt es, mit ebenso wenigen Worten festzuhalten, was moralisch sein soll. Ein Grund für die Schwierigkeit, moralische Maßstäbe vorzuführen, steckt in den Tatsache, dass sie sich oft verschieben. Zur Zeit des Ersten Weltkriegs bescheinigte man zum Beispiel gerade solchen Wissenschaftlern hohe moralische Sensibilität und Verantwortlichkeit, die sich für das Vaterland einsetzten und Chemiewaffen entwickelten; so wie es etwa der Physikochemiker Fritz Jacob Haber (1868 – 1934) getan hat. Dieser Fall ist für uns deshalb von Interesse, weil Haber ein hochgebildeter Mann war, der die alten Sprachen so gut beherrschte wie die neuen Wissenschaften und griechische Verse nicht nur las, sondern auch schrieb. Die klassischen Autoren haben ihn wahrscheinlich damals eher angespornt, sich nach dem Beginn des Krieges mit großem Eifer auf die Entwicklung chemischer Kampfstoffe zu stürzen, die 1915 unter seiner persönlicher Leitung an der Front eingesetzt wurden. Und all dies hinderte die Schwedische Akademie der Wissenschaften nicht daran, Haber noch 1918 mit dem Nobelpreis für Chemie zu adeln – übrigens unter dem allgemeinen Beifall der gesamten Wissenschaft.

Dass ein gebildeter Chemiker seinem Verständnis nach einmal moralisch handeln konnte, indem er half, Menschen umzubringen, sollte nicht gegen die Wissenschaft per se gewendet werden. Vielmehr haben ihre frühesten Vertreter zunächst dafür gesorgt, dass die abendländische Moralität in ihrer modernen Form überhaupt entstehen konnte. Mit dem sich überall in Europa vollziehenden Aufkommen der Naturwissenschaften im 17. Jahrhundert war bekanntlich das eine große Ziel verbunden, die Lebensbedingungen der Menschen zu verbessern – was könnte moralischer sein?

Die Pioniere der Wissenschaft haben dieses Attribut jedenfalls eher verdient als die Vertreter der Kirche, die ihre Schäfchen bloß auf das Jenseits vertrösteten. Christliche Unterweisung bringt – so gesehen – nicht unbedingt Menschen mit einer stärker ausgeprägten Moral hervor, was uns fragen lässt, ob es irgendeinen Unterricht gibt, der dies vermag. Bekommt man die richtige Moral zum Beispiel da, wo Bildung pflichtgemäß vermittelt wird, also in der Schule?

An dieser Stelle zirkuliert in der Literatur eine böse Behauptung. Sie stammt von dem Schriftsteller Alfred Andersch (1914 – 1980), der in seinem Büchlein *Der Vater eines Mörders* eine Schulgeschichte aus der Zeit des »Dritten Reichs« erzählt. Im Zentrum steht ein Schuldirektor, der mit der griechischen Sprache und ihren Klassikern vertraut – also im konventionellen Sinne gebildet – ist. Zum einen malträtiert er trotz seiner Verehrung für Sokrates seine Schüler gnadenlos, zum anderen verhindert er als Mitglied des Bürgertums nicht, dass sein Sohn der schlimmste Massenmörder der Geschichte wird. Die literarische Figur verkörpert Heinrich Himmler (1900 – 1945), dessen Vater tatsächlich Leiter eines humanistischen Gymnasiums war.

Andersch zieht daraus den harten Schluss, dass die hier vermittelte Bildung vor keinem moralischen Versagen schützt. Schließlich hat das Bildungsbürgertum Hitler und seine Mannen mit großer Mehrheit gewählt. Und zu den Nazis gehörten zahlreiche promovierte Leute – die Herren Dr. Goebbels und Dr. Mengele zum Beispiel –, die sicher ihren Cäsar zitieren konnten (und wahrscheinlich ebenso bibelfest waren wie viele zeitgenössische Politiker, die es lieben, das Bombardieren oder Besetzen von fernen Ländern mit Gebeten zu begleiten).

Schützt Bildung tatsächlich vor nichts? Bringt humanistische Bildung gar keine Humanität hervor? Oder gibt es doch Umstände, unter denen sie dieses Ziel erreichen und ihren Schüler Mores lehren kann?

Wer fragt, ob Moral lehrbar ist, muss über das Hindernis klettern, das Sokrates an dieser Stelle errichtet hat, als er in dem Dialog mit Menon dem Problem auswich und stattdessen von der Tugend sprach, die er als Eigenschaft des Verstandes für lehrbar hielt. Sokrates ging ganz selbstverständlich davon aus, dass das Böse mit dem Fehlen von Verstand zu tun hat, während das Rationale selbst nur zum Guten führen kann, was dann begreifbar und also lehrbar ist. Zwar hat dieses Vertrauen in den Verstand zunächst viele Jahrhunderte überdauert, aber spätestens seit den Zeiten von Fritz Haber taugt dieser Gedanke nur noch wenig. Was bedeutet, dass auch die Weisheit des Sokrates nicht mehr weiterhilft, wenn nach der Lehrbarkeit von Moral gefragt wird.

Die heutige psychologische Forschung lässt sich dadurch aber nicht entmutigen. Sie unterscheidet bei ihrem Bemühen die affektiven Aspekte der Moral – gemeint sind die Ideale, Werte und Motive von Menschen – von den kognitiven Dimensionen, zu denen die Fähigkeiten gehören, die zur Lösung moralischer Konflikte nötig sind. Die Wissenschaft stellt mit diesem Werkzeug nun fest, dass sich einzelne Exemplare unserer Gattung nur in Hinblick auf den zweiten Aspekt unterscheiden und auch nur hier dazulernen können. Tatsächlich haben jugendliche Straftäter dieselben moralischen Wertvorstellungen wie ihre nicht straffällig gewordenen Altersgenossen, wie empirische Untersuchungen gezeigt haben.

Neben dem oben angesprochenen Bilden von Moral durch Wissen und Lernen kennen die Psychologen noch eine andere Quelle, aus der die humane Form des Verhaltens fließt, die wir moralisch nennen. Sie fällt uns am meisten auf, wenn sie versiegt, wobei wir zur Illustration dieses Sachverhalts erneut das Beispiel des Krieges wählen können. Es gehört zu den festen Bestandteilen solcher Auseinandersetzungen, die Soldaten uniformiert in die Schlacht zu schicken. Wenn ihnen dann zusätzlich noch die Haare kurz geschoren werden, sehen sie für uns alle gleich aus, und genau an dieser Stelle hören sie auf, moralisch zu agieren. Nur wer in der Lage ist, das Besondere an einem ihm entgegentretenden Menschen wahrzunehmen – und zwar mit den eigenen Sinnen –, nur wer die Einzigartigkeit seines Gegenübers erfassen kann, nur der fühlt in diesem Augenblick eine moralische Verpflichtung. Zahllose Berichte aus Kriegen belegen, dass es kämpfenden Soldaten leichter fällt, sittliche Gebote zu missachten, wenn sie es mit einem Gegner zu tun haben, den sie nur in Uniform und nicht als unverwechselbare Person kennen. Zeigt ein Feind sein Gesicht, regt sich das moralische Empfinden. Auf gesichtslose Massen finden moralische Grundsätze keine Anwendung.

Wenn dieser Quelle der Moral, der sinnlichen Wahrnehmung von einzigartigen Gesichtern, ein griechischer Name gegeben werden soll, darf man das Wort Ästhetik wählen. *Aisthesis* meint nämlich die Wahrnehmung der Welt mit den Sinnen, wobei Aristoteles schon früh aufgefallen ist, dass Menschen Freude an diesem Zugang zur Natur und zu anderen Menschen haben. Seiner Ansicht nach bringt er sie dazu, nach Wissen zu streben, also gebildet zu sein und zu werden. Nicht das sinnlose – eingepaukte – Wissen, sondern die sinnliche – somit als sinnvoll empfundene – ästhetische Bildung macht Menschen moralisch.

Der mit dem Nobelpreis für Literatur ausgezeichnete russisch-amerikanische Dichter Joseph Brodsky (1940 – 1996) hat daraus einen wunderbaren Schluss gezogen, den er einfach und einprägsam formuliert hat: »Die Ästhetik ist die Mutter der Ethik.« Und wenn wir diesen Satz auf die Ebene des Handelns holen und an die Verbindung der *aisthesis*, der sinnlichen Wahrnehmung der Welt, mit dem Schönen denken, können wir sagen: Bildung macht moralisch, wenn zu ihr die Erfahrung von Schönheit gehört.

Wenn dies gilt, dann lässt sich erklären, was der humanistischen Bildung fehlt, um uns beim Pauken von lateinischen Vokabeln und griechischer Grammatik moralisch werden zu lassen: der Einsatz der Sinne und die Anschauung der Welt.

Mut machen, Mut machen zu den Möglichkeiten, darauf kommt es wieder an. Denn in der westlichen Welt ist etwas Seltsames eingetreten. Da ist es Menschen im Verlauf ihrer Kulturgeschichte zwar gelungen, mit dem Abenteuer namens Wissenschaft zu beginnen, um dabei ihr Vergnügen sowohl an der wahrgenommenen Schönheit der Natur als auch an der spürbar werdenden Leichtigkeit des Lebens erhöhen zu können. Doch sobald dieses ursprünglich europäische Unternehmen vorankommt und weltweit Früchte trägt, machen sich einige Menschen daran, die Naturwissenschaften abzuwerten und als »Entzauberer der Welten«, als öde oder auch gefährlich darzustellen. Und seltsamerweise finden sie in der Öffentlichkeit viel Gehör.

Zu diesem Unglück gesellt sich noch die Tatsache, dass viele Theorien, etwa der Physik, dem gesunden Menschenverstand widersprechen und ihn gar beleidigen, wie oft zu lesen ist. Solch eine Zumutung liefert dem gewöhnlichen Hausverstand irgendwann Anlass genug, auf ein Verständnis der Wissenschaft ganz zu verzichten und von ihr keinen Beitrag zu dem zu erwarten, was als Bildung des Menschen verstanden wird. Zwar beziehen die meisten Intellektuellen die Grundlagen ihrer Weltbilder aus der Naturwissenschaft – Ökonomen oder Soziologen zum Beispiel, wenn sie Konzepte wie Synergien und Netzwerke für die Wirtschaft übernehmen, Fremdenfeindlichkeit evolutionär deuten oder soziale Kälte als Entropie beklagen –, aber das hindert sie häufig nicht daran, ausschließlich die Risiken des praktischen Einsatzes der Naturwissenschaften für die Gesellschaft und die Erde hervorzuheben.

In diesem Buch ging es mir darum, eine andere Grundhaltung zur Wissenschaft zu vermitteln. Schließlich hängt die Zukunft des Menschen maßgeblich von ihren Lieferungen und Ergebnissen ab. Die kopernikanische Sichtweise hat den Menschen keineswegs an den Rand des Universums gedrängt und aus einem bevorzugten Zentrum entfernt, sondern sie mutet dem Menschen einiges zu, wie Erich Kästner in seinem Gedicht »Kopernikanische Charaktere gesucht« beschrieben hat. Es lässt nur einen Schluss zu, nämlich den, dass die Wissenschaft Menschen auf eine Mutprobe stellt, mit der es sich zu befassen gilt: »Wenn der Mensch aufrichtig bedächte:/ daß sich die Erde atemlos dreht;/ daß er die Tage, daß er die Nächte/ auf einer tanzenden Kugel steht;/ daß er die Hälfte des Lebens gar/ mit dem Kopf nach unten hängt,/ indes der Globus, berechenbar,/ in den ewigen Reigen der Sterne mengt, -/ wenn das der Mensch von Herzen bedächte,/ dann würd er so, wie Kästner werden möchte.«

Tatsächlich kann und sollte das wissenschaftliche Vorgehen des Menschen als ein fortlaufender Prozess von bestandenen Mutproben angesehen werden. Ihr Erfolg beruht darauf, dass einige Exemplare der Art *Homo sapiens* davor nicht zurückschrecken und die Herausforderungen annehmen und zu bestehen versuchen. Wenn Menschen mit den experimentellen und mathematischen Methoden, die Naturforscher hervorgebracht haben, grundlegend versuchen, den Aufbau und die Abläufe der Natur zu verstehen, dann passiert es immer wieder, dass sie umdenken müssen. Man kann das auch so beschreiben, dass sie den alten Kontinent und ihre bequeme Komfortzone verlassen und mutig wie Kolumbus die Segel für eine neue Welt der Abenteuer setzen – ohne zu wissen, ob sie dort ankommen können und was sie dort erwartet. Wer das Betreiben der Naturwissenschaften erzählt, kann eine Reihe von Mutproben anführen, die deshalb immer wieder neu gewagt werden, weil sich die Welt als erkundbar und offen erwiesen hat. Am Ende dieses Suchens und Fragens hat das Geheimnisvolle der Dinge durch den wissenschaftlich tätigen Menschen eine neue Tiefe erfahren, die stets neue Fragen hervorlockt, wie in diesem Buch vorgeführt worden ist.

Das bedeutet, dass die Naturwissenschaften die Welt durch Experimente und Theorien nicht entzaubern, sondern umgekehrt durch ihre Deutungen verzaubern. Sie zeigen den Menschen, dass unendlich viele Geheimnisse in dem Wirklichen stecken. Mit den Worten von Novalis: »Auf alles, was der Mensch vornimmt, muss er seine ungeteilte Aufmerksamkeit oder sein Ich richten [...], und wenn er dieses getan hat, so entstehn bald Gedanken oder eine neue Art von Wahrnehmungen.« Auf diese Weise und in diesem Sinne macht das wissenschaftliche Vorgehen alles auf der Erde schöner und das Leben insgesamt lebenswerter. Die Mutprobe der Vernunft zahlt sich umfassend und durchgängig aus.

Auf den ersten Blick mag es deprimierend wirken, wenn es heißt, das Geheimnisvolle nimmt nur zu und das Mysterium der Welt wird immer tiefer, wenn man sich ihm wissenschaftlich und mit all seinem Wissensdrang nähert. Doch in der Mitte des Wortes Geheimnis steckt das Heim, das Menschen anstreben, und deshalb zeigt der zweite Blick mit dem romantischen Augenpaar, was wirklich passiert, wenn man die Möglichkeit nutzt, wissenschaftlich vorzugehen. Man kommt bei sich selbst an. Man findet zu sich selbst, wenn man sich dem Geheimen überlässt, und dieses Zu-Sich-Kommen zeigt, dass Wissenschaft nicht äußerlich ist (wie in der Philosophie immer wieder zu lesen ist). Wissenschaft kommt vielmehr von innen, von den Menschen und ihren Bedürfnissen selbst, und sie führt sie dorthin zurück. Man ist immer beides: auf dem Weg und am Ziel – genau das bedeutet Bildung. Sich um Bildung zu bemühen heißt, auf dem Weg zu sich selbst zu sein. So gesehen ist es einfach schön, dass wir nie ankommen. Der Weg ist das Ziel, und beide bleiben offen.

Dank

Ich danke Stefan Mayr vom Siedler Verlag für die unerschöpflich scheinende Geduld, die er dem Autor gegenüber gezeigt hat, um ihn mit souveränen Argumenten darum zu bitten, sich klarer auszudrücken und seinen Mitteilungsdrang zu zügeln. Ich danke meiner Lektorin Ursula Kiausch für ermutigende Kritiken und fantasievolle Ergänzungsvorschläge. Es war ein Vergnügen, mit den beiden Genannten das Buchprojekt voranzutreiben, wohl wissend, dass im Hintergrund Thomas Rathnow mit seinem unergründlichen Lächeln die Daumen für ein gutes Gelingen gedrückt hat. Es sollte sich gelohnt haben.

Literatur

Vorwort

Rémi Brague, *Die Weisheit der Welt,* München 2006 (zur »Säkularisierung des Kosmos«).

Jane Brox, *Brilliant: The Evolution of Artificial Light,* New York 2010, S. 151 (zu Tesla).

Albert Einstein, »Wie ich die Welt sehe«, in: Ders., *Mein Weltbild,* Berlin ^{27}2001.

Ernst Peter Fischer, *Aristoteles, Einstein & Co.*, München 2003.

Erich Heller, *Enterbter Geist. Essays über modernes Dichten und Denken,* Frankfurt am Main 1982.

Max Horkheimer/Theodor W. Adorno, *Dialektik der Aufklärung,* Frankfurt am Main 1969.

Daniel Jütte, *Zeitalter der Geheimnisse,* Göttingen 2012.

Immanuel Kant, *Die Religion innerhalb der Grenzen der bloßen Vernunft.* Mit einer Einleitung und Anmerkungen, hg. von Bettina Stangneth, Hamburg 2003.

Francis Georg Steiner, *Grammatik der Schöpfung,* München 2004.

Max Weber, »Wissenschaft als Beruf«, in: Ders., *Schriften 1894–1922,* hg. von Dirk Kaesler, Stuttgart 2002, S. 474–512.

Carl Friedrich von Weizsäcker, *Zum Weltbild der Physik,* Stuttgart ^{3}1943.

Kapitel 1

Ernst Peter Fischer, *Unzerstörbar. Die Energie und ihre Geschichte,* Heidelberg 2014.

–, *Niels Bohr,* München 2012.

–, *GENial. Was Klonschaf Dolly den Erbsen verdankt,* München 2012.

–, *Information. Eine kurze Geschichte in fünf Kapiteln,* Berlin 2010.

–, *Die kosmische Hintertreppe,* München 2009.

–, *Der Physiker,* München 2008 (zu Max Planck).

–, *Einstein für die Westentasche,* München 2005.

–, *Werner Heisenberg. Das selbstvergessene Genie,* München 2001.

Walter Gehring, *Wie Gene die Entwicklung steuern,* Basel 2001.
Erich Kästner, »Sokrates zugeeignet«, in: Ders., *Gedichte,* Frankfurt am Main 2003, S. 363.
–, »Physikalische Geschichtsschreibung«, in: Ders., *Kurz und bündig* (Epigramme), Berlin 1967.
David C. Lindberg, *Auge und Licht im Mittelalter,* Frankfurt am Main 1987.
J. Craig Venter, *Life at the Speed of Light: From the Double Helix to the Dawn of Digital Life,* New York 2013.
James D. Watson, *Die Doppelhelix,* Reinbek 1968.

Kapitel 2

Martin Borré/Thomas Reintjes, *Warum Frauen schneller frieren,* München 2005.
Brian Clegg, *Warum Tee im Flugzeug nicht schmeckt und Wolken nicht vom Himmel fallen,* München 2012.
Max Frisch, *Montauk,* Frankfurt am Main 1975.
Iris Hammelmann, *Warum ist Wasser nass?,* München 2006.
Reinhard Kaiser/Elena Balzano, *Warum der Schnee weiß ist. Märchenhafte Welterklärungen,* Frankfurt am Main 2005.
Immanuel Kant, »Was ist Aufklärung?«, in: Ders., *Zum ewigen Frieden und andere Schriften,* Frankfurt am Main 2008.
–, *Kritik der reinen Vernunft,* Ditzingen 1986.
Heinrich von Kleist, *Sämtliche Werke und Briefe,* München 2008.
Georg Christoph Lichtenberg, »Aphorismus [C 176]« in: Ders., *Sudelbücher,* Frankfurt am Main 1984.
Helen Pilcher, »The third factor: Beyond nature and nurture«, *New Scientist* 2932 (31. August 2013), S. 44 – 47.
Gerhard Schulz, *Kleist. Eine Biographie,* München 2007.
Brian Switek, »The truth about *T. Rex*«, *Nature* 502 (24. Oktober 2013), S. 424 – 426.
Rita Wodzinski, »Wie erklärt man das Fliegen in der Schule?«, *Plus Lucis* 2 (1999), S. 18 – 22.

Kapitel 3

Ernst Peter Fischer, *Die Hintertreppe zum Quantensprung,* München 2010.
–, *Der kleine Darwin,* München 2010.
–, *Das große Buch der Evolution,* Köln 2009.
Max Frisch, *Don Juan oder Die Liebe zur Geometrie,* Frankfurt am Main 1962.

George Gamow, *My World Line*, University of Michigan 1970.
Robert P. Kirshner, *The extravagant universe*, Oxford 2002.
Lee Smolin, *Im Universum der Zeit*, München 2014.

Kapitel 4

Aristoteles, *Metaphysik*, Reinbek 1994, S. 37 (980a).
Rémi Brague, *Die Weisheit der Welt*, München 2006.
–, »Geozentrismus als Demütigung des Menschen«, *Internationale Zeitschrift für Philosophie* 1 (1994), S. 2 – 25.
Ernst Peter Fischer, *Warum Spinat nur Popeye stark macht*, München 2011.
–, *Die andere Bildung*, München 2001.
John Gage, *Kulturgeschichte der Farben*, Leipzig 2001.
Reinhard Kaiser/Elena Balzano, *Warum der Schnee weiß ist* (s. Kapitel 2).
Immanuel Kant, *Kritik der reinen Vernunft* (siehe Kapitel 2).
Armand Marie Leroi, *Tanz der Gene. Von Zwittern, Zwergen und Zyklopen*, Heidelberg 2004.
Georg Christoph Lichtenberg, »Aphorismus [II/68,1]«, in: Ders., *Sudelbücher*, Frankfurt am Main 1984.
Michael Maar, *Proust Pharao*, Berlin 2009.
William Shakespeare, *Hamlet*, in: *Shakespeare's dramatische Werke*, übers. von August Wilhelm Schlegel, Bd. 3, hg. von Johann Friedrich Unger, Erstdruck Berlin 1798.
Tim Spector, *Identically different: Why you can change your genes*, London 2012.
Klaus Stromer/Ernst Peter Fischer, *Die Natur der Farben*, Köln 2006.

Kapitel 5

Swetlana Alexijewitsch, Dankesrede zur Verleihung des Friedenspreises des Deutschen Buchhandels, aus dem Russischen übers. von Ganna Maria Braungardt, 13. Oktober 2013.
Johann Wolfgang von Goethe, »Der wahre Genuß«, in: Ders., *Gedichte, 1. Theil*, Leipzig (Erstpublikation circa 1885), S. 19 – 20.
Benjamin Libet, *Mind Time. Wie das Gehirn Bewusstsein produziert*, Frankfurt am Main 2005.
Peter von Matt, *Hoffmanns Nacht und Newtons Licht*, in: Ders., *Öffentliche Verehrung der Luftgeister*, München 2003, S. 157ff.
Martin A. Nowak, *Kooperative Intelligenz*, München 2013.
Max Planck, *Vorträge und Erinnerungen*, Darmstadt 1969.

Kapitel 6

Isaiah Berlin, *Die Wurzeln der Romantik*, Berlin 2004.
–, *Wirklichkeitssinn*, Berlin 1996.
Richard P. Feynman, *QED. Die seltsame Theorie des Lichts und der Materie*, München 1985.
Ernst Peter Fischer, *Wie der Mensch seine Welt neu erschaffen hat*, Heidelberg 2012.
Benoît Mandelbrot, *Schönes Chaos*, München 2013.
Peter von Matt, *Hoffmanns Nacht und Newtons Licht* (siehe Kapitel 4).
Novalis, »Die Lehrlinge zu Sais«, in: Ders., *Werke in einem Band*, Berlin/Weimar 1985, S. 71ff.
–, »Heinrich von Ofterdingen«, in: Ders., *Werke in einem Band*, Berlin/Weimar 1985, S. 111ff.
–, *Werke*, Bd. II, hg. von Hans-Joachim Mähl, München 1978 (das Zitat zur Definition der Romantik steht auf S. 334).
–, »Fragmente vermischten Inhalts, Teil I. Philosophie und Physik«, in: Ders., *Schriften*, hg. von Ludwig Tieck/Friedrich Schlegel, Paris 1840.
Rüdiger Safranksi, *Romantik*, Frankfurt am Main 2009.
H. G. Wells, *Befreite Welt*, Wien 1985.

Kapitel 7

Willi Baumeister, *Das Unbekannte in der Kunst*, Köln 1988.
Harold Bloom, *Shakespeare. Die Erfindung des Menschlichen*, Berlin 2000.
Bertolt Brecht, *Dialoge aus dem Messingkauf*, Frankfurt am Main 1971.
Elisabeth Emter, *Literatur und Quantentheorie. Die Rezeption der modernen Physik in Schriften zur Literatur und Philosophie deutschsprachiger Autoren (1925–1970)*, Berlin 1995.
Ernst Peter Fischer, *Einstein trifft Picasso und geht mit ihm ins Kino*, München 2005.
–, *Brücken zum Kosmos. Wolfgang Pauli zwischen Kernphysik und Weltharmonie*, Lengwil 2004.
Michael Frayn, *Kopenhagen. Stück in zwei Akten (mit zehn wissenschaftsgeschichtlichen Kommentaren)*, Göttingen 2001.
Christian Gruber, *Literatur, Kultur, Quanten*, Würzburg 2005.
Werner Heisenberg, *Physik und Philosophie*, Stuttgart [6]2000.
–, *Der Teil und das Ganze. Gespräche im Umkreis der Atomphysik*, München 1969.
Eric Kandel, *Das Zeitalter der Erkenntnis. Die Erforschung des Unbewussten*

in Kunst, Geist und Gehirn von der Wiener Moderne bis heute, München 2012.
Helmut Kreuzer, *Die zwei Kulturen. C. P. Snows These in der Diskussion*, München 1987.
Manjit Kumar, *Quanten. Einstein, Bohr und die große Debatte über das Wesen der Wirklichkeit*, Berlin 2009.
Thomas Mann, *Der Zauberberg*, ungekürzte Sonderausgabe der Ausgabe des S. Fischer Verlags, Berlin 1924, Frankfurt am Main 1970.
Rupprecht Matthei (Hg.), *Goethes Farbenlehre*, Ravensburg 1998.
C. A. Meier (Hg.), *Wolfgang Pauli und C.G. Jung. Ein Briefwechsel 1932–1958*, Berlin 1992.
Karl von Meyenn et al. (Hg.), *Niels Bohr. Der Kopenhagener Geist in der Physik*, Braunschweig 1985.
Anne Michaels, *Fluchtstücke*, Berlin 1996.
The Notebook of Raymond Chandler, New York 1976, S. 7 (Eintrag vom 19. Februar 1938).
Wolfgang Pauli, *Physik und Erkenntnistheorie*, Braunschweig 1984.
Richard Powers, *Das Echo der Erinnerung*, Frankfurt am Main 2006.
–, *Der Klang der Zeit*, Frankfurt am Main 2004.
Rainer Maria Rilke, *Die Aufzeichnungen des Malte Laurids Brigge*, Frankfurt am Main 2000.
Wolfgang Sander, »Kein Wunder: Wolfgang Amadeus Mozart«, *Frankfurter Allgemeine Zeitung*, 31. Dezember 2005, S. 47.
Dietrich Schwanitz, *Bildung. Alles was man wissen muss*, Frankfurt am Main 1999.
William Shakespeare, *Die Sonette des William Shakespeare*, übers. von Karl Bernhard, Frankfurt am Main 1998.
Georg Steiner, *Grammatik der Schöpfung*, München 2004.
Victor Weisskopf, *Mein Leben*, Bern 1991.

Kapitel 8

Hans Blumenberg, *Geistesgeschichte der Technik*, Frankfurt am Main 2009.
Martin Buber, *Das dialogische Prinzip*, Darmstadt 1984.
Walter Burkert, *Kulte des Altertums. Biologische Grundlagen der Religionen*, München 1998.
John Maxwell Coetzee, *Das Leben der Tiere*, Frankfurt am Main 2000.
Carl Djerassi, *Die Mutter der Pille*, München 2001.
–, *Unbefleckt*, Zürich 2000.

Karl Eibl, *Kultur als Zwischenwelt*, Frankfurt am Main 2009.
–, *Animal Poeta. Bausteine der biologischen Kultur- und Literaturtheorie*, Paderborn 2004.
Per Olov Enquist, *Das Buch von Blanche und Marie*, München 2005.
Markus Fierz, *Naturwissenschaft und Geschichte*, Basel 1988.
Werner Heisenberg, *Physik und Philosophie*, Stuttgart [7]2006.
–, »Die Einheit der Natur bei Alexander von Humboldt und in der Gegenwart«, *Mitteilungen der Alexander von Humboldt-Stiftung* 18 (1969), S. 17–25.
Wolfgang Köhler, *Intelligenzprüfungen an Anthropoiden*, 1921 (Erstveröffentlichung 1917), erschienen als *Intelligenzprüfungen an Menschenaffen*, Neudruck Berlin 1963.
Georg Christoph Lichtenberg, *Sudelbücher*, Frankfurt am Main 1984.
Thomas Mann, *Bekenntnisse des Hochstaplers Felix Krull – Der Memoiren erster Teil*, limitierte Sonderausgabe, Frankfurt am Main 2006.
–, *Tagebücher in zehn Bänden, 1918–1955* (Werkausgabe S. Fischer), Frankfurt am Main 1975 bis 1995.
–, *Der Zauberberg* (siehe Kapitel 7).
Linus Reichlin, *Die Sehnsucht der Atome*, Frankfurt am Main 2009.
Richard Rhodes, *The Making of the Atomic Bomb*, New York 1986.
Royston M. Roberts, *Serendipity*, New York 1989.
Stephen E. Toulmin, *Voraussicht und Verstehen. Ein Versuch über die Ziele der Wissenschaft*, mit einem Vorwort von Jacques Barzun, Frankfurt am Main 1981.
Felix Tretter, »Brücke zum Bewusstsein«, *Der Spiegel* 9 (2014), S. 122–124.
H. G. Wells, *Befreite Welt*, Wien 1985.
Ludwig Wittgenstein, *Tractatus logico-philosophicus*, Frankfurt am Main 2003.
Anton Zeilinger, *Einsteins Schleier*, München 2003.

Kapitel 9

Stephen Batchelor, *Nagarjuna. Verse aus der Mitte*, Bielefeld 2002.
Hans Blumenberg, *Schiffbruch mit Zuschauer*, Frankfurt am Main 1997.
–, *Die Sorge geht über den Fluß*, Frankfurt am Main 1987.
Rémi Brague, *Die Weisheit der Welt*, München 2006.
Dalai Lama, *Die Welt in einem einzigen Atom*, Bielefeld 2005.
Charles Darwin, *Die Entstehung der Arten*, Stuttgart 1963.
Freeman Dyson, *Disturbing the Universe*, New York 1981.
Albert Einstein, *Mein Glaubensbekenntnis*, im Auftrag und zugunsten der

Deutschen Liga für Menschenrechte auf Schallplatte aufgenommen, Berlin 1932.
Ernst Peter Fischer, *Gott und die anderen Großen*, München 2013.
–, *Brücken zum Kosmos* (siehe Kapitel 7).
Stephen Jay Gould, *Ein Dinosaurier im Heuhaufen. Streifzüge durch die Naturgeschichte*, Frankfurt am Main 2000.
Werner Heisenberg, *Gesammelte Werke* (Abteilung C), München 1984.
William James, *Die Vielfalt religiöser Erfahrung*, Frankfurt am Main 1997.
Karl Jaspers, *Vom Ursprung und Ziel der Geschichte*, München 1952.
C. G. Jung/Wolfgang Pauli, *Naturerklärung und Psyche*, Zürich 1952 (besonders Paulis Aufsatz »Der Einfluss archetypischer Vorstellungen auf die Bildung naturwissenschaftlicher Theorien bei Kepler«).
Wolf Lepenies, *Gefährliche Wahlverwandtschaften*, Stuttgart 1989.
Ernst Mayr, *Das ist Evolution*, München 2003.
Jacques Monod, *Zufall und Notwendigkeit*, München 1970.
Simon Conway Morris, *Jenseits des Zufalls*, Berlin 2008.
Max Planck, *Vorträge und Erinnerungen*, Darmstadt 1969.
Simon Singh, *Big Bang. Der Ursprung des Kosmos und der modernen Naturwissenschaft*, München 2004.
Peter Sloterdijk, »Vorwort«, in: William James, *Die Vielfalt religiöser Erfahrung*, Frankfurt am Main 1997, S. 11.
Anton Zeilinger, *Einsteins Schleier* (siehe Kapitel 8).

Nachwort

Theodor W. Adorno, *Ob nach Auschwitz noch sich leben lasse. Ein philosophisches Lesebuch*, hg. von Rolf Tiedemann, Frankfurt am Main 1997.
Alfred Andersch, *Der Vater eines Mörders*, Zürich 1984.
Isaiah Berlin, *Wirklichkeitssinn*, Berlin 1996.
Johann Comenius, *Methodus linguarum novissima* (1649).
Alexander von Humboldt, *Kosmos*, Frankfurt am Main 2004.
Erich Kästner, »Kopernikanische Charaktere gesucht«, in: *Das große Erich Kästner Lesebuch*, hg. von Sylvia List, München 1999, S. 383.
Novalis, »Die Lehrlinge zu Sais« (siehe Kapitel 6).
Günter Ropohl, *Technologische Aufklärung*, Frankfurt am Main 1991.
Paolo Rossi, *Die Geburt der modernen Wissenschaft in Europa*, München 1997.
John Waller, *Fabulous Science: Fact and Fiction in the History of Scientific Discovery*, Oxford 2002.
Walt Whitman, *Grasblätter*, München 2009.

Sach- und Personenregister

Rechtenachweis

Getty Images, München: 129 (Science Source/Photo Researchers), 224 (Buyenlarge/The LIFE Images Collection; Succession Picasso/VG Bild-Kunst, Bonn 2014)
picture-alliance, Frankfurt am Main: 138 (dpa), 200 (Science Photo Library)
Aus Trumpf GmbH & Co.KG (Hrsg.), *Werkzeug Laser*, Ditzingen 2006: 41

Das Gedicht »Sokrates zugeeignet« auf Seite 23 wurde mit freundlicher Genehmigung des Atrium Verlags übernommen aus: Erich Kästner, *Kurz und bündig*, © Atrium Verlag, Zürich 1948 und Thomas Kästner.
Das Zitat aus Michael Maar, »Proust Pharao«, auf Seite 136f. wurde mit freundlicher Genehmigung des Berenberg Verlags abgedruckt.
Das Zitat aus Bertolt Brecht, *Der Messingkauf*, auf Seite 204 wurde mit freundlicher Genehmigung übernommen aus: *Werke. Große kommentierte Berliner und Frankfurter Ausgabe*, Bd. 22: *Schriften*, © Bertolt-Brecht-Erben/Suhrkamp Verlag 1993.
Das Zitat auf Seite 235f. wurde mit freundlicher Genehmigung übernommen aus: Stephen E. Toulmin, *Voraussicht und Verstehen. Ein Versuch über die Ziele der Wissenschaft*. Aus dem Englischen von Eberhard Bubser. © by Stephen E. Toulmin 1961 © der deutschen Ausgabe Suhrkamp Verlag Frankfurt am Main 1968. Alle Rechte bei und vorbehalten durch Suhrkamp Verlag Berlin.